# 전략적 건설경영(CM)의 기술

*The Strategic Art of Construction Management*

건설경영학 박사 **김인호** 지음

기문당

# 머리말

필자는 기술고등고시를 통해 공직에 입문한 이래 국방부 기획조정실장을 끝으로 35년 6개월에 걸친 긴 여정을 마무리하였다. 그동안 필자를 아껴주던 고마운 분들은 필자가 특성이 강한 부서인 국방부에서 기술직 공무원으로 시작하여 군사시설·건설 분야에서 건설기술인으로서의 전문성을 발휘하였고, 아울러 기술인으로서의 본질을 잃지 않으면서도 행정·관리업무는 물론 정무적 사안까지도 섭렵하여 직업공무원으로서 도달할 수 있는 최고직위에까지 이르고 자연스럽게 퇴장하는 모습이 무척 아름답다고 과분한 격려를 해 주셨다.

이 분들은 격려와 더불어 학문적인 노력과 업무적인 경험을 통해 체득한 이론적 개념과 실무전략을 후진양성을 위해 쏟으라는 권고도 해 주셨다. 돌이켜 생각해 보니 그동안 공부한 내용은 필자가 위기상황을 슬기롭게 극복할 수 있도록 해 준 생존·번영 기술 그 자체였고 지금도 끊임없이 진화하고 있다는 점에서, 이러한 내용을 후학들에게 제시하면서 혁신적 상호작용의 과정을 거칠 수 있다면 나름대로 시너지 효과를 기대할 수도 있겠다는 생각을 하게 되었다.

필자는 그 동안 출간한 저서에서 핵심적인 내용을 추출하고 새로 공부한 내용을 추가함과 아울러 여기에 행정·관리·정무적 업무를 통해 체득한 내용도 부가하여 원고를 작성하였다. 원고작성 과정에서 필자는 그동안 따로따로 공부한 CM(Construction Management), 건설경영 의사결정, 리스크 관리, 그리고 최근에 새로 공부를 시작한 변화경영(Change Management) 분야의 모든 내용을 전략적 건설경영이라는 일관된 틀 속에 체계적으로 배열하여 시너지 효과를 추구할 수 있도록 하는 소기의 성과를 거둘 수 있었다.

이러한 과정을 통해 마련된 원고의 초안으로 그동안 필자는 고려대학교(건설경영의사결정특론)와 서울시립대학교(건설위험관리론)에서 강의하고 학생들과의 상호작용을 통해 수정 · 보완을 거치면서 보다 세련된 형태를 갖출 수 있게 되었다. 과분하게도 학생들은 각자의 바쁜 일정에도 필자의 강의를 설레는 마음으로 기다려서 들었고 뿌듯한 가슴으로 귀가할 수 있었다는 말을 해 주었다. 이러한 결과에 힘입어 필자는 강의록을 다듬어 이렇게 책으로 출간하게 되었다.

이 책에서 필자는 최근 제도적인 형태만 갖추고 있을 뿐 개념적 배경과 전략적 방법론이 미비한 CM에 관하여 제도의 의미와 취지를 언급하고, 그 제도의 근간이 되는 건설경영전략을 CM과 연계시켜서 설명하였다. 아울러 그 전략의 구체적인 시행을 위해 요구되는 장기생존성 평가(long-term viability appraisal), 수명주기비용평가(life cycle cost appraisal), 성능평가(performance appraisal) 전략을 제시하였다. 이에 부가하여 모든 결정에 수반하는 불확실성을 체계적으로 관리하기 위해 반드시 필요한 리스크관리 전략도 심층적으로 설명하였다. 마지막 장에서는 건설경영에 변화경영의 개념과 원리를 접목시켜 건설경영자가 갖춰야 할 세련된 사고체계를 제안하고 건설경영전략의 기술(art)에 관한 패러다임(paradigm)을 '기술→돈→사람→시간→운→믿음'의 6단계로 전환시켜 가면서 그 이론체계를 정립하였다. 향후에도 본 내용을 보다 구체화하여 실제상황에서 즉시 효과를 거둘 수 있는 전략과 기법을 제시할 수 있을 것으로 사료된다.

나름대로 노력했지만 출간시점에서 살펴보니 한없는 부족함으로 인한 두려움이 앞선다는 것이 필자의 솔직한 심정이다. 그럼에도 이 책이 급변하는 건설상황에서 생존·번영하기 위해 분투하는 우리 건설인들에게 다소나마 힘이 될 수 있기를 기대한다.

2018. 8.

저자 김 인 호

## 차 례

## 3 CHAPTER 건설경영자의 미래 예측과 대응

### -미래에서 현재로…

## 4 CHAPTER 리스크 관리 —미래의 불확실성 관리

## 5 CHAPTER 건설경영자의 미학
### –건설경영자의 핵심역량

1
CHAPTER

# 건설경영과 CM(Construction Management)

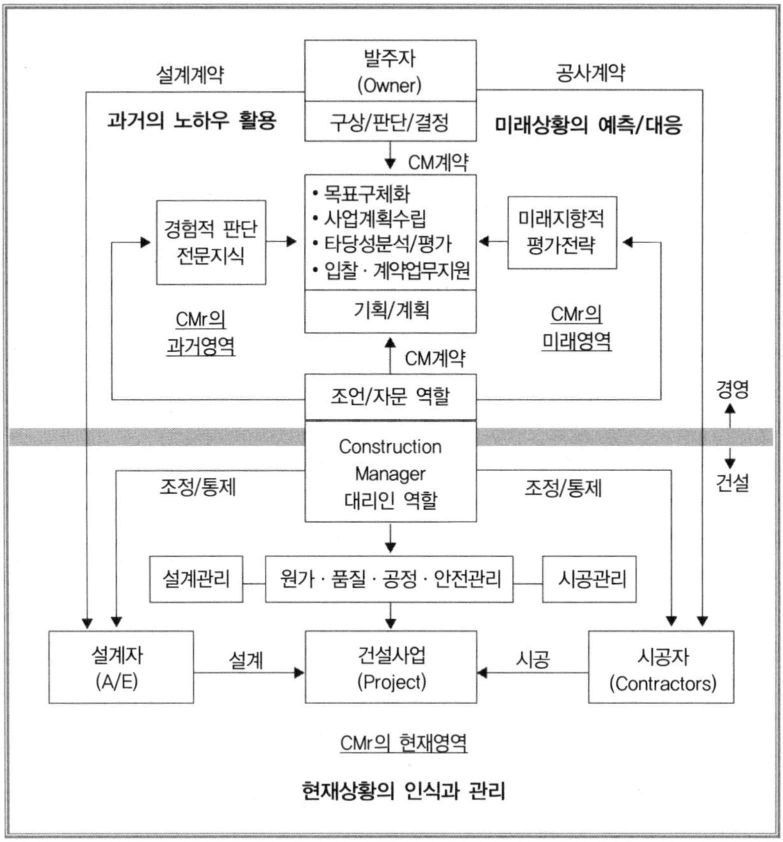

# 1 | CM, 건설에 대한 경영적 접근방식

건설사업에는 발주자 · 설계자 · 시공자는 물론 각종 기술자와 자재 · 장비 · 제품 공급자 등이 개인 · 집단 · 조직의 형태로 참여한다. 참여자들의 사고체계와 행동은 발주자가 추구하는 건설사업의 목적에 근거를 두어야 하겠지만, 건설에 참여하는 사람들 각자는 직업적 이해관계에 근거한 나름대로의 참여 동기와 기대감을 가지고 있기 때문에 사업추진 과정에서 자기 앞의 상황과 여건을 서로 다르게 인식한 결과 갈등과 분쟁을 야기할 수도 있다.

건설사업의 속성상 갈등과 분쟁이 야기되는 현상을 결코 부자연스런 것이라고 말할 수는 없지만 이러한 사안들이 적절히 관리되지 않으면 결과적으로 엄청난 폐해가 뒤따르게 된다. 건설사업의 최대 수혜자가 되어야 할 건설주체인 발주자가 예산낭비와 공기지연, 그리고 품질저하로 인한 가장 큰 피해자가 되는가 하면, 건설에 참여한 다양한 사람들도 실패한 건설인으로서의 오명을 지울 수 없는 결과를 초래한다. 더 나아가 갈등과 분쟁이 심화되어 왜곡된 건설풍토가 고질화되면 엄청난 사회 · 경제적 파장과 함께 인적 · 물적 손실을 유

발하는 대형 참사가 야기될 수 있음을 우리는 실제로 경험해 왔다.[1)]

건설과정에 내재되어 있는 기술·돈·사람·시간 등의 제반 요소가 전체적인 관점에서 조화와 균형을 이루지 못하여 발생하는 이러한 문제를 해결하기 위해 건설에 대한 경영적 접근을 시도한 것이 바로 CM(Construction Management) 방식이다.

---

1) 1990년대 중반에 연속적으로 발생한 성수대교와 삼풍백화점 붕괴, 구포 무궁화호 열차 전복, 대구 가스참사 등의 건설사고 이면에는 사업추진집단 사이의 협의단절과 책임전가, 감리·감독 부실, 시설유지관리체계의 미비, 부적절한 공법에 의한 공사강행, 이해관계 집단 상호 간의 불법적인 담합, 참여집단 사이의 팽배된 갈등, 위기상황에서의 적절한 대응조치 미비 등 어느 한 가지 관점으로는 도저히 파악할 수 없는 수많은 문제가 복잡하게 얽혀 있었다.

## 2 CM, 전통적인 건설방식의 한계 극복 대안

건설경영의 관점에서 볼 때 우리 건설업계가 지금까지 지속적으로 추진해 온 전통적 건설방식은 다음과 같은 6가지의 구조적 한계점을 노출하고 있다.

첫째, 본질적으로 순차적(sequential)인 건설절차의 문제이다. 특정 단계의 참여자가 자신의 역할을 완벽하게 마무리하고 다음 단계로 넘기는 업무처리방식은 이어달리기 경주방식과 다름이 없다. 이러한 추진방식은 설계와 입찰, 그리고 시공에 이르는 순차적 과정에서 발주자의 요구조건과 의도를 시공자에게 완벽히 전달할 수 있는 정확한 서류가 작성되고, 그 내용을 근거로 설계와 시공 과정에서 발생하는 모든 문제를 해결할 수 있다는 낙관적 가정을 포함하고 있다. 그러나 이러한 가정은 복잡화 · 전문화되고 있는 최근 건설상황에서 설득력을 잃어가고 있다.

둘째, 건설사업 추진과정에서 발주자는 시공자를 실질적으로 통제하지 못하고 비용만 지불하는 불합리한 상황을 경험하는 경향이 없지 않았다. 물론 비용지불을 거절하는 방식으로 시공자를 통제할 수 있다고는 하지만 발주자는 이러한 권한을 효과적으로 행사할 수 있는 기술력과 전문지식, 정보를 갖지 못한 경우가 대부분이다.

예를 들면, 설계과정에서 발주자는 설계자의 제안을 포함한 '비용 의미(cost implications)'를 판단할 수 있는 객관적 자료를 갖추고 있지 못한 경우가 많다. 설계과정에서 이루어진 제안은 시공을 포함하는 전체적 관점에서 볼 때 비경제적인 것일 수도 있다. 경제적 타당성을 갖춘 다른 대안이 존재하지만 모르고 지나치는 경우가 많고, 알게 되어도 그 시점은 입찰이 실시된 이후에 사업이 한창 진행중인 경우가 대부분이다.

결국 발주자는 초기에 발견했다면 손쉽게 바로잡을 수 있었던 문제를 건설과정의 후반기에 알고 수정하기 위해 많은 시간과 노력을 투입해야 하는가 하면, 당초에는 결코 예상치 못했던 추가비용 지출과 공기지연을 감수해야 한다.

셋째, 설계자는 건설사업의 전반을 조정·통제할 수 있는 권한과 지식체계를 갖추지 못하고 있다. 설계자는 계약 조건에 따라 공사의 일정계획을 요구할 수는 있어도, 특정 분야의 세부일정에 대한 이의를 제기하기는 어렵다. 이의를 제기한다 해도 일정계획에 따라 공사를 추진하면 요구되는 품질과 성능이 보장될 수 있을지 여부를 판단하기 어렵다. 또한 최근의 복잡 다양한 건설상황에서 설계자는 시공자가 제시하는 대안을 거절하고 더 효과적인 대안을 제시할 수 있을 정도의 전문지식과 정보를 갖기 어려운 것이 현실이다.

같은 맥락에서 계획 및 설계 단계에서 설계자는 신공법과 신기술의 도입, 자재비와 인건비 상승 등을 종합적으로 고려하여 공사비를 예측할 수 있는 지식체계를 보유하지 못하는 경우가 대부분이다. 이러한 지식체계가 계획 및 설계 과정에서 적절히 활용되지 못할 경우, 발주자는 사업추진과정에서 물가상승과 설계변경 등에 의한 비용상승이나 공기지연의 문제에 직면하게 된다.

넷째, 시공자는 시공과정에서 공사비를 절감하고자 하는 동기를 얻기 보다는 오히려 공사비를 증가시키고 싶은 유혹을 받는다. 일단 낮은 가격으로 입찰하여 공사를 수주하고 설계변경을 통해서 추가비용을 보상받기 위해 노력하기도 한다. 설계변경과정에서도 시공자는 발주자 입장에서 생각하기 보다는 지속적으로 업무적 관계를 맺어온 협력업체를 두둔하며 추가비용을 획득하기 위해 애쓰는 경향을 보이기도 한다.

다섯째, 시공자는 공사 전반을 종합적으로 통제할 수 있는 관리체계를 갖추고 있지만, 이를 스스로의 이익을 위해 활용할 뿐, 발주자의 통제력을 강화하기 위해서는 좀처럼 쓰지 않는 경향을 보인다. 시공자 입장에서 싸고 좋은 것이 발주자에게도 유익한 것이라고 생각할 수는 없기 때문에 이러한 분위기에서 추진되는 공사 역시 발주자에게 반드시 이로운 것이라고 볼 수는 없다.

여섯째, 건설사업에 참여하는 집단(조직) 사이에 적대적인 분위기가 형성될 우려가 있다. 발주자는 시공과정에서 발생하는 문제의 책임을 회피하려는 경향을 보이고, 시공자는 경쟁의 심화로 인해 감소추세에 있는 이윤을 보상받기 위해 품질관리를 소홀히 하거나 설계변경 · 클레임을 제기하기도 한다. 설계자는 시공자와 직접적인 계약관계를 형성하고 있지도 않고, 시공과정에 대한 실질적 통제력을 행사할 수 있는 위치에 있지도 않으면서 시공자의 클레임에 대하여 직 · 간접적 책임을 지지 않으면 안 되기 때문에 시공자를 적대적인 시각으로 바라보는 경우가 적지 않다.

전통적 건설방식의 이러한 한계를 심각한 문제점으로 인식하게 되면서 발주자는 스스로를 이롭게 할 수 있는 CM방식을 모색하게 되었다.

# 3 | CM의 구조적 틀

CM 업무체계의 상호 연계성을 종합적으로 파악할 수 있는 구조적인 틀을 정립하면 (그림 1.1)과 같다. CM방식은 (그림 1.1)에서 제시된 것과 같이 발주자 · 설계자 · 시공자가 삼각구도를 형성하고 역할을 분담하여 진행해 온 기존의 전통적 건설방식에 CMr(construction manager)이라는 별도의 인물 · 집단 · 조직을 개입시키고, CMr에게

1) 건설환경의 변화를 인식하여 적절한 방향으로 기획과 계획이 이루어질 수 있도록 발주자를 조언하고
2) 발주자의 대리인으로서 설계자와 시공자를 조정 · 통제할 수 있는 권한을 집중적으로 부여하여
3) 제한된 시간과 예산 범위 내에서 적정 수준의 품질을 확실히 달성할 수 있도록 하는 것이다.

CM의 본질적 특징은 발주자의 대리인(agent)이면서 건설사업의 종합관리자인 CMr(Construction Manager)의 출현에 있다. CMr은 19세기 중엽 이전에 유럽지역에서 건설 전과정에 대한 총괄적인 책임을 지고 설계와 시공을 총괄하던 'Master Builder'의 역할과 비슷한 의미를 갖는다. 차이점이 있다면 CM방식에서는 'Master Builder'가 사업

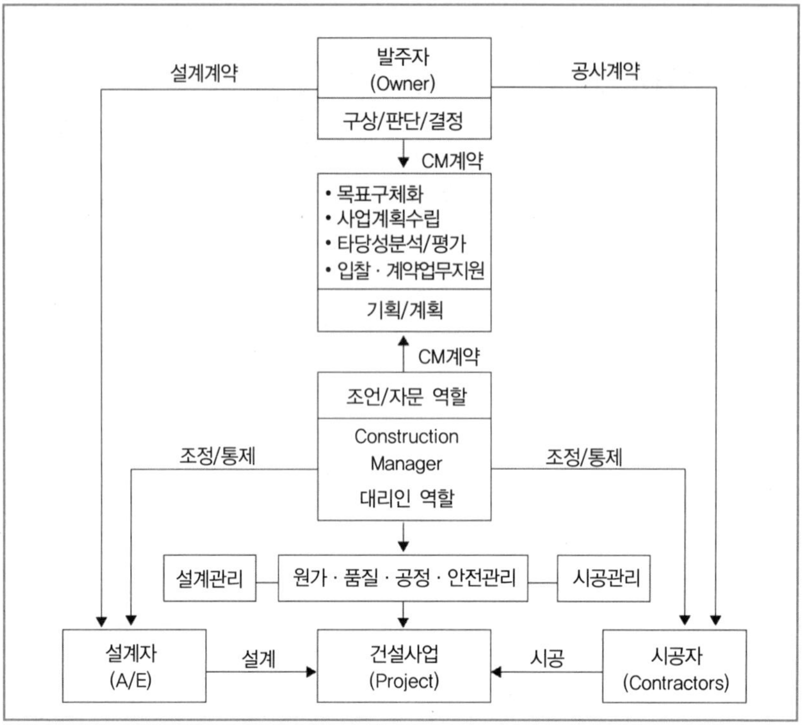


**그림 1.1** CMr의 역할과 CM 업무 체계

전반에 대한 관리능력과 전문성을 갖춘 개인 · 집단 · 조직인 CMr로 바뀌었다는 것이다.

CM방식에서 CMr은 전통적 건설방식의 한계를 극복하기 위해 사업의 기획 · 계획 단계에서 사업계획수립 · 타당성분석 · 평가 · 투자의사결정 등의 업무지원을 통해 최적의 사업전략을 설정할 수 있도록 발주자를 조언한다.

설계과정에서 CMr은 사업수행에 적합한 설계업체가 선정될 수 있도록 발주자를 자문한다. 설계의사결정(design decision-making)에 대한 비용의 의미를 파악하여 재원의 가용 여부를 판단할 수 있도록 설계자를 조언하고, 발주자가 비용 · 리스크 · 품질 · 성능 · 안전 · 미관

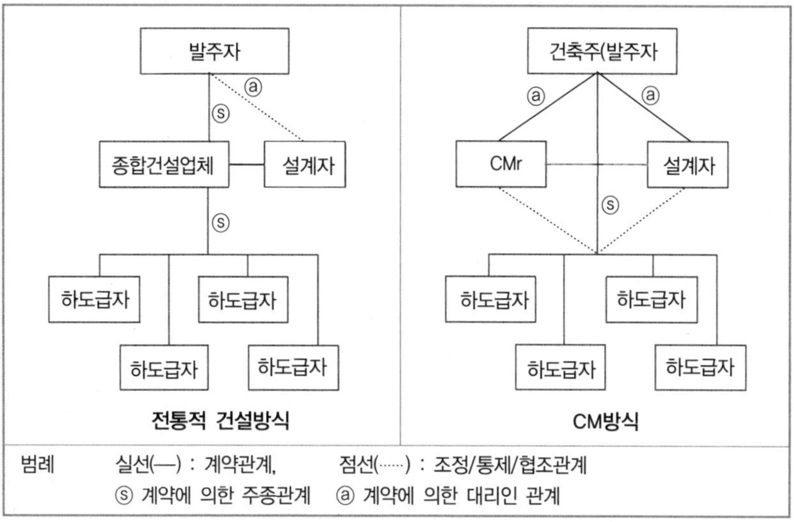


**그림 1.2** 기존 건설방식과 CM의 구성체계 비교2)

2) CM방식의 특징을 기존의 전통적인 방식과 비교하면 다음과 같다.

| 구분 | 기존 건설방식 | CM방식 |
|---|---|---|
| 계약방식 | 발주자가 시공자(종합건설업체)와 단일계약 | 발주자가 다수 하도급자와 직접 계약 |
| 설계/시공 | 설계·시공의 분절추진으로 업무연속성 미비 | 설계·시공의 통합추진으로 업무 연속성 유지 |
| 팀 관계 | 설계자·시공자 사이에 적대적 분위기 형성 우려 | CMr·설계자·시공자 사이에 우호적 분위기 조성 |
| 보증절차 | 하도급자/시공자, 시공자/발주자 사이에 다중적인 보증관계 형성으로 절차 복잡 | 하도급자와 발주자 사이의 단일보증관계 형성으로 절차 단순 |
| VE 실시 | 주로 시공단계에서만 VE/원가관리 실시 | 설계·시공 모두의 단계에서 VE/원가관리의 연계 실시 가능 |
| 공사비 확정 | 건설초기단계에 총공사비 확정 | CM for fee 방식의 경우 건설 초기단계에서는 총공사비 미확정 |
| 발주방식 | 설계·시공의 순차적 발주로 공기지연/공사비 상승 발생 가능성 상존 | 설계·시공의 통합·중복적 발주로 공기단축 및 공사비 절감효과 도모 가능 |
| 공사비 절감 동기 | 시공자의 공사비 절감동기 유발 불가 | VE 실시를 통한 공사비 절감 가능 |
| 비용/공기 관련정보 | 발주자는 설계자에게 주로 의존 | 초기단계부터 CMr로부터 종합적인 정보 획득 가능 |
| 발주자의 통제력 | 설계자·시공자의 통제 능력 미비 | CMr의 조언으로 설계자·시공자 통제능력 구비 |

등의 평가기준을 종합적으로 고려하여 적절한 타협안을 추구할 수 있도록 자문한다.

시공단계에서도 CMr은 발주자가 능력 있는 시공자와 합리적인 조건으로 계약을 체결할 수 있도록 조언하고 공사과정의 전반을 관리한다.

기존의 전통적 공사계약과 CM방식을 비교하면 (그림 1.2)와 같다. CM방식의 공사계약 특징은 시공자와 하도급자의 구분 없이 발주자가 각 공종의 시공자와 직접 계약을 체결한다는 것이다. 발주자는 하도급과정 없이 특정 공종의 시공자와 직접 계약을 체결하여 종합건설사와 하도급자 사이의 중간이윤을 배제시키는 한편, 각 공종의 입찰에서 경쟁을 유도하여 보다 많은 공사비를 절감할 수 있다.

또한 특정 공종의 시공자가 당초에 설정된 계약조건을 충실히 이행하지 않을 경우 발주자는 사업의 전과정에 심각한 영향을 주지 않고도, 능력 있는 다른 시공자로 즉시 교체하여 공사의 품질저하를 사전에 방지할 수 있다.

그 뿐만이 아니다. 발주자는 건설사업 전반을 종합적인 시각으로 조망할 수 있는 CMr의 능력에 힘입어 공간적으로 전체 공사를 몇 개의 작업단위로 분할하여 계약을 체결하고, 각각을 별도로 관리할 수 있다. 또한 시간적으로 전체 설계가 완전히 끝날 때까지 기다리지 않고, 완료된 부분부터 검토·승인하고 계약을 체결하여 공사를 착수하는 '단계적 시공(Phased Construction)' 또는 '설계시공 병행추진(Fast Track)' 방식을 도입하여 전통적 건설방식이 갖는 순차성의 한계를 극복함으로써 대폭적인 공기단축과 비용절감 효과를 동시에 기대할 수 있다. (그림 1.3)은 설계시공 병행추진(Fast Track)방식으로 설계부터 완공·사용에 이르는 기간을 단축하고 공사비도 절감할 수 있음을 보여 준다.

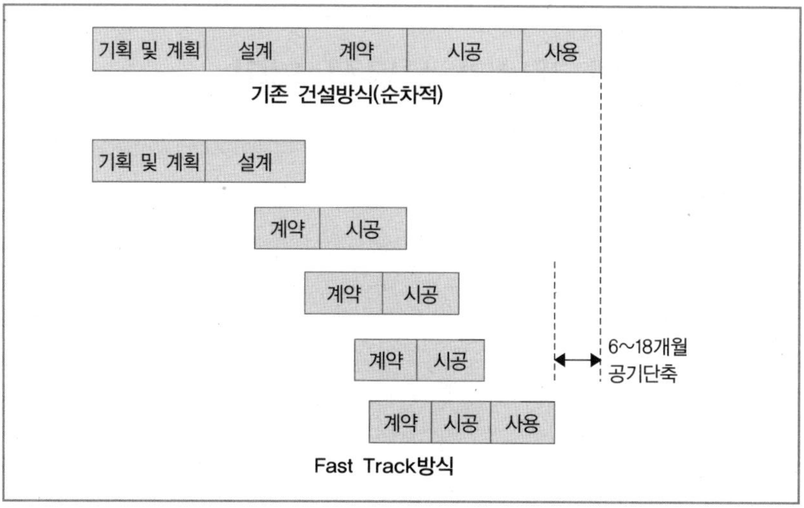


**그림 1.3** 순차적 방식과 설계시공 병행추진(Fast Track)방식 비교

# 4 CM의 개념과 실무적 의미

미국종합건설협회는 CM을

1) 건설사업의 목적을 효과적으로 달성하기 위해 전문가 집단의 통합된 관리기술을 활용하는 것
2) 건설사업의 기획·계획, 설계, 시공의 각 단계별로 이루어지는 업무를 하나의 통합된 형태로 다루는 것
3) 건설사업의 가치를 경제적인 시간 범위 내에서 극대화하기 위해 기획·계획 단계에서부터 대안의 품질·비용·공기를 종합적으로 검토하는 것으로 정의하여 건설사업이 초기 단계에서부터 통합적으로 관리되어야 한다는 측면을 강조한다.[3)]

---

3) 미국종합건설협회(Associate General Contractors of America)는 다음과 같이 CM의 개념을 제시한다.
…one effective method of satisfying an owner's needs. It treats the project planning, design, and construction phases as integrated tasks within a construction system … Interactions between construction costs, quality, and completion schedule are carefully examined by the team so that a project of maximum value to the owner is realized in the most economic time frame....The CM proposes construction alternatives to be studied by the construction team during the planning phase and accurately predicts the effects of these alternatives on the project cost and schedule....
AGCA, Special Report on Construction Management in Construction Methods & Equipment, March/April, 1972.

O'Brien(1978)은 CM을 설계 · 건설과정에서 시간 · 비용 · 품질을 종합적으로 관리하기 위한 모든 방법을 포함하는 것이라고 언급함으로써 시간 · 비용 · 품질의 종합적인 관리를 중시한다.[4)]

미국건축가협회(AIA : American Institute of Architects)는 건설에 참여하는 여러 이해관계 집단의 입장을 반영하여 CM을 건설 참여자들에게 합리적인 수준의 이익이 보장되도록 하면서 최소의 비용으로 발주자의 건설목적을 달성하기 위해 설계 · 시공 과정을 관리하는 것이라고 정의한다.[5)]

Tenah와 Guevera(1985)는 팀에 의한 접근(team approach)과 기술 · 경영의 접목을 강조하여 CM을

1) 발주자 · 설계자(A/E) · CMr로 구성되는 팀의 노력(team effort)
2) 설계 초기단계부터 건설사업이 종료될 때까지 소요되는 인적 · 물적 자원을 효율적으로 활용하기 위한 계획을 수립하여 시행하는 과정에서 이루어지는 기술 · 경영관리 서비스(technical and management service)라고 정의한다.[6)]

---

4) O'Brien (1971)은 다음과 같이 CM을 정의한다.
… the composite of all modern project management methodologies having as their objective, the control of time, cost and quality in the design and construction of a new facility.
O'Brien James, et al., Construction Management : A Professional Approach, McGraw-Hill, New York, 1971.

5) 미국건축가협회는 CM을 다음과 같이 정의한다.
Managing the design and construction of a stated project to achieve an architectural and construction program at the lowest beneficial cost to the owner within a reasonable profit framework for the participants.
DeGoff, R.A., and Friedman, H.A., Construction Management : Basic Principles for Architects, Engineers, and Owners, John Wiley & Sons, 1985.

6) Tenah와 Guevera의 정의를 발췌하면 다음과 같다.
… a special team effort of owner, architect/engineer and construction manager : it is a technical and business management service required for planning, implementation, and control of the use of the resources necessary from the start of design to the completion of construction.
Tenah, K.A., and Guevera, J.M., Fundamentals of Construction Management and Organization, Rseton Publishing Co., Inc, 1985. p.385.

이 정의에서 CMr(Construction Manager)은 발주자와 계약관계를 유지하면서 '건설사업의 기획·계획 단계에서부터 시작하여 설계·시공 과정 및 완공·사용 시점까지 발주자에게 필요한 행정·기술·경영관리 서비스를 제공하는 개인·집단·조직으로 이해될 수 있다.[7)]

앞에서 제시된 CM에 관한 여러 가지 정의에서 공통요소를 추출하여 개념을 정리하면 CM은

1) 발주자·설계자(A/E)·CMr로 구성된 팀(team)의 노력으로 건설사업의 기획·계획, 설계, 건설 전과정을 통합·조정·관리하는 기술·경영 서비스로서
2) 그 목적은 발주자의 요구조건과 관심사를 최대한 충족시키기 위한 것이다.
3) 이를 위해 건설사업의 초기단계부터 품질·비용·공기의 최적화를 도모하고 아울러
4) 건설에 참여하는 다양한 분야의 이해관계자들이 각자의 노력에 대한 합리적 수준의 이익을 보장받을 수 있도록 하는 것이다.

학문적 의미에서의 CM은 건설 분야의 기술적 요소를 경영이론과 접목시키는 새로운 차원의 학문체계이다. 기술관리, 경영과 의사결정 전략, 기업문화, 그리고 거시적 관점의 건설산업구조 및 건설경제 분석까지 포괄하는 광범위한 영역을 다루는 것으로 이해할 수 있다.

한편 CM의 실무적 의미는 하나의 계약형태로 이해될 수 있다. 설

---

7) 이에 대한 구체적인 기술은 다음과 같다.
…construction manager may be defined as a specialized firm or organization which furnished all the administrative and management services of a general contracting organization as well as all of the consulting services necessary and as required by the owner from planning through design and construction to commissioning.
Tenah, K.A., and Guevera, J.M., Fundamentals of Construction Management and Organization, Rseton Publishing Co., Inc, 1985. p.385.

계와 시공을 분리해서 발주하는 전통적 계약방법이나 턴키(turn-key) 방식의 한계를 극복하기 위한 대안으로 고려될 수 있다.

기획 · 계획, 설계, 시공, 감리가 서로 다른 집단(조직)에게 할당되어 순차적(sequential)으로 이루어지는 기존의 전통적 계약방식은 오랜 기간에 걸쳐 우리와 친숙해진 제도로서

1) 착공 전에 정확한 예정가격 산출이 가능하고
2) 경쟁유도를 통한 공사비 절감을 도모할 수 있고
3) 일단 계약이 체결되면 발주자의 위험부담이 감소된다는

장점을 갖는다.

그럼에도 이러한 방식은

1) 기획 · 계획단계에 설계자가 참여하지 못하여 건설사업의 성공 여부에 중대한 영향을 미치는 문제점이 조기에 검토 · 시정될 수 없다.
2) 같은 맥락에서 설계단계에 시공자가 합류할 수 없어서 시공성 향상을 도모할 수 있는 바람직한 대안이 설계단계에 반영될 수 없고
3) 순차적 진행으로 인해 공사기간이 장기화되고 공사비도 증가될 우려가 있으며
4) 다양한 참여집단(조직)의 이해관계 불일치로 인해 유발되는 갈등을 중립적인 위치에서 합리적으로 조정해 주는 역할의 수행자가 없다는 결함을 갖는다.

이러한 문제점을 해소할 수 있는 다소 진전된 계약형태가 턴키(turn-key)방식이다. 턴키(turn-key)방식은 설계와 시공을 일괄계약하여 시공자의 전문성과 경험을 설계단계에서부터 반영할 수 있다. 아울러 설계 · 시공 병행추진(fast tracking)과 단계적 시공(phased construction) 방식을 도입하여 공기단축 효과를 도모할 수 있고, 시공과정에서 발생하는 설계변경 문제도 용이하게 처리할 수 있다.

그러나 턴키방식에 의할 경우

1) 일정시점에 이르러서야 정확한 공사비를 파악할 수 있고
2) 일반적으로 총액계약 방식을 따르기 때문에 시공자는 공사의 품질보다는 이익 확보에 더 치중하는 경향을 보인다.
3) 또한 설계와 시공을 단일계약업체가 수행하기 때문에 참여집단(조직) 상호 간의 견제를 통한 검토가 불가능하여
4) 공기와 공사비에 직접적인 영향을 미치는 중대한 문제들이 사전에 노출되지 않을 우려가 따른다.
5) 아울러 업체 선정을 위한 설계평가를 평가위원들의 주관적인 판단에 맡길 수밖에 없는 국내 건설풍토에서 치열한 경쟁과 로비로 인해 발생되는 문제의 심각성도 적지 않다고 사료된다.

CM 방식은 턴키(turn-key)제도의 장점을 극대화하면서 단점을 극복할 수 있다. CM 계약은 발주자와 CMr 사이의 상호신뢰 관계를 전제로 이루어진다. CMr은 발주자에 대한 조언자로서 사업계획수립 · 타당성분석 · 평가 · 투자의사결정에 관한 업무를 지원하고 참여집단(조직) 사이의 갈등과 상충을 조정하는 리더 역할을 한다. 설계 · 계약 단계에서는 가치공학(Value Engineering), 수명주기비용분석(Life Cycle Costing) 등의 기법을 적용하여 품질향상과 원가절감 효과를 동시에 추구할 수 있도록 한다.

CM계약은 건설사업의 특성과 집행여건에 따라 CMr과 발주자가 협의하여 체결하기 때문에 다양한 형태를 취할 수 있다. 그럼에도 대표적인 유형은 (그림 1.4)에서 보여지는 것과 같이 CM for fee와 CM at risk 방식의 두 가지로 구분된다.

CM for fee 방식은 순수형태의 CM 계약이다. 이 방식에서 CMr은

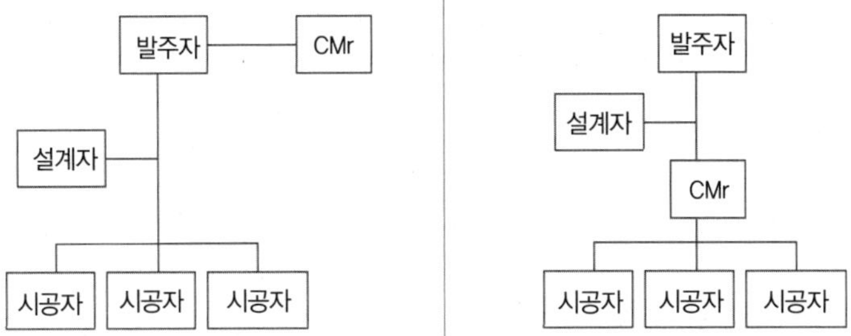


| CM for fee | CM at risk |
|---|---|
| CMr은 건축주의 대리인 역할을 하고 서비스에 대한 수수료를 받는 순수한 의미의 CM 방식이다. | CMr이 직접 시공자를 고용하여 책임시공을 하고 공사에서 얻어지는 이윤을 취한다. |

**그림 1.4** CM for fee 방식과 CM at risk 방식의 비교

설계와 시공에 관여하지 않고, 발주자의 능력을 보완하기 위해 사업계획수립 · 타당성분석 · 평가 · 투자의사결정과 관련된 업무를 지원하고 설계와 시공의 조정자 역할을 하면서 그에 대한 대가로 사업비에 대한 2~6% 수준의 수수료를 받는다. 따라서 CMr · 설계자 · 시공자 사이에서 발생하는 대립이 사전에 관리될 수 있다는 장점을 갖는다.

CM for fee 계약에서는 공사결과에 대한 궁극적 책임이 발주자에게 귀속된다. 따라서 능력이 부족한 CMr이 선정될 경우 사업의 실패 가능성이 상대적으로 높아진다.

CM at risk 방식은 발주자와 합의된 계약조건에 따라 CMr이 시공자 역할을 수행하고, 공사수행을 통해 얻어지는 이윤을 추구하도록 하는 방식이다.

두 가지 계약방식 중에서 어떠한 것을 택하든 설계자는 발주자에 의해 독립적으로 고용된다.

어떤 계약방식이 더 바람직한가 하는 판단은 사업의 특성과 여건, 그리고 발주자의 사업목적에 따라 달라진다.

발주자 입장에서 특정공사에 대한 풍부한 시공경험이 요구될 때는 CM at risk 방식이 효과적이다. 그러나 이 방식은 시공자에 대한 발주자의 견제능력이 약하다는 단점을 갖는다.

CM for fee 방식은 발주자의 기획·조정 기능을 강화하기 위해서는 바람직하지만 CMr이 공사 전반에 대한 최종적 책임을 지지 않기 때문에 확고한 신뢰관계를 전제로 계약이 체결되어야 한다.

따라서 어느 한 가지 계약방식의 도입을 적극적으로 주장하기 보다는 궁극적으로 발주자와 CMr이 협의하여 결정하는 것이 바람직하다. 그럼에도 어떤 방식이든 CMr이 설계 또는 시공에 직·간접적으로 참여하기 때문에 발주자는 CMr·설계자·시공자의 업무적·인간적 조화·균형이 깨지지 않도록 각각의 책임과 권한을 명확히 규정해 두어야 한다.

우리나라에서 CM for fee와 CM at risk 방식 중 어느 계약형태가 더 적합할 것인가의 판단은 CM의 기본정신에 근거하여 이루어져야 한다. CM은 시공자에 비해 기술과 전문지식 면에서 상대적으로 열세에 있는 발주자의 능력을 보강하기 위해 태동된 제도이다. 비용지불의 주체인 발주자가 건설사업 결과의 진정한 수혜자가 될 수 있도록 시공자 중심의 상황을 발주자 우위체제로 바꾸어 놓은 것이 CM이다. 우리나라의 건설여건에서 실질적으로 CM을 수행할 수 있는 정도의 기술력과 자본력을 갖춘 조직은 상위 도급순위를 점유하는 대형 건설업체들인 반면, CM for fee 업무를 수행할 것으로 예상되는 엔지니어링업체들은 상대적으로 취약한 여건에 있다.

따라서 CM의 기본정신에 충실하면서도 우리 여건에 적합한 접근법은 건설경쟁력을 갖춘 대형 건설업체가 CM at risk 형태의 업무를 담당하도록 하는 한편, 발주자의 우위체제가 훼손되지 않도록 법과 제도를 정비해야 한다고 사료된다.

우리나라의 건설상황에서 앞으로 누가 CM의 추진주체가 될 수 있을 것인가? CM 서비스 내용의 광범위성과 다양성을 고려해 볼 때, 조직의 규모와 특성에 따라 나름대로의 역할분담이 이루어질 수 있을 것이다.

우리 여건에서 대규모 설계회사도 기존의 설계 · 계약관리 및 공사감리 업무를 특성화시켜서 CM for fee 시장에 진입하고 있다. 부동산개발회사, 산업공학 분야 전문가, 컴퓨터 소프트웨어 개발회사는 물론 다양한 분야의 경영컨설턴트들도 자신의 영역을 차별화하여 건설사업 목적이나 발주자의 요구조건에 부합시킬 수 있다면 모두 CM 서비스를 제공할 수 있을 것이다.

서비스 영역의 다양성은 CM이 갖는 특징 중의 하나이다. 따라서 CM을 활성화하기 위해서는 CM 서비스를 제공하는 집단(조직)에 대한 포괄적 기준을 설정하기 보다는, 사업 특성과 발주자 여건에 따라 다양한 서비스 기능을 선별적으로 선정하여 계약할 수 있도록 제도를 구축하는 것이 바람직할 것이다. 특히 CM을 필요로 하는 발주자는 상당수준의 자체 발주능력을 보유한 경우가 많기 때문에 필요한 서비스 기능을 선별할 수 있을 것이다.

CM 방식은 CM fee가 추가로 지불되기 때문에 사업비가 증가된다는 주장이 제기되기도 한다. 전통적 건설방식에서는 불필요했던 CM fee가 발주자에게 비용부담을 안겨주는 것으로 여겨질 수 있다. 그러나 시공단계에서의 CM fee는 감리비로 충당될 수 있기 때문에 순수 증가비는 기획 · 계획 · 설계 단계의 수수료로 국한될 수 있다.

반면 사업비에 대한 2~6%에 해당되는 CM fee는

1) 사업계획수립 · 타당성분석 · 평가 · 투자의사결정과 관련된 경제적 설계대안의 설정
2) 설계 · 시공 병행추진(fast track)에 의한 공기단축 및 비용절감

3) 체계적인 품질관리를 통한 공사의 질적 수준 향상

4) 건설과정에서 발생하는 분쟁(claim) 최소화 등의

정량적 이익은 물론, 돈으로 환산할 수 없는 정성적 혜택으로 충분히 상쇄되고도 남음이 있는 것으로 알려져 있다.

외국의 실례를 보면 설계과정에서 6~8%, 시공단계에서 5~6% 정도의 비용을 절감할 수 있고 건설사업 전반을 통해서는 10~12%의 비용절감 효과가 있는 것으로 알려져 있다.

CM의 실무적 의미를 파악하기 위해 감리, CM, 공사관리, 그리고 PM을 비교하여 이해할 필요가 있다.

먼저 감리와 CM의 차이점을 파악해 보자. 감리는 발주자가 부담하는 비용으로 감리자가 시공단계에서 발주자의 대리인으로 공정 · 품질 · 원가 · 안전관리를 실시하는 것인 반면, CM은 발주자가 부담하는 비용으로 고용된 CMr이 기획 · 계획, 설계, 입찰, 시공 및 시운전에 이르는 과정의 전반에 걸쳐 발주자를 지원한다는 점에서 그 활동범위가 훨씬 포괄적이다. 따라서 감리는 건설사업의 전과정을 시스템적으로 조명하여 총괄적 경영관리 및 기획 · 조정업무를 주관하는 CM과 비교되어야 한다.

CM과 공사관리의 차이점은 서비스의 활용주체와 제공시점으로 파악해야 한다. CM은 발주자의 비용부담으로 고용된 CMr이 기획 · 계획 · 설계 · 시공의 전과정에 걸쳐 제공하는 종합적 서비스인 반면, 공사관리는 시공자가 시공단계에서 발주자와 체결한 계약조건을 이행하면서 이익을 확보하기 위해 스스로 공정 · 원가 · 품질 · 안전관리를 수행하는 것이다.

한편 PM은 서비스의 활용주체와 무관하게 모든 유형의 사업관리를 총괄적으로 지칭하는 포괄적인 개념이고, CM은 건설사업에 국한

하여 적용되는 관리체계이다. 그렇다고 PM의 범위가 CM보다 더 광범위한 것으로 볼 수는 없다. PM이 사업(project) 단위로 이루어지는 업무라면 CM은 PM에서 다룰 수 없는 조직, 전략, 기업문화 등을 포함하는 별도의 영역을 다루기 때문이다. CM은 광범위한 PM 업무에서 건설이라는 특성화된 영역을 확보하면서도 새로운 업무내용을 추가하여 독립한 것으로 볼 수 있다. 따라서 CM과 PM을 명확히 비교하여 이해하려고 하는 시도는 그다지 큰 의미를 갖기 어려울 것 같다. 우리나라의 관련법에서도 CM과 PM을 결합한 CPM(Construction Project Management)의 의미를 갖는 '건설사업관리'라는 용어를 채택한 것에 유념할 필요가 있다.

# 5 | CM 구성원의 역할

우선 기존의 전통적인 건설방식에 비해 그 중요성이 한층 더 증대된 발주자의 역할부터 살펴보자.

발주자는 건설사업의 특성에 맞는 사업추진 방식을 결정하고, 역량을 갖춘 CMr을 선정해야 한다. CMr은 사업 초기단계에서 이루어지는 사업계획수립 · 타당성분석 · 평가 · 의사결정을 지원하고 설계와 시공을 관리할 수 있는 능력을 갖춰야 한다. 또한 발주자 · 설계자 · 시공자 사이에서 유발되는 갈등을 조정할 수 있는 능력도 구비해야 한다.

발주자는 CMr의 지원을 받아 사업수행에 적합한 설계자와 시공자를 선정하고, 각 참여자의 역할과 책임한계를 계약서에 구체적으로 명시하여 분쟁을 최소화시켜야 한다. 또한 목표 · 계약방식 · 공사비 · 공기 · 지출경비 등을 확정하고, 공공기관과의 협의업무도 적극적으로 지원해야 한다. 그럼에도 발주자는 CMr과 사전협의 없이 CMr에게 넘겨준 업무에 대하여 각 구성원들에게 직접 지시를 하거나 임의적 · 독단적으로 변경하지 말아야 한다.

이러한 기본적인 업무를 철저하게 수행하면서 발주자는 다음과 같은 사항에 유념해야 한다.

1) CMr에게 사업비의 2~6% 수준에 해당하는 CM fee를 지불해야 한다. 따라서 기대혜택이 추가적인 부담액을 충분히 상쇄하고 남을 수 있다고 판단될 경우에 CM 방식을 도입해야 한다.
2) CM 방식에서는 시공자와 하도급자의 구분 없이 모두 발주자와 직접 계약을 체결하기 때문에 재정보증요건은 각 시공자에 의해 자체적으로 구비되어야 한다. 그러나 재정능력이 취약한 전문건설업체가 발주자의 요구수준에 부합하는 요건을 갖추는 것은 결코 쉬운 일이 아니다. 따라서 기술경쟁력을 갖춘 전문업체가 재정능력이 미약하여 입찰에서 배제될 우려가 있다.
3) CM for fee 방식에서 CMr은 시공자와 직접적인 계약관계를 형성하지 않기 때문에 시공자를 조정·통제하여 발주자가 우위를 확보하게 할 수 있는 리더십 발휘가 어려울 수 있다. 따라서 발주자는 계약조건 범위 내에서 CMr이 실질적인 조정·통제력을 행사할 수 있도록 의사결정권을 넘겨줘야 한다.
4) 설계·시공을 병행하는 경우 다중계약을 관리하기 위해서는 각별한 노력이 요구된다. 특히 중복공사 영역에 대한 책임한계 구분, 전문업체의 책임증대, 재정능력이 취약한 전문업체의 보증요건 확보 등을 위해 관심을 기울여야 한다.
5) 공사완료를 보장하는 최대금액이 사전에 확정되지 않을 경우 공사비 초과나 공기지연의 책임을 CMr에게 물을 수 없기 때문에 건설여건과 사업성격에 따라 CM at risk 방식의 도입도 신중하게 고려할 필요가 있다.
6) CMr의 리더십과 경영관리능력은 공사 참여자들 사이의 의사소통과 협조관계 유지에 직접적으로 기여하기 때문에 업무의 효과성과 효율성에도 지대한 영향을 미친다. 권위적인 CMr이 바람직하지 않은 반면, 너무 유약하거나 민주적인 CMr도 바람직

하지 않다. 리더십과 경영관리능력을 겸비한 유능한 CMr의 선정이 무엇보다 중요하다.

7) 가격 위주의 CMr 선정은 위험한 결과를 초래할 수 있다. 일감이 부족한 CMr은 매우 낮은 가격에도 계약에 응하겠지만, 결과적으로는 사업을 효과적으로 추진하지 못하고 발주자에게 큰 손해를 입힐 수 있다.

설계자의 역할을 살펴보자. CMr과 설계자의 업무한계가 명확히 구분되어 있지 않으면 적지 않은 문제가 발생한다.

설계자는 우선 설계의도가 공사과정에 적절히 반영되고 있는지 여부를 확인하고, 설계변경에 대한 검토를 해야 한다. CMr에게 설계의도를 정확히 전달하여 다른 업무와의 사전조율이 원만하게 이루어지게 하고, 시공자가 작성한 현장작업도면이 설계방향과 일치하는지 여부를 판단해야 한다. 아울러 CMr이 시공성을 검토하여 설계변경을 제기할 경우, 변경내용이 전체적인 설계 맥락에서 큰 차질을 빚지 않는다면 적극적으로 협조해야 한다.

시공자의 역할은 전통적인 건설방식과 크게 다르지 않다. 공사내용을 파악하여 추진계획을 수립하고, 적절한 공법과 장비를 선정하고, 인력 · 자재의 수급과 품질 · 안전성 확보 등과 관련된 책임과 권한을 유지하면서 CMr의 요구에 최대한 협조해야 한다.

이제 CM의 핵심으로서 발주자 · 설계자 · 시공자가 삼각구도를 형성하여 추진하는 기존 건설방식의 중심부에 진입한 제4의 인물 · 집단 · 조직인 CMr(Construction Manager)의 역할을 살펴보자.

기획 · 계획 단계에서 가장 중요한 CMr의 역할은 관련정보의 흐름과 절차를 설계하고, 각 참여자들에게 전문지식과 서비스를 중립적인 위치에서 제공하는 것이다.

발주자를 조언하여 사업목표를 명확히 하고, 목표를 달성할 수 있는 사업계획을 수립한다. 사업계획의 타당성을 분석하고 대안을 설정 · 평가하여 발주자 입장에서 최적의 설계대안이 선정되도록 한다. 발주자를 지원하여 사업수행에 필요한 역량을 갖춘 설계자와 시공자가 선정될 수 있도록 한다. 또한 사업추진상황을 전체적으로 파악하여 발주자에게 최신 정보를 수시로 제공해야 한다.

또한 건물(시설)의 건설 · 운용과정에서도 비용 · 리스크 · 성능 면에서 경쟁력을 유지할 수 있는지 여부를 평가하기 위한 기준을 설정한다. 사업성을 검토하기 위해 요구되는 할인율(discounted factor)을 결정하고, 상황에 따라서는 특정지역의 시장조사(market survey)도 실시한다.

설계단계에서 CMr은 설계자와 긴밀한 협조관계를 유지하면서 전문 지식과 경험을 동원하여 설계를 검토하고, 특정 건물(시설)의 시스템과 구성요소(components), 공법(construction methods)을 제안한다. 또한 특정지역의 공사비 추세, 자재 · 인력의 가용 여부와 관련된 최신정보를 제공한다. 예를 들면 불필요하게 높은 비용이 소요되면서도 그 역할과 기능이 미약한 부분을 찾아내어 예산을 절감할 수 있는 대안을 제시하기 위해 가치공학(value Engineering)을 활용하는 경우를 생각할 수 있다.

또한 타당성 분석 단계에서 검토된 사항을 구체화시켜 추진일정을 작성하고, 설계 · 시공을 병행추진하면서 공기단축과 비용절감을 도모할 수 있는 부분을 찾아내어 하나의 입찰단위로 통합함으로써 조기집행이 이루어지도록 한다. 같은 맥락에서 자재구매와 적기조달을 위해 장시간이 소요되는 작업을 사전에 파악하여 무리 없는 시공이 이루어질 수 있도록 하는 일정계획을 마련한다.

입찰과정에서 CMr은 업체의 자격과 능력을 심사한다. 특정 분야 전문업체의 재정능력, 실적, 유사 공종의 시공결과에 대한 품질수준 등에 대한 구체적인 평가를 실시한다. 계약단위가 너무 커서 특정지역 업체의 시공능력을 초과하면 전체 공종을 공사 특성과 지역에 따라 몇 개의 단위로 분리하여 발주한다.

일반적으로 낙찰가격은 입찰참여업체의 수와 관련이 있다. 따라서 특정지역의 업체로 입찰참여 자격을 제한할 경우에는 참여업체의 능력과 제한 필요성을 충분히 검토해야 한다. 또한 특정상황에서 발주자는 단일계약을 보다 구체적인 단위로 세분하여 다수 소규모업체의 참여를 유도하기도 한다. 이러한 경우 CMr은 참여업체가 특정사업의 요구조건과 제한사항을 충분히 파악할 수 있도록 필요한 정보를 제공하고 제약조건을 제시한다. 입찰 이후에 계약을 체결하기 이전에도 CMr은 참여업체가 제시한 공사비와 공기를 자신의 분석결과와 비교 · 검토하여 공사계획에 반영한다.

시공단계에서 CMr은 발주자 · 설계자(A/E) · 시공자 사이의 업무가 조직적으로 이루어지도록 업무절차와 검토 · 승인부서를 명확히 하여 현장 내의 의사소통(on-site communication)이 원활하게 이루어질 수 있도록 한다.

공사가 무리 없이 이루어질 수 있도록 시공업체와 사전에 협의하여 일정계획을 수립하고, 그 계획을 실제 공정과 비교 · 검토하여 현실적인 계획으로 발전시켜 나간다. 또한 현장작업도면을 검토하고, 공사과정에서 소요되는 제품과 자재의 현장인도 가능시기를 판단하여 구매 · 계약과 연계시킨다.

공사 진행과정에서 CMr은 품질 · 공정 · 안전 관리계획을 점검하고 노무수급계획을 수립한다. 지불사항을 결재하고 발주자의 변경요구사항을 시공자와 협의 · 반영하고 추가비용의 지불계획을 수립 · 시행하며 필요시 공공기관과의 협의도 주관한다.

즉 시공과정 전반에 걸쳐 CMr은 현장 제반 상황을 파악하고 발생 가능한 문제점에 대응할 수 있도록 만반의 조치를 취해 두어야 한다. 그럼에도 불가피한 상황에서 예기치 못한 문제가 발생했을 경우 CMr은 중립적인 입장에서 공정하게 문제해결사(trouble shooter) 역할을 해야 한다. 예를 들어 설계도서 오류로 인해 불이익을 당한 시공자가 클레임을 제기했을 경우 신속 · 정확하게 보상해 주어야 한다. 또한 내 · 외부의 정보를 철저히 관리하여 공정의 병목(bottleneck)현상과 비용부족 문제를 사전에 방지할 수 있도록 한다.

CMr은 상기의 기본업무 외에도 자신의 책임영역을 인식해야 한다. 계약서에 명시된 업무를 소홀히 하여 발주자가 직 · 간접적인 피해를 입었다면 실질적인 책임을 부담해야 한다. 예를 들어 설계검토에 부주의했다면 설계자와 대등한 수준의 책임을 져야 한다. 또한 실제 투입된 공사비가 예상공사비를 훨씬 초과하여 발주자가 피해를 입었다면 어떠한 형태로든 책임을 지도록 해야 한다.

CM for fee 방식의 경우 공정계획에 맞춰 다수 시공자들의 활동을 조정 · 통제할 책임은 궁극적으로 발주자에게 있지만, CMr은 발주자의 대리인으로서 나름대로의 책임을 감수해야 한다. 감리업무가 공사과정의 점검 · 검사 · 계측 등의 시공 분야에 중점을 두고 이루어지는 반면, 설계자는 이러한 업무를 점차 회피하는 추세에 있기 때문에 CMr의 책임은 더욱 가중될 수밖에 없다. 안전관리 분야도 마찬가지이다. 현장근무자들의 안전사고에 대한 근본적 책임은 시공자에게 있지만, CMr에게도 안전관리계획을 검토해야 하는 의무가 있기 때문에 책임을 완전히 면할 수는 없다.

# 6 | CM의 장점과 본질적 결점

지금까지 언급된 CM의 장점을 정리하면 건설사업의 추진과정에서 복잡하게 얽혀 있는 자재, 기술, 공법, 돈, 사람, 시간 등의 제반 요소를 체계적으로 분석 · 종합하여 발주자의 이해관계에 부합하는 경영시스템을 구축할 수 있다는 것이다. 이는 'CM의 수행을 통해 우리 건설업계가 기존 건설방식과 무엇을 차별화할 수 있는가?'라는 중요한 질문에 답하는 것과 직결된다.

우리나라의 기존 건설방식이 건설결과의 효과성에 중점을 두어 왔다면 CM은 이에 건설과정의 합리성을 추가한 것이다. 기존 건설방식이 발주자가 부담하는 비용으로 건설목적에 부합하는 건물(시설)을 생성해 낼 수 있느냐의 여부에 중점을 둔 결과 건설과정을 하나의 'black-box'로 보았다면 CM 방식은 건설과정을 합리화 · 투명화 · 객관화시켜서 'glass-box'로 전환시키고자 한 것이다. CM 방식에서 발주자는 건설활동의 과정과 결과를 문서화된 제반 서류를 통해 확인하여 스스로 부담한 돈의 흐름을 어렵지 않게 파악할 수 있기 때문이다.

또한 이러한 시스템을 활용하여 발주자는 다음과 같은 혜택을 기대할 수 있다.

첫째, 사업의 기획 · 계획단계에서 CMr의 업무지원을 받아 시공자가 시공단계에서 활용하는 수준 이상의 구체적인 정보와 전문지식을 설계과정에 반영하여 최적의 설계대안을 추구할 수 있다. 설계과정에서도 기술적 조언과 설계 · 시공성 검토를 통해 다양한 공법과 기술을 적기에 도입하여 공사비절감 및 공기단축 효과를 도모할 수 있다. 또한 발주자와 설계자의 의견이 상반될 경우 CMr의 중립적인 조언으로 합리적인 해결책을 모색할 수 있다. 시공과정에서도 CMr은 발주자 · 설계자 · 시공자 사이의 의사소통이 원만하게 이루어질 수 있도록 하여 다양한 유형의 정보와 지식이 사업에 반영되도록 할 수 있다.

둘째, 비용과 일정, 그리고 시공자의 공사수행능력 등에 관한 CMr의 독립적 · 객관적 분석 · 평가를 통해 발주자는 최적의 의사결정을 수행할 수 있다. 또한 설계 · 시공 병행추진(fast track)으로 기존의 전통적 건설방식이 갖는 순차성의 한계를 극복하여 공기 · 비용의 동시 절감 효과를 기대할 수 있다.

셋째, 기획 · 계획, 설계, 입찰 · 계약, 시공, 운영 · 유지관리의 각 단계에서 CMr은 비용절감과 품질향상 효과를 동시에 얻기 위해 가치공학(value Engineering)기법을 적용하고 수명주기비용분석(Life Cycle Costing)을 실시하여 발주자에게 실질적으로 이로운 대안을 제공할 수 있다.[8)]

그러나 세상에 존재하는 어떠한 제도나 방식도 장점만을 가질 수는 없다. CM도 예외가 아니기 때문에 다음과 같은 본질적인 결점을 확실히 인식하고 대처해야 한다.

---

8) 초기투자비가 다소 더 들더라도 시설의 사용기간에 걸쳐 발생되는 유지관리비를 대폭적으로 절감시킬 수 있는 대안을 제시하여 장기적 · 미래지향적인 안목에서 발주자를 이롭게 할 수 있다.

첫째, 단계적 시공(Phased Construction) 또는 설계시공 병행추진(Fast Track) 방식이 시도될 경우 발주자는 공사시행단계에서 정확한 공사비를 파악하기 어렵다. 결국 공사 진행과정에서 공사비가 증가할 우려가 있기 때문에 다소 일찍 공사를 마무리하더라도 실질적 효과는 저감될 수 있다. 대부분의 건설사업은 추진과정에서 예산부족 문제에 직면하기 때문에 발주자는 공사비 증가의 리스크를 회피하기 위해 기존 방식의 총액계약방법을 더 선호할 수도 있다.

둘째, CM에서는 발주자가 수시로 건설사업의 추진과정에 개입하여 사업의 성공 여부에 직접적인 영향을 미치는 결정을 신속히 해야 한다. 따라서 CMr의 조언을 받아 시의적절하게 판단하고 신속하게 결정해야 하는 발주자의 경험과 능력이 가장 중요한 요소이다. 발주자의 능력이 상당한 수준에 이르지 못하면 발주자는 스스로의 결정에 책임을 져야 한다는 업무적 부담에서 결코 자유로울 수 없다.

셋째, CM의 성공을 위해서는 발주자의 능력과 더불어 CMr의 역량에 대한 중요성을 아무리 강조해도 결코 지나침이 없다. 그러나 CM for fee 방식에서는 CMr이 공사비와 품질에 대한 법적 책임을 지지 않는 것이 상례이다. 따라서 능력이 부족한 CMr이 선정되었을 경우에 나타나는 문제점은 기존 방식에서 보다 훨씬 더 심각하다.

따라서 발주자는 앞에서 제기된 문제점을 최소화하면서 CM의 효용을 극대화하기 위해 CM을 도입하기에 앞서 다음과 같은 사항을 심층적으로 고려해야 한다.

1) CM은 공사규모가 크고 난이도가 높아 공기지연이 예상되는 사업에 적용하는 것이 바람직하다. 공사규모가 작으면 대개 공사기간도 짧기 때문에 CM을 통한 공사비 절감 기회가 적고, 비용이 효과를 초과할 수도 있다. CM 방식은 대규모 공사에서 공간

적으로 공구를 분할하여 시간적인 간격을 두고 단계별로 추진하면서 동시다발적으로 이루어지는 계약 · 구매 · 조달 행위와 공종 상호 간의 연결 부위를 체계적으로 관리하여 공사비 절감 및 공기단축 효과를 동시에 거둘 수 있다. 공사기간이 긴 사업인 경우 공기단축을 공사비 절감과 연계시킬 수 있고, 대상건물(시설)을 조기에 사용할 수 있도록 하여 수익 증진과 편익 향상도 함께 도모할 수 있다.

2) CM의 업무영역이 광범위하기 때문에 CM 서비스는 다양한 유형의 사람들로부터 여러 가지 형태로 제공될 수 있다. 부동산개발, 건축 · 토목의 설계 · 시공 분야 종사자는 물론 특정 분야의 경영컨설턴트들도 CM 서비스업에 발을 들여 놓을 수 있다. 그러나 이들이 모두 CMr에게 요구되는 수준의 경험과 능력을 갖추고 있다고 보기는 어려운 실정이다.

3) CMr에 대한 객관적 보수기준이 명확하게 설정되어 있지 않은 상태에서 일관성 없이 다양한 보수가 지급될 수 있다. CM 서비스에 대한 보수는 외국의 경우 원가정산이익확정계약(cost-plus-fixed-fee contract) 방식에 따라 사업비의 2~6% 정도로 지불된다. 따라서 발주자는 적절한 공사비 분류체계에 따라 공사비가 합리적으로 산정되었는지 여부를 철저히 검토해야 한다.

4) 건설사업이 전개되는 특정 지역에 관한 지식과 정보의 획득이 무척 중요하다. 외부지역에서 영입된 CMr은 해당지역의 공사비 소요, 가용인력 · 자재, 교통 · 지리 여건 등에 대한 상황과 정보에 친숙하지 못하다. 따라서 어떤 업체는 특정지역 이외의 CM 업무 수행에는 적합하지 못한 경우가 있다.

5) CMr에게 결과에 대한 직접적 책임을 물을 수 있는지 여부의 문제가 제기된다. CM for fee 방식에서는 CMr에게 공사비 부족,

공기지연 등으로 인해 유발되는 문제에 대하여 법적 책임을 물을 수 없다는 것이 통례이다. 따라서 CMr은 제한된 예산과 시간의 범위에서 사업을 완료해야 한다는 압박을 받지 않을 수 있다. 따라서 발주자는 사업 착수에 앞서 공사비 범위를 명확히 설정하고 필요에 따라서는 위험부담이 따르도록 하는 CM(CM at risk) 방식도 도입할 필요가 있다.

6) 건설과정의 어느 단계에 CM을 적용할 것인지를 충분히 고려해야 한다. CM의 적용 단계는 발주자의 능력과 사업의 특성에 따라 달라진다. 지배적인 견해는 CM 서비스를 일찍 도입할수록 더 유리하다는 것이다. 사업 초기에 이루어지는 결정이 건설사업의 전과정에 가장 큰 영향을 미치는 반면, 발주자가 이 단계에서 사업의 목표·범위 설정, 타당성분석·평가 등의 업무를 효과적으로 수행하기에는 적지 않은 무리가 따르기 때문이다. 이러한 상황에서 CMr은 세련된 사업계획을 수립하여 타당성 여부를 평가하고, 이를 구현할 수 있는 설계·시공업체를 선정하도록 발주자를 지원할 수 있다.

실무적으로 CM을 적용하여 성공적인 결과를 얻은 경우를 살펴보면 CMr이 설계에 앞서 사업에 참여하여 초기단계에서 발주자의 의사결정을 효과적으로 지원하였고, 참여한 구성원들 모두가 자격을 갖춘 유능한 사람들로서 각자의 역할을 신속·정확하게 수행하였다. 발주자 역시 자신의 역할에 대한 중요성을 충분히 인식하고 시의적절한 의사결정을 수행하였다는 공통적 현상이 도출되는 반면, 실패한 CM은 부적절한 사업비 산정과 비현실적인 공기 설정에 기인하는 경우가 대부분이다.

특히 설계·시공을 병행 추진하는 공사는 설계도서와 시방서의 작성이 마무리되기 이전에 착수되고 공사계약도 실시설계의 완료에 앞서 체결된다. 따라서 설계과정에서 발생할 수 있는 예기치 못한 상황에 대비하기 위해서는 예비비(contingency cost)를 편성해 두어야 한다. 이 방식에 의할 경우는 총액입찰방식보다 사업비 확정에 더 많은 불확실성이 따르고, 시간도 더 많이 소요된다. 따라서 CMr은 첨단의 공사비 예측방식과 견적기법을 능숙하게 활용하여 보다 현실적 사업비를 신속·정확하게 산정할 수 있어야 한다.

CM의 실패는 공사비·공기 산정의 오류 외에도 부적절한 계약체결에 기인하는 경우도 있다. 미국에서 가장 보편적인 계약형태는 CM at risk 방식이다. 이는 발주자와 CMr이 협의·결정한 최대보증가격(Guaranteed Maximum Price)의 범위 내에서 최종 산출물의 인도를 보장하는 방식으로, 만약 발주자나 설계자에 의해 야기된 문제 이외의 어떤 사유로 공사비가 부족하게 될 경우 그에 대한 책임은 CMr이 부담하게 된다. 반면 CMr이 나름대로의 방법으로 당초 설정된 사업비 이하로 사업을 완수하면, 통상 그 절감액을 발주자와 50 : 50, 70 : 30, 40 : 60 등의 비율로 분배하는 규정을 계약조건에 포함한다.

이러한 방식은 발주자에게 매우 매력적인 것이지만 가장 큰 문제는 CMr이 절감액의 배분을 보다 많이 받기 위해 과다한 최대보증가격(Guaranteed Maximum Price)을 제시할 우려가 있다는 것이다. 따라서 발주자는 별도의 컨설턴트로부터 도움을 받아 타당한 사업비를 산정하고, 이를 CMr에게 제시할 필요성도 제기된다.

그렇지 않으면 발주자는 불합리한 관습의 제물이 될 수도 있다. 절감액의 상호분배규정(share-saving incentive clause)을 계약조건에 포함시키고, 경쟁입찰을 실시하여 극히 낮은 금액으로 주요 시공자들과 계약을 체결하면, 결과적으로 엄청난 금액의 절감이 이루어지기 때문에 CMr과 발주자는 절감액을 상호분배하여 적지 않은 금전적 혜택을 얻을 수 있다. 그러나 사업에 참여한 업체의 대부분은 파산할 수밖에 없는 상황에 이를 수도 있다. 물론 CMr의 입장에서는 성공적 사례로 이해할 수도 있겠지만 이러한 관행이 지속된다면 바람직한 CM 계약질서가 뿌리를 내릴 수 없게 된다. 따라서 절감액의 범위를 VE를 실시하여 얻어진 것으로 한정시키는 것이 바람직하다.

## 7 | CM, 무엇을 공부해야 하는가

지금까지 건설경영을 제도적으로 표현한 CM 방식의 이론적 개념과 실무적 의미를 파악하였고, 그 장점과 본질적 한계점도 규명하였다. 그리고 (그림 1.1)에서 제시된 개념적 틀을 통해 CM의 체계를 형성하고 있는 구성원들의 역할과 상호연계성도 살펴보았고, CM 체계의 중심부에서 핵심적 역할을 하는 CMr의 업무도 언급하였다.

결국 CMr의 핵심역량은 고객인 발주자와 계약관계를 형성하여 사업 초기단계에 발주자가 사업목표를 명확히 정립하여 시행할 수 있도록 조언하고, 사업이 구체화되는 시점에서는 역량 있는 설계자와 시공자가 선정될 수 있도록 함과 아울러 이들을 대상으로 설계관리와 시공관리를 적절히 수행하는 것이다.

그렇다면 이 분야에 관심을 갖고 있는 많은 사람이 역량을 갖춘 CMr이 되기 위해서는 무슨 공부를 해야 하는가?

우선 CM 계약방식은 발주자와 CMr이 협의하여 사업의 특성에 부합하도록 체결하는 것이기 때문에 정형화된 틀이 있을 수 없고, 그 내용 자체가 학문적 연구대상으로 적합하지 않다. 사업 초기단계에서 이루어지는 대부분의 업무도 얼마나 세련된 방식으로 진행되고 있는가의 문제는 있겠지만 기존의 건설사업 추진과정에서 모두 이루어지고 있는 것이다. 또한 설계·시공관리의 핵심 업무인 원가·품질·공정·안전 관리도 그 동안 학문적·실무적으로 적지 않은 노력을 기울여 왔던 영역이다.

CM 체계의 세부내용이 기존의 학문적·실무적 내용과 대동소이하다면 지금까지 해 오던 분야만 더 열심히 공부하면 되는 것 아닌가? 이러한 내용 모두를 CM 수행업체의 실무매뉴얼에 수록하여 그대로 이행하면 되지 않겠는가?

문제는 CM 업무의 수행과정에서 발생하는 제반 사안들을 모두 매뉴얼에 수록할 수 없다는 것이다. 모두 수록할 수 있다고 해도 그대로 이행할 수 없을 뿐만 아니라 이행한다고 해도 바람직한 결과를 보장할 수 없다는 것이다.

왜, 그러한가? CM은 다음과 같은 속성을 지니고 있기 때문이다.

첫째, CM은 관리기술이고 시스템 기술이다. 특정기술 자체보다는 다양한 기술의 특성과 기대효과, 그리고 강·약점을 종합적으로 파악하여 사업추진 여건에 맞추어 나가는 방법이 CM이다. CM에서는 요소기술의 중요성을 인정하면서도 기술은 노력을 통해 확보할 수 있다고 보기 때문에 특정기술에 몰입하지는 않는다. 반면, 주어진 상황을 정확히 파악하여 특정 요소기술을 적시에 배열하고, 각 분야별 기술의 상호작용이 원활하게 이루어지도록 하는 한편, 시스템적 관점에서 부분적인 효율성(efficiency)과 전체적 효과성(effectiveness)이 조화·균형을 이루도록 해서 얻어지는 시너지 효과(synergy effect)를 추구한다. 따라서 CM을 시공 분야의 하드(hard) 기술과 유사한 것으로 인식해서는 안 된다.

둘째, CM은 무형자산으로서의 속성을 갖는다. CM 업무를 수행하기 위해 필요한 각종 매뉴얼이나 지침은 쉽게 구해볼 수 있지만, 이들의 활용지식 이면에 있는 CM 역량은 해당 업체의 전략과 조직문화적 요소를 포함하고 있다. 따라서 효과적인 CM 체계를 구축하기 위해서는 조직의 문화와 정서, 그리고 소속구성원의 가치체계와 융합하는 과정을 거쳐야 한다. 이러한 과정은 많은 시간과 노력을 필요로 하지만 일단 구축되면 동시다발적으로 활용하여 조직의 경쟁력을 대폭적으로 향상시킬 수 있다는 매력을 갖는다.

그 유형이 어떤 것이든 정형적 절차에 따라 운용하면 소기의 성과를 거둘 수 있는 시공기술과 달리, 외국의 CM 제도를 우리나라에 도입하여 바로 적용할 수 없고, 특정 업체의 CM 방식을 이전받아 즉시 활용할 수도 없다. 또한 같은 CM 체계 내에서 활동해도 사업추진 상황과 CMr의 능력에 따라 엄청난 차이를 유발한다. 유능한 CMr의 양성이 CM의 성공적 추진을 위해 무엇보다 중요하다는 것도 바로 이러한 연유에서 비롯된다. 따라서 조직 전반에 CM에서 요구하는 건설경영 전략을 주입해 나가는 한편, 광범위한 CM 영역 중에서 가장 잘할 수 있는 부분을 특성화하여 특성화된 자기 영역을 확보해야 한다.

셋째, CM은 생산성 위주의 전통적 건설방식에 마케팅(marketing) 개념을 부가하여 창의성에 입각한 건설로 전환해야 한다는 의미를 내포하고 있다. 시공자 위주의 건설을 발주자 중심의 사고체계로 바꾸지 않으면 급변하는 시장상황에서 생존할 수 없기 때문이다. 외국의 CM 업체들이 활용하는 CM 매뉴얼을 살펴보면 마케팅 관점에서 발주자의 요구(needs)를 정확히 파악하여 충족시켜 줌으로써 보다 많은 혜택을 보장해 주겠다는 정신이 짙게 배어 있음을 알 수 있다.

CM과 관련된 모든 사안은 발주자에게 보다 많은 혜택을 줄 수 있느냐의 여부에 근거를 두고 검토되어야 한다. 따라서 CM 시장에 진출하고자 하는 업체들은 사업영역을 확장하여 이익 창출의 기회를 보다 넓혀 보겠다는 생각에 앞서 발주자에게 꼭 필요하지만 충족되지 못하여 불편을 유발하는 부분, 즉 필요의 진공(vacuum of needs)을 찾아 신속·정확하게 채워 줌으로써 보다 많은 혜택을 제공하겠다는 고객지향적 자세를 가져야 한다.

결국 CM제도를 운용하여 발주자의 사업목표를 제한된 시간과 예산의 범위 내에서 효과적으로 달성할 수 있는가의 여부는 CMr의 역량이 앞에서 제시된 CM의 속성에 부합해야 한다.[9] 그러나 이러한 역량을 확보하기 위해서는 (그림 1.1)에서 제시하고 있는 업무 내용을 숙지하는 것만으로는 불가능하다. 피상적 업무의 이면에 존재하는 광범위한 지식체계를 식별하여 탐구하지 않으면 안 되기 때문이다.

건설경영자인 CMr의 핵심역량과 직결되는 학습영역을 식별하기 위해 (그림 1.1)을 보완하여 CMr의 역할을 공간적·시간적으로 구분하여 정리하면 (그림 1.5)와 같다.

(그림 1.5)에서 우선 수평선을 그어 공간적으로 상하 양분한 각 영역을 조명해 보자. 중간 수평선의 하부영역은 설계자와 시공자를 대상으로 하는 CMr의 설계·시공관리 영역으로서 특성상 기술지향적(technology-oriented) 성격을 강하게 띠고 있다. 우리나라의 건설산업이 그동안 기술에 중점을 두고 전개되어 왔다는 관점에서 이 영역의 업무는 '건설업무 그 자체'로 규정할 수 있다. 상부영역은 건설사업 초기단계에서 사업의 목표를 구체화하여 건설상황에 부합하는 사

---

9) CMr의 능력과 더불어 발주자의 역할도 더할 나위 없이 중요하다. 그러나 이 책에서 필자는 발주자의 대리인(agent)으로서 CMr의 역할을 강조하고자 한다. 발주자와 CMr을 분리시켜 생각하지 않고, CMr을 발주자를 대신하여 건설사업을 관리하는 전문경영자로서 고려한다. CMr의 역할은 발주자의 역할이기도 하고, 또한 사업에 참여하는 모두가 유념해야 할 사항으로 고려하고자 한다.

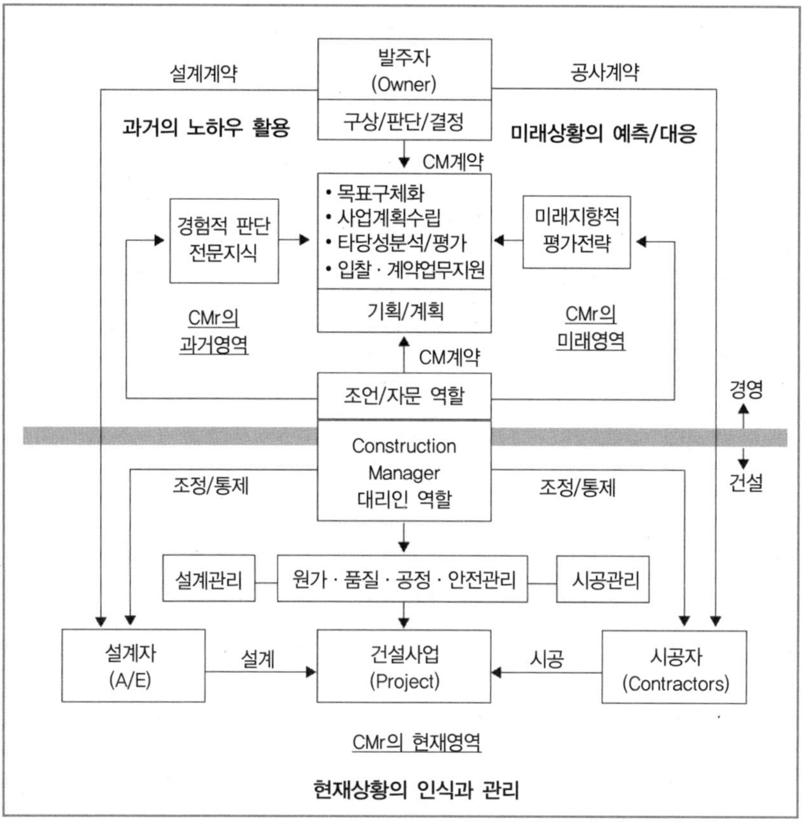


**그림 1.5** CMr의 역할에 대한 공간적/시간적 구분

업계획을 수립하고, 사업타당성을 분석 · 평가하여 발주자가 효과적으로 의사결정을 수행할 수 있도록 지원하는 업무로서, 기술보다는 그 기술의 적용상황을 해석하고 추진전략을 수립하는 경영적 특성을 내포하고 있다.

그렇다면 (그림 1.5)의 상 · 하부 영역 모두를 다루는 CMr은 경영자인가 아니면 기술자인가? CMr은 기술과 관련된 업무를 포함하여 사업의 전반을 아우르는 경영자이다. CMr은 건설영역에서 발생하는 기술적인 문제를 경영의사결정과 연계시키는 한편, 사업의 관리 · 경영과 관련된 의사결정을 건설과정에 반영해 나가야 하는 건설경영자이다.

이제 (그림 1.5)에서 제시된 CMr의 업무를 시간 차원에서 현재 · 과거 · 미래로 구분해 보자.

상기 (그림 1.5)의 건설영역으로 식별된 하부는 시간적으로 설계와 시공을 중심으로 건설이 진행되고 있는 현재 상황을 관리하는 CMr의 현재영역이다. 현재 상황에는 다양한 유형의 기술이 존재하고 방대한 규모의 돈이 투입된다. 기술과 돈의 운영주체이면서 각기 다른 업무적 배경을 갖는 많은 사람이 서로 다른 이해관계를 갖고 참여하여 끊임없는 갈등과 마찰을 유발하기도 한다. 이렇게 복잡한 현재의 건설여건에서 시간은 곧 돈이기 때문에 CMr은 순간순간 제반 사안을 결정해 나가면서 발주자와 합의된 기간 내에 사업을 마무리하지 않으면 안 된다.

복잡 · 다양하고 변화가 막심한 현재영역에서 경쟁력을 발휘하기 위해 CMr은 제반 기술에 대한 이해능력과 더불어 발주자의 돈을 효과적으로 관리할 수 있는 지식을 갖춰야 하고, 불가피하게 끊임없이 발생할 수밖에 없는 갈등과 마찰의 부정적 측면을 최소화하면서 긍정적 효과를 극대화할 수 있는 능력을 갖춰야 한다.

이와 같이 공간적으로 복잡하고 시간적으로 동태적인 현재영역에서 발주자를 조언하기 위해 CMr은 스스로 노력하여 획득한 과거의 경험과 전문지식을 활용해야 하고, 다양한 전문가들로부터 전문지식을 제공받아야 한다. 이러한 과정에서 CMr은 특정인의 경험과 전문성에 포함되어 있는 편견을 제거하고 사업목표 달성과 직결되는 지식의 본질을 추구해야 한다. 현재상황의 의사결정에 영향을 미치는 이러한 공부는 (그림 1.5)의 좌측 상부에 해당하는 CMr의 과거영역을 탐구해야 한다.

(그림 1.5)의 우측 상부는 CMr의 미래영역이다. CMr은 현재뿐만 아니라 미래상황에서도 경쟁력을 갖출 수 있도록 중장기적으로 생존성을 유지할 수 있는 기술을 도입해야 한다. 초기투자비와 운영유지비를 균형적으로 고려해야 하고, 건물(시설)의 수명주기가 종료되는 시점에서 고려되어야 하는 처분가치(salvage value)도 염두에 두어야 한다. 사회적 변화를 겪으면서 진화하는 사람들의 기호를 예상하여 건물(시설)의 성능을 평가하고, 마케팅(Marketing) 관점에서 고객의 요구조건을 파악하여 충족시켜야 한다. 미래상황의 불확실성을 관리해야 한다는 점에서 가장 어렵게 여겨지는 이러한 역량을 구축하기 위해 CMr의 미래영역을 염두에 두면서 현재 상황을 관리하지 않으면 안 된다.

이제 다음 장에서부터 필자는 (그림 1.5)에 제시된 현재 건설상황과 과거 · 미래 영역을 연계시켜 나가면서 건설경영자의 역할을 수행해 나가야 하는 CMr이 자신의 경쟁력을 대폭적으로 증강시키기 위해 필요한 '전략적 건설경영의 기술(The Strategic Art of Construction Management)'에 대하여 언급하도록 한다.

2

CHAPTER

# 건설경영자의 현재상황 인식과 분석

## – 과거에서 현재로…

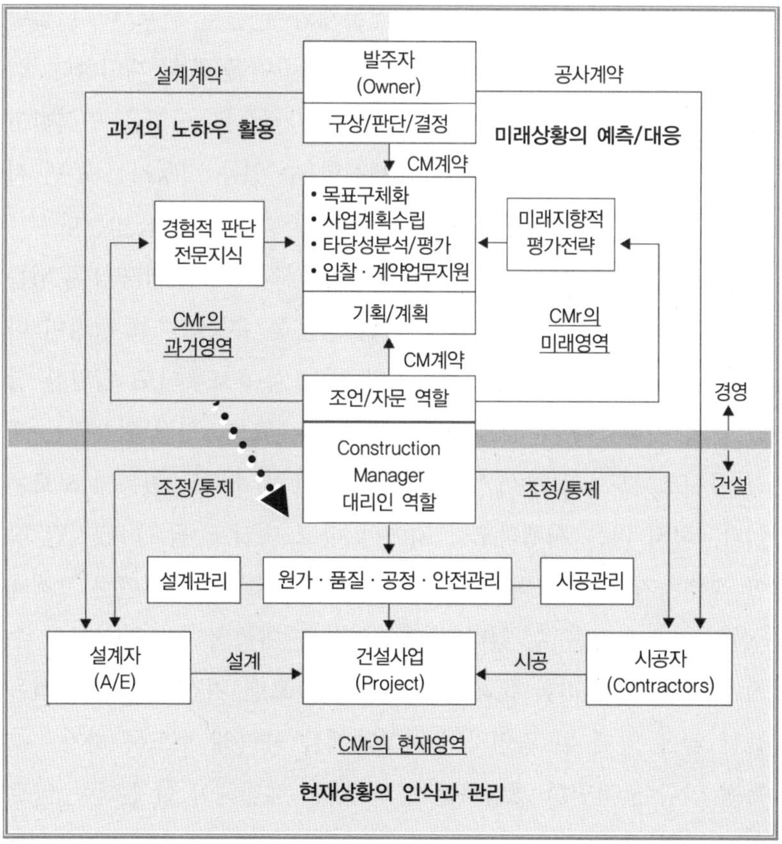

# 1 | 문제 해결의 범주 설정

건설경영자가 현재 상황을 인식하면서 건설경영은 시작된다. 유능한 경영자는 특정 상황에서 발생한 문제와 관련된 한두 마디 말만 듣고도 곧바로 효력을 발휘할 수 있는 해결방안을 즉시 제시한다. 한마디로 말하면 '척하면 척!'인 것이다. 즉각적으로 상황을 인식하고 순발력 있게 판단하여 해결방안을 제시할 수 있는 경영자는 주변 사람들로부터 소위 '도사'라는 말을 들으며 존경과 사랑을 받는다.

문제에 직면하는 순간 바로 답을 내는 과정에서 경영자의 두뇌는 어떻게 작동을 하는가? 필자는 이러한 질문을 유능하다고 정평이 나 있는 수많은 경영자에게 해 보았지만 어느 누구로부터도 명확한 답변을 듣지 못하였다. 문제를 해결하기 위해 두뇌를 직접 활용하는 경영자 자신조차도 머릿속에서 어떠한 과정이 전개되고 있는지 모르는 것이다. 적지 않은 시행착오를 겪어야 하고 숙달도 필요하겠지만 탁월한 경영자가 문제를 해결하는 과정에서 발휘하는 세련된 사고체계를 이해하고 모방할 수 있다면 경영역량을 대폭적으로 향상시킬 수 있지 않겠는가? 이러한 문제의식을 가지고 오랜 기간에 걸친 노력을 거듭한 끝에 알게 된 경영자의 사고체계를 파악해 보도록 하자.

특정 상황에 직면한 경영자는 먼저 '내가 해결해야 할 문제는 바로 이것이구나!'라는 생각을 하면서 문제를 인식한다. 경험이 부족하고 상황에 밝지 못한 초심자들은 문제를 발견한 즉시 해결을 시도하지만 많은 시간과 노력, 그리고 비용을 투입한 끝에 결국 문제가 아닌 것을 문제로 인식하여 해결을 그르치거나 문제를 제대로 파악했더라도 적절한 해결대안을 제시하지 못하는 경우가 대부분이다.

적어도 경영자 위치에 있는 사람이라면 이렇게 어설픈 시도를 하지는 않는다. 문제를 해결하기에 앞서 그 원인을 생각해 보고 향후 파생될 수 있는 결과를 가늠해 보면서 문제상황의 심각성 여부와 책임소재 등을 다각적으로 판단한다. 무엇 때문에 생긴 문제이고, 결과적인 영향의 범위와 내용의 심각성은 어떠한지, 결과에 대한 책임은 누가 져야 하는지, 그리고 감사나 조사를 받으면 누가 피해를 볼 것인지 등을 다각도로 판단해 본다.

이렇게 문제에 대한 인과관계를 규명하고, 그 영향인자를 식별하고 나면 결코 상황이 간단하지 않다는 사실을 깨닫게 된다. 기술적 전문성의 이면에 돈의 문제가 자리잡고 있고, 돈 문제의 의미를 파고들다 보면 사람들 사이에 내재되어 있는 복잡한 이해관계가 표출되고, 이해관계 하나하나를 따지고 들다 보면 시간적 제약에 부딪치기도 한다. 다양한 인자가 복잡하게 얽혀 있어서 상황이 결코 여의치 않다는 것을 깨닫게 되지만 경영자도 사람이기 때문에 제한적인 인식능력만을 갖추고 있을 뿐이다. 결국 문제에 대한 영향인자 모두를 고려할 수는 없기 때문에 불가피하게 경영자 입장에서 중요하다고 생각되는 핵심요소만을 파악하고, 문제 상황의 복잡성 정도를 고려하여 머릿속에 해결이 가능한 범주를 설정한다. 이렇게 주관적으로 설정된 문제해결의 범주가 상황(situation)이고, 상황을 설정하는 일련의 인지적 과정이 상황인식이다. 즉 상황인식은 경영자가 문제를 식별하여 인과관계를 규명하고, 문제에 영향을 미치는 핵심인자를 규명하여 해결이 가능한 범주를 설정하는 과정이다. 이를 도식화하면 (그림 2.1)과 같다.

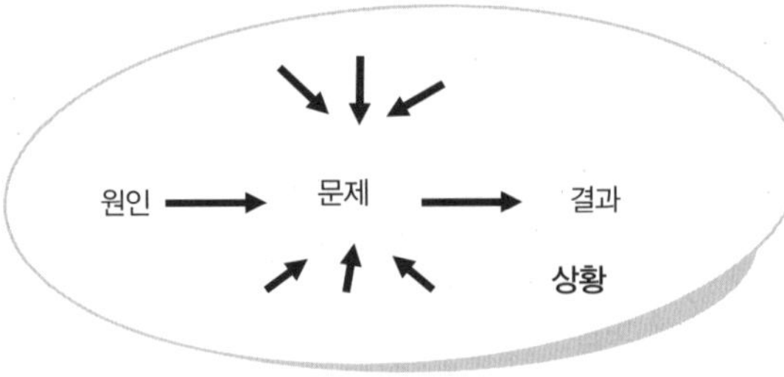


**그림 2.1** 문제해결의 범주 설정

경영자는 이와 같은 직관적 과정을 거쳐 머릿속에 문제해결의 범주를 순식간에 설정하고, 이 범주라는 프리즘(prism)을 통해 자기 앞에 전개되는 상황을 해석한다. 상황이 복잡하다고 말하는 경우 실제 상황이 복잡한 것이 아니라 경영자가 머릿속에 주관적으로 설정한 인지적 상황이 복잡한 것이다. 복잡한 실제 상황에서 문제를 해결하기 위해 요구되는 핵심요소를 파악하여 상황을 단순화시키고 재구성하여 문제를 순식간에 해결하는 이러한 능력은 경영자가 갖춰야 할 핵심역량이라고 할 수 있다.

특정 분야의 전문가라면 다루는 문제의 영역이 비교적 좁고 깊기 때문에 이와 같은 방식으로 상황에 부합되는 특수해를 구할 수 있겠지만, 상황을 입체적이고 포괄적으로 이해하여 보편적인 일반해를 추구해야 하는 경영자는 사고의 전개를 현 수준에서 멈추지 말아야 한다. 상황이 끊임없이 변화하기 때문이다. 상황이 어떻게 변화할 것인지는 알 수 없지만, 왜 변화하는지는 알아야 한다. 상황이 변화하는 이유를 파악하기 위해 경영자는 상황을 에워싸고 있으면서 지속적으로 자극하는 또 하나의 영역인 외부환경을 인식해야 한다. 내부상황은 외부환경과 지속적으로 상호작용을 하면서 변화한다. 따라서 경영자는 현재 상황이 앞으로 어떻게 변화할 것인지를 알기 위해 외부환경의 영향을 고려해야 한다. 앞에 제시된 (그림 2.1)에 외부환경 영역을 반영하여 경영자의 사고체계를 확장하면 (그림 2.2)와 같다.

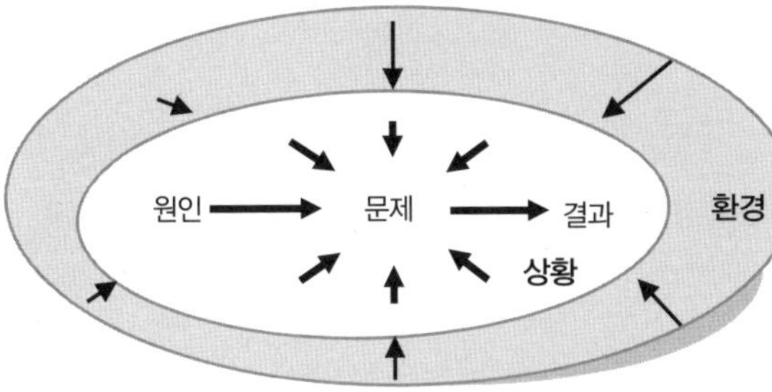


**그림 2.2** 경영자의 확장된 사고체계 (외부환경 영역 반영)

외부환경 영역을 추가하여 확장한 (그림 2.2)가 경영자에게 전달하는 의미는 무엇인가? 문제해결을 시도하기에 앞서 문제의 원인과 결과를 규명하라는 것이다. 아울러 인식역량이 제한적이기 때문에 모든 인자를 전부 고려할 수는 없는 현실에서 문제에 영향을 미치는 핵심요소를 제대로 파악해야 한다는 것이다. 그리고 문제의 복잡성과 활용 가능한 인적 · 물적 자원을 고려하여 문제해결이 가능한 범주를 설정하고, 현재상황이 앞으로 어떻게 전개될 것인지를 판단하기 위해 외부환경 변화도 고려해야 한다는 것이다.

문제 자체만을 보지 말고 그 원인과 결과, 문제에 대한 핵심적 영향인자, 그리고 문제를 포함하는 현재상황과 외부 환경요소를 동시에 고려해야 한다는 것이다. 문제 자체는 물론이고 문제와 관련된 영역 전체를 한꺼번에 조망할 수 있는 지적 시야를 확보해야 한다는 것이다. 이것이야말로 경영자를 경영자답게 하는 핵심역량이기 때문이다.

## 2 | 휴리스틱(heuristics)

특정 상황에서 문제에 대한 인과관계를 규명하고 핵심 영향인자를 추출하여 문제상황을 해결이 가능한 형태로 재구성하는 경영자의 두뇌활동 과정을 인지심리학(cognitive psychology) 분야에서 휴리스틱 과정(heuristic process)이라고 명명한다. 경영자뿐만 아니라 다양한 분야의 전문가들도 휴리스틱(heuristics) 능력에 힘입어 문제에 대한 복잡한 분석과정을 거치지 않고서도 해결대안을 즉시 제시할 수 있는 것이다. 따라서 휴리스틱이야말로 경영자가 자긍심을 갖게 하고 전문가가 능력을 인정받도록 하는 참으로 귀중한 능력이라고 말할 수 있다.

경영자와 전문가를 돋보이게 하는 휴리스틱 능력의 본질을 규명하여 체득할 수 있다면 얼마나 좋겠는가? 이러한 생각으로 휴리스틱에 관하여 연구해 본 결과 필자가 얻은 결론은

1) 휴리스틱 능력을 확보하기 위해서는 수년에서 수십 년이 될 수도 있는 장기간에 걸쳐 수많은 시행착오를 포함하는 풍부한 경험을 확보해야 하고
2) 이를 위해 특정 분야의 업무에 오랫동안 지속적으로 종사해야 한다는 것이었다.

휴리스틱 능력의 필요성을 절감하고는 있지만, 지금부터 오랜 세월에 걸친 노력과 수많은 시행착오 끝에 구비할 수 있다면, 당장 그러한 능력이 필요한 경영자에게 무슨 의미가 있는가? 더 큰 문제는 오랜 기간 동안 산전수전 다 겪으면서 각고의 노력을 한 끝에 휴리스틱을 구비한다고 해도 그 능력을 온전히 믿을 수 없다는 것이다. 휴리스틱의 부정적 측면이 표출되면서 수많은 전문가·경영자들이 오히려 회복할 수 없는 실패의 길을 가고 있는 것이 어쩔 수 없는 우리의 현실이기 때문이다.

경영자를 경영자답게 해 주고 전문가로서 자긍심을 북돋아 주는 휴리스틱 능력으로 인해 오히려 수많은 사람들이 해당 분야에서 결정적 실패를 경험하고 쇠락의 길을 가고 있는 모순적 현실을 어떻게 이해해야 하는가? 이러한 실패자의 대열에 합류하지 않고 탁월한 경쟁력을 발휘할 수 있는 경영자의 길을 모색하기 위해 휴리스틱의 구성요소를 파악하여 분석해 보자.

휴리스틱의 구성요소는

1) 학문적인 노력을 통해 확보한 **전문지식**
2) 오랜 기간에 걸쳐 축적된 풍부한 **경험**
3) 특정 분야의 업무를 지속적으로 수행하는 과정에서 자연스럽게 체득한 **직감**(gut feel)
4) 그리고 애매한 상황에서 결과에 책임을 지겠다는 생각으로 머뭇거리지 않고 밀어붙일 수 있는 **배짱**이다.

이제 각 구성요소의 온전성에 대하여 분석적인 검증을 시도해 보자. 우선 오랜 시간 동안 노력해서 확보한 **전문지식**을 생각해 보자. 이 책을 읽고 있는 독자를 포함하여 그 누구라도 자신의 분야에서 필요로 하는 모든 지식을 다 확보하고 있다고 자신 있게 말하기는 어려울 것이다. 지금처럼 변화가 막심한 상황에서는 제아무리 탁월한 능력의 소유자라고 할지라도 확보하고 있는 지식은 필요한 전문성에 비해 극히 부족할 수밖에 없다. 더 암담한 상황은 확보하고 있는 부족한 지식마저도 급변하는 상황에서 빠른 속도로 녹슬어 가고 있다는 것이다. 아니 이미 녹슬어버려서 더 이상 쓸모없게 되었다는 것이다.

최근 어느 기업의 경영자에게 필자의 저서를 서명하여 드린 적이 있었다. 그 경영자는 책을 들여다보면서 본인이 모르고 있는 최신의 지식이 가득 들어 있다고 말하면서 꼭 읽어보겠다고 말하였다. 그러나 최신 지식을 담고 있다는 그 말에 양심의 가책을 느낀 필자는 다음과 같이 토로하였다.

"제가 쓴 책 속의 내용은 결코 최신 지식이 아닙니다. 저는 그 책을 쓰기 위해 4~5년 전부터 공부를 했고, 책을 쓰기 위해 약 1년의 시간이 필요했기 때문에 그 내용은 5~6년 전의 지식에 불과합니다. 문제는 5~6년 전에 성공을 보장했던 노하우가 이제는 실패를 부르는 악수(惡手)가 될 수 있을 정도로 상황이 급변하였다는 것입니다. 따라서 책의 내용에 전적으로 의존하지 마시고 그냥 참고만 하십시오."

책 속의 지식에만 의존하는 것 또한 지극히 위험한 일이다. 경영현실에서 책에 적혀 있는 내용대로 해서 해결되는 경우는 거의 없기 때문이다. 책 속의 지식은 내 앞의 상황을 이해하는데 도움을 줄 수 있을 뿐이지 문제를 해결할 수 있는 직접적인 비결은 결코 아니다. 경영자의 의사결정이 상황에 투입되는 즉시 죽느냐 사느냐의 결과가 바로 부각되는 급박한 현실에서 학문적 논리나 토론의 유희를 즐길 수 있는 여유는 결코 없다. 실전적 경영 현장에서 전문지식을 문제상황과 접목시켜 현실적 해결책을 강구하는 것은 또 다른 공부의 영역이고 별도의 실천역량이라는 것을 반드시 유념해야 한다.

필자는 변화하는 상황에서 발생하는 문제의 내용과 성격이 과거의 것과 전혀 다르고, 유사하다 할지라도 문제가 유발된 상황이 다르고 외부환경도 변했다는 사실을 간과하고 책 속의 한물 간 낡은 지식으로 집착하면서 수없이 많은 실패와 좌절을 경험하였다. 나중에서야 비로소 깨달음을 얻은 결과, 알고 있는 지식을 모두 버리고 상황을 있는 그대로 보기 위해 노력하면서 해결대안을 모색하기 시작하였다. 그러다 보니 어느새 큰 문제가 해결되면서 직·간접적으로 관련된 하위문제들도 자연스럽게 해결되곤 하였다. 더욱 놀라운 사실은 한번 버린 지식을 다시는 찾을 일이 없었다는 것이다. 비로소 필자는 그 동안 쓸모도 없는 잡다한 지식을 머릿속에 가득 넣고 혼란스럽게 살아 왔다는 사실을 절감하였다. 복잡·다양하고 급박한 상황에서는 지식의 나열을 동반하는 수준 높은 토론이 중요한 것이 아니라 문제의 본질을 명확하게 규명하고 해결대안과 연계시킬 수 있는 실전적 사고체계를 갖추는 것이 진정한 경쟁력이라는 사실을 간과했던 것이다.

경영자는 지식을 축적하는 공부를 해서는 안 된다. 오히려 머릿속의 낡은 지식을 털어내는 노력을 게을리하지 말아야 한다. 변화하는 상황에서는

1) 문제의 본질을 명확히 규명하여 해결이 가능한 형태로 재구성하고
2) 문제를 해결하기 위해 꼭 필요하지만 보유하고 있지 않은 지식이나 해당 분야의 전문가를 확보하고
3) 문제 해결의 구조적 틀을 설정·운용하여 빠른 시간 내에 문제를 해결하고

4) 문제해결 과정에서 활용한 지식은 미련 없이 모두 버려야 한다. 동일한 상황은 두 번 다시 오지 않기 때문이다. 흐르는 물에서 같은 물에 다시 들어갈 수 있겠는가?

이러한 관점에서 경영자에게 절실히 요구되는 것은 상황에 따라 필요한 지식을 시의적절하게 끌어들여 효과적으로 활용하고, 유효기간이 경과한 낡은 지식은 과감하게 버리는 능력이다. 상황에 부합되는 문제 해결의 틀을 설정하고, 그 틀을 완성하기 위해 필요한 지식을 잘 모으고 잘 버리는 능력만이 필요할 뿐이다. 한물 간 책 속의 낡은 지식에 집착하면서 급박한 현실을 외면한 채, 논리적이고 학문적인 접근을 시도하며 시간이라는 보다 중요한 자원을 소모하는 태도는 결코 바람직하지 않다.

휴리스틱(heuristics)의 또 한 가지 구성 요소인 경험(experience)을 생각해 보자. 세상의 모든 경험을 다 하면서 사는 사람이 있는가? 수많은 사람이 다양한 일을 여러 가지 방법으로 잘하고 있지만, 그러한 일들을 모두 경험을 통하여 체득할 수는 없다. 우리는 공간적으로 지극히 제한적인 영역에서 시간적으로 장구한 과정의 한순간을 살다 갈 수밖에 없기 때문이다. 결국 모든 경영자는 스스로의 성장과정과 교육배경, 특정 분야의 업무수행을 근거로 자신과 자신의 상황에 국한된 특수해를 추구할 수 있을 뿐, 결코 모든 상황에 적용하여 효력을 발휘할 수 있는 보편적 일반해를 확보할 수는 없다.

그럼에도 얼마나 많은 경영자들이 풍부한 경험을 자랑스럽게 내세우면서 '이 문제만큼은 내가 누구보다도 많이 경험해 보지 않았는가? 내 지시대로만 따르도록 하게, 그러면 틀림없어'라고 말하는가? 그렇게 하면 깔끔하게 문제가 해결되는가? 그렇지 않다는 것을 필자는 너무도 많이 경험하였다. 결국 일을 그르치고 나서 '지시가 잘못되지 않았습니까?'라고 반문하면 어떤 대답을 듣게 되는가? '내가 언제 그런 지시를 했어?'라고 말하면서 오히려 역정을 내고 당신에게 모든 책임을 전가하지 않던가? 황당하고 억울한 마음에 수첩에 적어 놓은 지시내용을 들이대면서 '지난번에 분명히 이렇게 말씀하시지 않았습니까?'라고 항변하면 무슨 말을 듣게 되는가? 혹시 '내가 정말 그렇게 지시했던가? 그래도 그렇지 내가 그렇게 말했다고 해서 무조건 그대로 하는 사람이 어디 있어? 자네는 아무 생각도 없는 사람인가?'라는 핀잔을 듣지는 않았는가? 결국 지시사항을 충실하게 이행한 당신만 잘못된 결과를 회피하고 책임을 떠넘기려는 졸렬한 사람으로 치부된 적은 없는가?

상황변화의 속도가 느리거나 아예 상황이 정지되어 있어서 변화가 진행되지 않는다면 오랜 기간에 걸쳐서 많은 경험을 확보한 사람이 당연히 훨씬 더 높은 경쟁력을 발휘할 수 있을 것이다. 그러나 최근의 급변하는 상황에서는 풍부한 경험이 결코 자랑거리가 될 수 없다. 과거에 난해한 문제를 창의적으로 해결한 경험이 오히려 현재 발생한 유사한 문제의 성공적 해결을 저해할 수 있기 때문이다. 따라서 경영자는 풍부한 경험에 근거한 대안일수록 더욱 더 철저한 검증을 거쳐야 한다는 것을 명심해야 한다.

경험을 통해 배운 문제해결 방안의 효용성이 급속히 저하되고 있는 상황에서 범해지는 오류는 생각보다 심각하다. 익숙해진 분위기에서 오랜 기간 유사한 문제를 반복적으로 처리하다 보면 어느새 새로운 문제도 기존 사고체계의 범주에 포함시켜 해결하려는 습성에 사로잡히게 된다. 그러다 보면 문제와 너무 가까워져서 문제를 문제로 인식하지 못하게 된다. 사탕을 입에 물고 있으면 얼마나 오랫동안 단맛을 느낄 수 있는가? 한참 지나 더 이상 단맛을 느끼지 못하게 된 상황에서 다른 사탕이 주어졌을 때 새로운 단맛을 느낄 수 있겠는가?

익숙한 환경에서 친숙한 사람들과 기존의 관행에 따라 일을 처리하면서 잘하고 있다고 서로 인정하고 함께 칭찬하며 지내다가 한 순간에 몰락의 길을 가는 개인과 조직이 되지 않도록 경영자는 늘 새로운 시각을 견지해야 한다.

지금까지 경영자의 자랑스러운 능력인 휴리스틱(heuristics)의 구성요소 중에서 지식과 경험이 갖는 취약성을 파악해 보았다. 어떠한 생각이 드는가? 네 개의 기둥 중에서 두 개가 송두리째 뽑혀나간 느낌이 들지 않는가? 그래도 휴리스틱 과정에서 적지 않은 역할을 하는 직감(gut feel)과 배짱이 남아 있지 않은가? 이에 대해서도 검토를 지속해 보자.

직감(直感, gut feel)은 명확하게 그 이유를 설명할 수는 없지만 특정 대안이 긍정적 효력을 발휘하거나 부정적 결과를 초래할 수 있다는 직관적인 사고이다. 소위 '감이 좋으니까 한 번 해보자', '느낌이 안 좋으니 시행을 보류하자'는 방식으로 결정하는 경우가 직감에 의존하는 대표적 상황이다. 직감은 특정 분야에서 오랜 기간 종사하는 과정에서 자연스럽게 체득된 감각으로 논리적 설명과 합리적 접근이 제한된다는 특징을 갖는다.

논리성과 합리성이 결여되어 검증이 불가능한 직감에 따라 중요한 결정을 거침없이 할 수 있는가? 물론 운이 좋아서 직감이 맞아 떨어지면 위기상황을 결정적으로 반전시킬 수도 있다. 그러나 결과가 좋으면 왜 좋은지를 논리적으로 규명하지 못한 채, 또 다른 사안에 대해서 바람직한 결과를 기대하며 직감에 의존하는 경영자는 치열한 경영현장에서 결국은 살아남지 못할 것이다. 필자는 가끔 직감을 과신하면서 무모하게 접근하다가 결국 씻을 수 없는 결정적 과오를 범하고 초라한 모습으로 사라져 가는 경영자를 보곤 한다. 직감도 지극히 불완전한 것이어서 믿고 의지하기에는 부적합하다는 것이 필자의 결론이다. 그래도 최후의 보루인 배짱이 남아 있지 않은가?

**배짱**은 '되든 안 되든 한 번 밀어붙여 보자. 안 되면 내가 책임지면 될 것 아닌가?'라는 생각으로 시도하는 단호한 결단력이다. 배짱을 근거로 호기를 부리던 사람들이 결과적으로 잘못된 상황에서 당당하게 책임지는 모습을 본 적이 있는가? 필자의 경험에 의하면 부정적으로 악화된 상황에서 책임 소재를 규명하기 위해 감사 혹은 조사를 받는 경우에 잘못되면 책임지겠다고 큰소리 치던 사람들이 '본인은 현 상황과 전혀 관련이 없다.'라고 주장하는 경우를 너무도 자주 보아 왔다. 배짱이 사나이다운 속성으로 다소 멋져 보이는 것은 사실이다. 하지만 배짱으로 호기를 부리다가 망하는 길을 가는 경영자를 지금도 경영현장에서 가끔 보게 된다는 것은 불행한 현실이 아닐 수 없다.

# 3 | 편견(bias)

경영자나 전문가가 긍지를 갖게 하고 주변으로부터 존경과 사랑을 받도록 하는 휴리스틱(heuristics)의 구성요소인 지식, 경험, 직감, 그리고 배짱은 앞에서 언급한 것처럼 지극히 불완전하기 때문에 휴리스틱에 근거한 사고체계도 심각한 결점을 노출시킬 수밖에 없다. 그 결점은 경영자의 상황인식을 왜곡시키는 '편견(bias)'이다.

편견(bias)은 휴리스틱 과정에 침투하여 편향적 사고를 유발하는 실체이다. 따라서 상황을 인식하는 과정에서 하나의 독소로 작용하는 편견(bias)을 제거하거나 최소수준으로 감소시키지 못하면 경영자는 결국 잘못 인식한 상황의 제물이 될 수밖에 없다. 이러한 편견의 실체를 규명하고 그 폐단을 제거할 수 있는 방안을 모색해 보자.

'bias'의 사전적 의미는 '어느 한쪽으로 치우치다'는 것이다. 경험이 풍부한 경영자일수록 특정 문제에 대한 보고를 받는 과정에서 그 해결안을 마음속으로 미리 확정짓는 경향을 보인다. 그리고 자신의 생각과 일치하는 방향으로 제안을 하거나 근거를 제시하는 보고자에게 경영자는 '자네 생각도 그런가? 내 생각도 마찬가지야, 알고 보니 자네는 참 생각이 깊은 사람이군.'이라고 말하면서 밝은 미소를 짓기도 한다. 여기서 대화를 마무리하지 않고 '자네 학교는 어디 나왔지?'

라고 묻지 않던가? 출신학교가 다르면 '고향은 어디인가?'라고 묻고, 고향도 다르면 '그 지역 출신인 ○○○를 내가 잘 아는데 자네도 그 사람을 아는가?'라고 묻고, '저도 그 분을 잘 알고 있습니다.'라고 말하면 '그럼 언제 같이 만나 식사라도 할까?'라고 기분 좋게 묻지 않던가?

이와 같이 매번 유쾌한 분위기에서 보고가 이루어지면 얼마나 좋겠는가? 문제는 경영자가 머릿속에 미리 설정해 놓은 대안과 어긋나게 보고를 하는 경우에 발생한다. 보고를 받고 나서 경영자는 '자네 생각도 일리가 없는 것은 아니지만 말이야, 내 생각은 이러한데… 어떻게 생각하나?'라고 말한다. 그래도 보고자가 근거자료를 제시하면서 자신의 생각을 고수하면 경영자는 어떠한 반응을 보이는가?

아직도 적지 않은 경영자들이 보고자가 제시하는 타당한 논리에는 수긍하면서도 경험과 관록의 소유자로서 권위 있게 제시한 자신의 주장을 굽히고 싶지 않은 마음 때문에 속상해한다. 보고자가 자신 있게 주장하면 할수록, 보고를 받는 경영자의 기분은 더욱 상하고 속은 더 끓어오르기 시작한다.

불쾌한 마음으로 보고를 받은 경영자의 눈에 상대방이 주머니에 손을 넣고 말하는 모습이 들어왔다면 어떻게 상황이 전개되겠는가? 경영자는 즉시 이를 지적하면서 '자네 말하는 태도가 그게 뭐야? 그렇게 밖에 못 배웠어? 요즘 젊은 친구들은 다 그런 식이야?'라고 말하고, 제기된 사안과 직접적인 관련이 없는 과거의 다른 문제까지 거론하면서 꾸중과 질타를 한다. 그러나 결론은 '잔소리 말고 내가 하라는 대로 해, 경험 많은 사람이 말하면 깊이 새겨듣고 잘 이행할 것이지 무슨 말이 그렇게 많은가?'라는 말로 맺어지기 십상이다.

다소 극단적으로 상황을 묘사한 것이지만 이러한 태도가 바로 편견(bias)에 사로잡힌 경영자의 전형적인 모습이다. 문제는 이렇게 강요하는 방식으로는 결코 문제가 해결될 수 없다는 것이다.

인지심리학에서 언급되는 편견의 종류는 무려 40여 가지나 된다. 그 많은 편견을 종류별로 일일이 설명하는 것은 이 책의 목적이 아니기 때문에 그 본질적 의미를 한마디로 표현하면, 편견은 물이 담겨져 있는 유리잔에 비스듬히 꽂혀 있는 젓가락이 빛의 굴절현상으로 인해 꺾여 보이는 것과 같은 것이다. 반듯한 젓가락이 휘어져 보이는 것처럼, 경영자도 상황을 인식하는 과정에서 자신의 성장과정, 교육배경, 전문지식, 그리고 몸을 담고 있는 업무 분야 쪽으로 치우치게 된다는 것이다.

사람은 누구를 막론하고 자기 앞의 상황을 완벽하게 객관적으로 인식할 수 없기 때문에 편견으로부터 자유로울 수 있는 사람은 없다. 또한 편견에 사로잡혀 있는지의 여부도 가치판단을 요하는 문제이기 때문에 심각한 상태에 이르기 전까지는 그 실체를 확인하기 어렵다. 만일 '자네들도 잘 알겠지만 나야말로 편견에 사로잡히지 않은 채, 공평무사하게 일을 처리하고 있지 않은가?'라고 말하는 사람이 있다면, 이 사람이야말로 편견의 중증환자라고 말할 수 있다. 미친 사람은 결코 자기를 미쳤다고 말하지 않기 때문이다.

또 다른 상황을 생각해 보자. 경영자는 공식회의에서 문제상황에 대한 보고를 받고 상황을 판단해 본 결과, 본인이 충분한 전문성을 갖추었다고 생각하고 해결방향에 대한 명확한 지침을 제시하였다. 그러나 경험은 다소 부족하지만 논리적 접근을 중시하는 한 실무자가 이의를 제기하였다. 들어보니 실무자가 제기한 대안이 논리적으로 타당할 뿐만 아니라 문제인식의 범주가 훨씬 더 광범위하고 접근방식도 더 체계적이었다. 경영자는 입가에 미소를 띠면서 마음속으로 '요즘의 젊은 친구들은 참으로 대단하단 말이야, 어떻게 저런 내용을 다 파악하고 있을까? 그리고 저 친구, 아주 괜찮은 것 같아, 앞으로 우리 조직을 이끌어 나갈 수 있는 큰 재목이 되겠어 …'라는 생각을 하면서 대견스럽게 생각하였다.

그러나 시간이 조금 지나자 경영자의 마음속에서는 다소 서운한 마음이 서서히 피어오르기 시작하였다. 그리고 '왜 그렇게 많은 사람들이 보는 앞에서 큰소리로 반론을 제기하는가?, 조용히 찾아와서 얘기해 줘도 나는 충분히 받아들일 수 있는 사람인데…, 저 친구는 똑똑하기는 하지만 좀 경솔한 면이 있군!'이라는 생각을 하게 되었다. 경영자의 생각은 여기에서 멈추지 않고, 이 사람이 과거에 서운하게 한 일들도 하나 둘씩 머릿속에서 떠오르기 시작하였다. 그리고 '지난번 회식에서도 내가 한마디하니까 계속 반론을 제기하면서 끝까지 자기주장을 하지 않았던가?, 그때부터 나에 대해 좋지 않은 감정을 갖고 있었던 것이 틀림없군?'이라고 단정하였다. 아울러 '네가 그렇게 건방진 태도를 보인다면 나도 가만 있지는 않겠다. 너도 언젠가는 나에게 당할 것이다. 다음 인사에서 저 친구를 다른 부서로 보내 버려야겠다.'고 마음을 정하였다.

경영자도 사람이기 때문에 눈앞에서 전개되는 상황을 편견 없이 받아들이는 것은 쉬운 일이 아니다. 그럼에도 중요한 것은 눈앞의 현실을 있는 그대로 인식하는 것이 경영의 출발점이라는 것이다.

필자는 오래 전에 성철스님이 전한 '산은 산이요 물은 물이다.'라는 말에 많은 사람이 감탄해 하는 모습을 보고, 그 정도 얘기는 나도 할 수 있다는 생각을 한 적이 있다. 그럼 '산이 산이고 물이 물이지, 산이 물이고 물이 산이란 말인가'라고 스스로 반문하였다. 그러나 경영공부를 지속하면서 성철스님이야말로 경영에 관한 탁월한 식견을 가진 분이라고 생각하게 되었다. 성철스님의 말씀은 '산은 산으로만 보고 물은 물로만 봐야지, 왜 주관적인 편견에 사로잡혀 산을 물이라 하고 물을 산이라 하는가?'라는 지적이 아니겠는가? 편견에 사로잡히지 않고 상황을 있는 그대로 보아야 한다는 것을 화두로 제시했다는 사실을 알고 나서 탁월한 경영인이 종교계에서만 활약을 했다는 아쉬움을 지울 수가 없었다.

가끔 강의중에 상기와 같은 내용을 언급하며 청중들에게 '지금까지 제가 말씀드린 내용이 모두 맞는 얘기라고 생각하십니까?'라고 질문을 하면 거의 모든 분들이 '일리가 있다. 타당하다. 옳다.'라는 말로 공감을 표명한다. 이러한 분위기에서 흐뭇한 마음으로 '그럼 제가 틀린 얘기를 하겠습니까?'라고 말하며 강의를 진행하면 되겠지만 문제의 심각성은 그렇게 대충 넘어갈 수 있을 정도로 간단하지 않다.

필자 역시 오랜 기간에 걸쳐 연구를 지속하였으니 문제와 너무 가까워져 있어서 진정한 문제를 문제로 인식하지 못하는 단계에 들어섰을 가능성이 높다. 편견에 사로잡혀 있을 확률이 매우 높다는 것이다. 그러나 많은 시간을 들여 힘들게 공부한 결과인 만큼 자신의 생각이 옳다고 믿고 싶은 마음이 간절할 수밖에 없다. 그래서 자신의 생각이 옳은 것처럼 말하지만, 엄밀히 따져보면 옳다는 생각은 주관적 판단일 뿐이지 결코 객관적 사실은 아니지 않는가?

그렇다면 독자 여러분이나 강의를 듣는 분들은 필자가 언급한 사항 중에서 어느 부분이 맞고 어떤 내용이 틀린지 정확하게 지적할 수 있겠는가? 다소 어렵지 않을까 생각한다. 필자와 같이 이러한 문제에 대하여 절실한 심정으로 집중적인 고민을 하지는 않았을 것이기 때문이다. 이러한 사유로 경영자는 매일 매일 해결해야 할 다양한 문제에 대하여 '나도 모르고 너도 모른다.'는 난감한 상황에 직면할 수밖에 없다.

경영자를 포함하여 모든 사람들이 과연 편견에 사로잡히지 않을 수 있는 방법이 있을까? 편견으로부터 완벽하게 자유로울 수 있는 길은 오직 한 가지뿐이다. 죽는 것이다. 삶이 정지되어 인식이라는 정신적 행위가 멈추게 되면 편견이 침투할 수 없다. 살아 숨 쉬면서 상황을 인식하고 문제를 해결하기 위해 고민하는 매 순간마다 편견은 우리의 동반자가 되기 때문에 완벽한 객관성을 유지하는 것은 불가능하다. 경영자는 오직 편견을 최소화하기 위해 노력할 수 있을 뿐이다.

그렇다면 경영자로서 취해야 할 가장 바람직한 태도는 무엇인가? 지식에 대한 두려움을 갖는 것이다. 내가 알고 있는 것이 틀릴 수도 있고, 말도 안 되는 것처럼 들리는 상대방의 이야기가 오히려 옳은 것일 수도 있다는 마음으로 다른 사람의 말에 귀를 기울여야 한다.

알고 있는 내용을 전달할 때도 조심스럽고 겸손한 자세를 유지해야 한다. 특정사안에 대하여 확실히 알고 있는 것인지, 알고 있다고 생각하는 것인지, 아니면 모르는 것인지를 명확히 판단해야 한다. 다소 황당하게 들리더라도 결코 무시하거나 간과하지 말고 민감한 마음으로 귀를 기울여야 한다.

## 4 | 시스템적 사고

시스템(system)은 실제상황에서 문제에 영향을 미치는 핵심인자를 추출하여 재구성한 것이다. 경영의 관점에서 시스템은 문제와 관련된 특정상황이고, 그 상황을 에워싸고 있는 외부 환경이 시스템 환경(system environment)이다. 시스템(상황)과 외부 환경의 경계는 시스템 경계(system boundary)이다. (그림 2.2)를 시스템적으로 표현하면 (그림 2.3)과 같다.

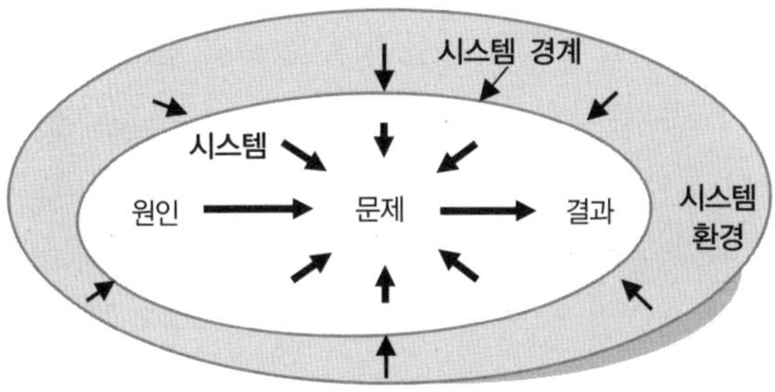


**그림 2.3** 시스템과 시스템 환경

실제상황에서 경영자는 인식능력의 한계와 인적·물적 자원의 부족과 시간적인 제한으로 인해 문제와 관련된 모든 요소를 고려할 수는 없다. 따라서 경영자는 우선적으로 의사결정에 중점적인 영향을 미치는 핵심인자를 파악하고, 그 인자들 사이의 상관관계를 규명해야 한다. 그리고 문제상황의 복잡성 정도에 따라 시스템 환경의 어느 범위까지 시스템 영역에 포함시켜 분석할 것인지를 판단하여 시스템 경계(system boundary)를 설정해야 한다.

시스템적 사고는 상황을 이해하기 위해 부분보다 전체를 먼저 보고, 아울러 부분과 전체의 조화와 균형도 추구하는 접근법이다. 경영자는 전체적인 시각에서 시스템 환경의 변화를 인식하고, 환경변화에 대응하기 위해 시스템(상황)을 변화시켜야 한다.

과학적 접근법(scientific approach)은 대상을 세분하고, 세분화된 각 요소를 분석하여 얻어진 새로운 원리를 기존 지식체계에 단계적으로 추가하는 방식이다. 과학적 분석은 무생물을 대상으로 하는 물리학과 화학 분야에서 큰 위력을 발휘하였다. 그러나 경영에서 다루는 조직 · 집단은 행태적인 특성을 갖는 유기체이기 때문에 시스템적으로 접근하지 않으면 파악하기 어렵다.

유기체는 전체가 부분의 합 이상의 어떤 것을 가지고 있기 때문에 전체적인 이해와 부분적 분석이 동시에 이루어져야 한다. 생물체의 각 구성요소를 해부학적으로 세분하여 철저히 분석한 후에 다시 재결합하면 이미 그 대상은 생명력을 상실하여 생물체로서의 의미를 상실하게 된다. 이러한 이유로 시스템적 사고는 살아 있는 실체를 다루는 생물학 분야에서 위력을 발휘해 왔다.

상황에 대한 시스템적 접근을 통해 경영자가 얻는 시사점은 무엇인가?

첫째, 문제를 해결하기에 앞서 우선 시스템(상황)을 분석하고 시스템 환경의 변화를 인식해야 한다는 것이다. 문제 자체의 해결에만 주력하다 보면 십중팔구 상황을 잘못 인식하여 문제가 아닌 것을 문제로 이해하고 시간과 노력을 헛되이 쏟게 된다. 문제를 정확하게 이해했다 해도 외부환경 변화를 고려하지 않으면 새롭게 전개되는 상황에 전략적으로 대처할 수 없다. 따라서 경영자는 눈앞의 문제에만 집착하는 근시안적 사고에서 벗어나 문제의 원인과 결과, 문제가 유발된 상황, 나아가서는 상황에 직·간접적으로 영향을 미치는 외부환경의 변화도 종합적으로 고려해야 한다. 즉 문제 자체는 물론, 문제와 관련된 영역 전체를 한꺼번에 조망할 수 있는 지적 시야를 확보해야 한다.

둘째, 문제를 해결하기 위해 진정으로 요구되는 것은 노하우(know-how)가 아니고, 노와이(know-why)에 근거하여 문제의 인과관계를 규명하고 문제가 유발된 상황도 파헤쳐 문제의 본질을 규명하는 능력이라는 것이다. 문제의 본질을 파악하여 해결이 가능한 형태로 재구성할 수 있다면, 해당 분야의 전문가나 전문지식을 동원하여 해결할 수 있기 때문이다.

노와이(know-why)의 관점으로 문제의 근원을 파헤치지 않고 노하우(know-how)에 중점을 두면서 해결방법에만 관심을 갖는 경영자들이 아직도 적지 않다. 해결안 위주의 접근은 뿌리와 줄기를 보지 않고 가지와 잎사귀에만 관심을 갖는 것과 다르지 않다. 잎이 마르고 가지가 부실한 이유는 줄기가 온전하지 못하고 뿌리가 썩었기 때문이라는 사실을 간과하는 것과 다르지 않다.

신기술 도입과 개발 과정에 시스템적 사고를 접목시켜 보자. 우선 신기술 자체의 효용성보다는 신기술이 필요하게 된 배경을 파악하여 소요기술의 개념을 정립해야 한다. 아울러 국내외 기술환경을 종합적으로 이해하고 다음과 같은 근원적 질문에 답할 수 있어야 한다.

1) 왜 이 기술이 필요한가?
2) 더 효과적인 또 다른 기술적 대안은 없는가?
3) 국내외 다른 기업의 주력기술과 향후의 기술환경을 고려해 볼 때 도입하는 것이 바람직한가 아니면 개발하는 것이 유리한가?
4) 도입 또는 개발된 기술이 경쟁력을 유지할 수 있는 기간, 즉 기술수명주기(technology life cycle)를 얼마로 볼 수 있는가?
5) 기술수명주기가 종료되어 더 이상 경쟁력을 유지할 수 없게 되면 어떻게 할 것인가? 기술을 보완하여 기술수명주기를 연장시킬 것인가? 아니면 폐기처분하고 다른 신기술로 대체할 것인가?

상기 질문에 대한 답변을 모색하면서 문제의 근원을 심층적으로 파헤치다 보면 실전적 활용이 우선되어야 하는 경영이 다소 이론적인 분위기를 띨 수도 있다. 그럼에도 유념해야 할 사실은 눈앞의 현실적인 문제를 근원적으로 해결하기 위해 이론이 필요하다는 것이다. 경영에서 이론과 실무는 결코 분리될 수 없는 불가분의 일체적 지식이다.

# 5 | 경영 마인드

시스템적으로 상황을 파악하고 환경변화를 인식하기 위해서는 어떤 지식과 방법론을 습득해야 하는가? 문제는 그러한 지식이나 방법론에 대한 체계적인 접근방법이 존재하지 않는다는 것이다. 이미 파악된 문제를 해결하기 위해 필요한 것이 지식(knowledge)이라면, 문제해결과정(problem-solving process)을 단계별로 구분하고, 각 단계에서 요구되는 지식을 식별하여 연관성을 규명해 놓은 것이 방법론(methodology)이다. 방법론은 지식보다 훨씬 더 강력하지만 이에 앞서 상황을 파악하고 환경변화를 인식하기 위해 요구되는 것은 경영마인드(management mind)이다.

경영마인드를 구성하는 핵심요소는 상황의 특성을 파악하고 환경변화의 흐름을 감지할 수 있는 민감한 감수성(sensitivity), 변화를 통해 전개되는 상황에 대하여 대안의 미래(alternative future)를 설정하고 시나리오(scenario)를 구성할 수 있는 풍부한 상상력(imagination), 그리고 상황의 본질을 꿰뚫어 볼 수 있는 통찰력(insight)이다.

상황의 본질을 파악하지 못하면 문제의 인과관계를 규명할 수 없고, 상황에 적합한 방법론도 정립할 수 없으며, 방법론을 구체화하기 위해 도입해야 하는 지식이나 기법도 적절하게 활용할 수 없다. 지식이나 기법은 철따라 수시로 갈아입는 옷과 같아서 일정기간 활용하고 폐기처분하는 수단에 불과하다. (그림 2.4)는 이러한 개념에 입각한 문제해결 과정을 나타낸 것이다.

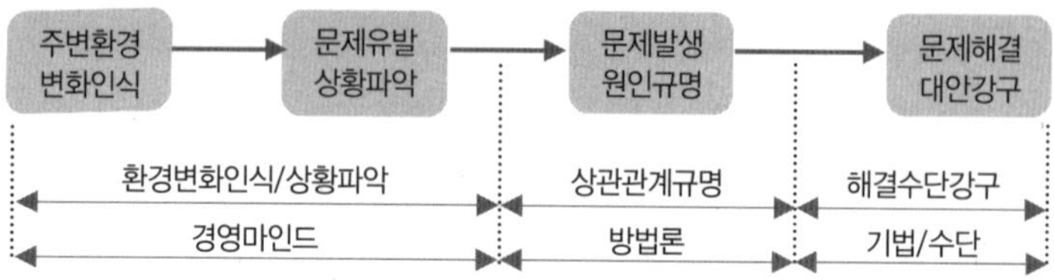


**그림 2.4** 문제해결 과정

상기와 같은 관점에서 경영자는 문제를 해결하려고 노력하기 이전에 문제를 탐색할 수 있어야 한다. 새로운 디자인으로 유행을 창조하는 주체인 패션디자이너(fashion designer)의 세계를 예로 들어 탐색능력이 발휘되는 과정을 살펴보자.

사실 패션디자이너는 유행을 창조하는 사람이 아니고 유행의 소요를 찾아내어 추종하는 사람이다. 새로운 스타일은 처음부터 패션디자이너의 머릿속에서 고안되는 것이 아니라 소비자의 기호를 파악하면서 문제를 인식하고 해석하는 과정에서 나오는 것이기 때문이다.

패션디자이너는 새로운 의상을 디자인하기에 앞서 거리에 나가 사람들의 옷매무새와 행동을 관찰한다. 사람들과 대화하며 그들의 가슴 속에 분명히 존재하고 있지만 표현하지 못해 아쉬움을 유발하는 욕구로서의 '그 무엇'을 찾아내어 이미지로 형상화시킨다. 그리고 형상화된 이미지에 향후의 변화 추세에서 고려해야 할 요소를 더하여 패션디자이너의 개성과 품격을 담은 의상으로 발전시켜 나간다.

패션디자이너가 소비자들의 마음을 읽고 기호를 파악하는 능력은 감수성과 통찰력에서 비롯되며, 현재 상황을 파악하고 향후 추세를 예측하여 제품의 공간적 적합성과 시간적 적응성을 확보하는 것은 상상력의 영역이다.

또 다른 예로 주택설계의 의뢰자(client)와 건축가(architect)의 대화 과정을 살펴보자. 대화를 시작하면서 건축가가 '어떻게 설계해 드릴까요?'라고 물었다면 그 건축가는 초보적 수준의 설계자에 불과하다. 이렇게 직설적 질문을 하면 건축적 전문성을 갖추지 못한 의뢰자가 과연 자신에게 부합하는 생활공간의 요구조건을 구체적으로 제시할 수 있겠는가? 건축가의 무능함만 돋보일 것이다.

바람직한 접근방식은 가족구성원의 수, 자녀의 나이와 취미, 가족의 생활방식 등을 포함하는 다양한 질문에 의뢰자가 부담 없이 답변하면서 자신의 요구조건을 자연스럽게 말하도록 하는 것이다. 건축가는 답변내용에 감수성과 통찰력, 그리고 상상력을 가미하여 의뢰자에게 바람직한 주택의 기능과 형태를 제시할 수 있어야 한다. 대화가 끝난 후에 건축가가 '고객께서 원하시는 집은 바로 이것입니다.'라고 말하며 제시하는 설계의 방향과 내용에서 의뢰자가 자신의 가슴속에 늘 존재하고 있었지만 구체적으로 표현하지 못해 답답해하던 '그 무엇'을 확인했다면, 그 순간에 '고객만족 또는 고객감동'이 실현된 것이다.

이러한 과정에서 요구되는 능력은 설계능력이 아니다. 의뢰자의 마음을 읽어내어 자신의 요구조건을 편안하게 말할 수 있도록 정확한 질문을 던지는 능력이다. 의뢰자의 요구조건을 명확히 파악했다면, 남은 일은 분야별 전문가를 동원하여 그 요구조건을 구체화시키는 것이다.

이제까지 필자는 경영자가 인식하는 상황을 시스템적으로 표현하고, 그 시스템을 운용하기 위해 요구되는 사고체계와 경영마인드를 언급하였다. 이제 시스템 내부에 존재하는 전문성(기술, 전문지식, 전문가)과 돈, 그리고 돈과 전문성의 운용주체인 사람에 대하여 심층적 이해를 시도해 보자.

## 6 시스템과 전문성(기술, 전문지식, 전문가)

전문성은 건설사업을 성공적으로 완수하기 위해 요구되는 필수요소로서 그 중요성은 아무리 강조해도 지나침이 없다. 그럼에도 전문성은 복잡하고 변화 막심한 건설상황에서 돈과 시간, 그리고 사람들의 이해관계 등과 함께 종합적으로 관리되어야 한다.

건설경영자는 전문성을 중시해야 하지만 그렇다고 전문지식에 지나치게 몰입하다 보면 부분적 해법의 추구에 집착한 결과 문제의 종합적 해결을 그르치는 결과를 초래할 수 있다. 특히 다양한 사람들의 이해관계가 첨예하게 대립되는 상황에서 요구되는 대화와 협상 능력이 부족하면 오히려 문제 상황이 더 악화되기도 한다.

필자는 건축학을 공부한 공학도로서 오랜 기간에 걸쳐 기술적 전문성을 중시하는 전문가로서의 길을 걸어왔다. 다양한 전문가들과 함께 전문성을 위주로 업무를 추진하여 성공을 거두기도 했지만, 한편으로는 전문성의 한계에서 벗어나지 못하고 좌절에 빠진 적이 한두 번이 아니었다. 지금까지도 자신의 내부적 한계를 절감하고 공학적 사고와 경영전략을 접목시키기 위해 분투하고 있지만, 아직도 전략적 사고와 조화를 이루지 못하는 전문지식과 전문가의 병폐가 얼마나 심각한지 절감하고 있다.

특정 분야의 전문성에만 집착하고 복잡한 상황의 동태적 변화에 적절하게 대처하지 못하는 전문가들의 한계상황을 살펴보자.

첫째, 전문성의 범주를 넘어서 시시각각 발생하는 복잡한 문제를 임기응변적으로 대하는 태도이다. 문제가 복잡하고 변화가 예상될수록 그 인과관계를 명확히 규명하여 현재상황은 물론 미래의 부정적 파급효과도 파악하기 위해 빠른 시간 내에 다양한 관점을 수용해야 한다. 그러나 전문성에만 집착하다 보면, 상황 전반을 이해하기 위한 인내력을 발휘하지 못하고 전문가의 영역 내에서 문제해결을 마무리하는 경향이 있다. 결국 상황의 이면에 잠재되어 있던 문제는 훨씬 더 심각한 또 다른 문제를 동반하고 전혀 예측하지 못한 시기에 표출되어 많은 사람들을 당황하게 한다. 그제서야 심각성을 깨닫고 성급하게 대처해 보지만 너무 늦어 손을 쓸 수 없게 되고 만다.

둘째, 자기가 아는 것 이외에는 받아들이지 않고, 알고 있는 것을 남에게 알려주지 않는 배타적 습성이다. 체득한 지식을 다른 사람에게 제공하면 자신의 영향력이 줄어든다고 생각하기 때문에 반사적 이익이 기대되는 경우를 제외하고는 절대로 지식의 보따리를 풀지 않는다. 이러한 태도가 다른 사람의 조언이나 충고를 용납하지 않는 완고한 습성과 결합되면 극단적 배타성이 표출된다. 배타성은 국내 굴지의 회사에 근무하는 전문가 출신의 중역들 사이에서도 빈번히 나타나는 경향이 있다고 한다. 관리직 출신들은 알고 있는 내용을 다른 사람에게 말해주고, 비판적 관점을 수용하여 부족한 부분을 보완해 나가는 자세가 보편화되어 있지만, 전문가 출신의 중역들 사이에서는 이러한 지식의 상호작용이 오히려 예외인 경우가 많다고 한다.

셋째, 사회 전반의 변화속도가 빠른 최근 상황에서 보유하고 있는 지식의 대부분이 이미 쓸모없게 되어 버렸거나 빠른 속도로 무의미해지고 있다는 사실을 간과하는 경직성의 표출이다. 노력하여 터득한 지식의 기반 위에 실무경험을 더하여 축적한 노하우(know-how)는 귀중한 자산이지만 급변하는 상황에서 어제의 성공비결은 오늘의 실패대안이 될 수 있다는 것을 등한시하는 경향이 없지 않다.

끝으로 공개석상에서 당당하게 자기 생각의 정당성을 입증하기 위해 요구되는 자신감과 논리성의 부족이다. 다양한 이해관계자들이 협상을 추진하는 상황에는 항상 긴장감이 감돌고 있기 때문에 자신의 요구사항을 논리적으로 피력하여 공감을 확보해야 한다. 그러나 능력과 세력 면에서 막강해 보이는 다수의 이해관계자들에게 압도되어 입을 굳게 다물고 만다. 이미 결정이 이루어진 이후에 조직의 응달에서 불만을 표출하는 떳떳치 못한 전문가들의 모습을 필자는 너무도 많이 보아 왔다.

전문가 입장에서는 할 말도 많고 억울한 면도 없지 않을 것이다. 현재 상황이 불합리하다는 생각에서 자리를 박차고 뛰쳐나갈 수도 있을 것이다. 그러나 상황을 회피한 전문가는 어느 순간 조직의 모퉁이에서 뒷말만 하는 불평불만자가 되어버린 자신의 모습에 소스라치게 놀라는 서글픈 현실에 직면하게 된다. 아울러 사람들이 함께 모여 일하는 집단이나 조직에는 정도의 차이만 있을 뿐, 또 다른 불합리함이 늘 존재한다는 사실을 깨닫고 다시 한 번 좌절하게 될 것이다.

전문가의 소극적 행동방식은 언어적 특성에서 나타나기도 한다. 구체적인 사안에 대하여 아는 것이 많다 보니 전문가의 머릿속에서는 안 되는 사유부터 떠오르는 경향이 있다. 따라서 답변의 유형은 대개 '예, 그러나(Yes, but)'이다. 이러한 말투를 보다 적극적 의미를 반영하는 '예, 그리고(Yes, and)'로 바꿀 수는 없을까?

# 7 전문성과 돈

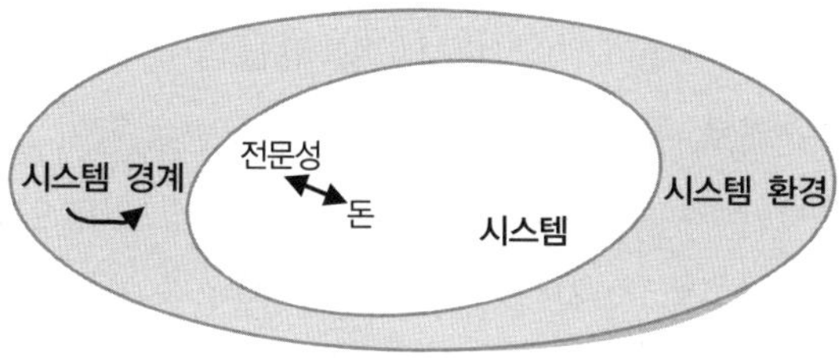


전문지식을 축적하기 위해 수많은 밤을 지새우며 노력한 결과 전문성에 자신감을 갖게 된 일부 전문가들 사이에서 나타나는 대표적 행태는 말이 많아지고 다른 사람의 일에 자주 간섭한다는 것이다. 사용하는 언어도 '설계를 바꾸어야 합니다, 공법을 변경해야 합니다, 그렇지 않으면 결국 큰 문제가 생깁니다.' 등이다.

기술적 전문성이 반영되지 않는 상황에서 답답한 마음을 주체할 수 없게 되면 말도 많아지고, 간섭하고 싶기도 할 것이다. 그러나 이러한 행동이 지속되면 주위 사람들로부터 '이 사람아, 자네 말대로 하면 좋은 줄 모르나? 돈이 없으니까 그렇지'라는 말을 듣게 되곤 한다. 돈이 부족하여 좋은 줄 알면서도 하지 못하는 현실을 등한시한 채, 이상적인 것만 추구하며 잘난 체 하지 말라는 충고를 듣는 것이다. 필자도 전문지식에 몰입된 상태에서 이러한 말을 들었을 때 '돈'이라는 말의 의미가 무척 생소하게 들린 적이 있었다. 그러나 실상을 알고 나서는 돈이 부족하여 심각한 문제가 빈번하게 발생된다는 사실을 절감하였다.

어느 전문가가 이러한 상황에서 절감하기 시작한 기술적 한계를 극복하고 건설경영 전략가로 성장하는 과정을 추적하면서 건설경영의 핵심을 체득해 보도록 하자.

어느 발주기관의 설계팀에서 사무실 건물의 설계를 완료한 이후에 설계도서를 근거로 공사비를 산정해 보니 130억 원이 소요되는 것으로 판단되었지만 가용재원은 100억 원으로 한정되어 있는 상황을 예로 들어보자. 전문가 입장에서는 적정수준의 품질을 확보하기 위해 당연히 130억 원의 돈이 조치되어야 한다고 말할 수 있다. 그러나 발주자 입장에서는 공사비가 부족한 현실을 쉽게 용납할 수 없었다. 발주자는 전문가에게 '이것 보시오, 내가 100억 원의 범위 내에서 사무실을 지어 달라고 했지, 언제 130억 원이 소요되는 건물을 설계해 달라고 했소? 여러 말 하지 말고 당초 설정된 100억 원 범위 내에서 공사가 마무리될 수 있도록 다시 설계해 주시오'라고 말하였다.

전문가 입장에서는 당혹스러운 일이겠지만 어쩔 수 없는 상황이다. 가용재원은 현실적으로 가장 중요한 제약조건 중 하나이기 때문이다. 그렇다고 가용재원에 맞추기 위해 설계를 다시 할 수 있겠는가? 설계와 관련된 지식이 있는 사람이라면 계약조건, 설계용역비용, 공사기간 등의 복잡한 요인이 얽혀 있어서 전면 재설계가 현실적으로 불가능하다는 것을 알 것이다. 결국 가용재원에 맞추기 위해 건물의 각 부위를 보다 값싼 자재로 대체할 수밖에 없다. 기와지붕을 평지붕으로 바꾸는가 하면, 외벽의 화강석 마감을 타일로 교체하고, 바닥의 카펫을 값싼 인조석으로 바꾸기도 한다. 결국 건물의 각 부위별 품질 수준의 균형은 어긋나고, 사용자 만족도 기대할 수 없게 되었고, 노력을 쏟아부은 전문가에게 돌아온 것은 많은 돈을 들여 어설픈 건물을 지었다는 불신감뿐이었다.

이렇게 쓰라린 경험을 통해 전문가는 기술적 요구와 돈 사이의 괴리로 인해 발생하는 문제의 심각성을 절감하였다. 그 결과 건설과정에서 직면하는 모든 것을 돈과 연관지어서 생각하는 습성을 갖게 되었다.

현장에 진입하는 레미콘 차량을 보면 차량에 실려 있는 콘크리트의 용량($m^3$)과 단위비용(원/$m^3$)을 곱하여 금액을 산정해 보았다. 설계도면에 그어지는 선이 어떠한 자재에 해당하는지를 파악하여 그 수량을 돈으로 환산해 보기도 하였다. 이러한 전문가를 보고 주위 사람들은 '돈에 환장했다'라고 말하였다. '돈에 환장했다'는 말을 들으면서 전문가는 비용의 전략적 계획과 체계적 조정의 필요성을 절감하였다. 설계가 완료된 시점에서 돈이 부족하다는 사실을 알고 당황하기 보다는

1) 사업의 초기단계에서 활용 가능한 정보와 자료를 계량적으로 분석하여 실소요 비용에 근접한 비용을 예측하고(cost planning)
2) 예측비용을 근거로 노력하여 달성할 수 있는 목표사업비(target cost)를 설정하고
3) 목표사업비의 범위에서 사업을 완료할 수 있도록 설계·공사 과정에서 부위별로 품질 수준의 균형을 유지하면서 비용을 조정하고(cost control)
4) 사업이 완료된 이후에는 투입비용을 분석하고(cost analysis) 체계적으로 정비하여 다른 사업을 계획하기 위해 활용하는(feedback) 절차를 정립하였다.

(그림 2.5)는 이러한 방식으로 전개되는 비용의 계획 · 조정(cost planning and control) 과정을 표현한 것이다.

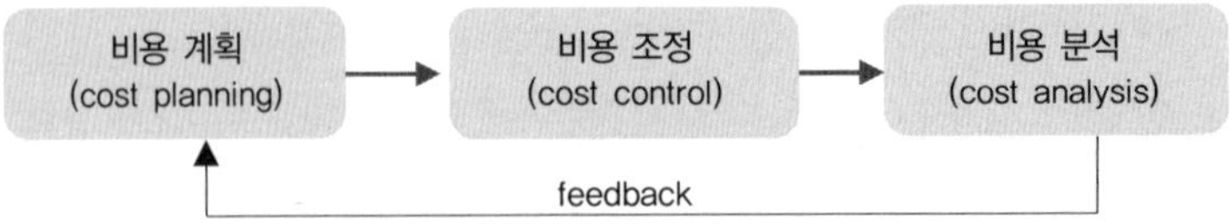


**그림 2.5** 비용 계획 및 조정 과정

이와 같은 단계별 작업을 반복하여 비용을 계획하고 조정하면서 전문가는 돈과 관련된 두통거리를 한층 경감시킬 수 있었다. 그리고 전문성과 더불어 비용감각(cost sense)을 함께 갖추는 것이 진정한 의미의 경쟁력이라는 확신을 갖게 되었다.

전문성과 비용 감각을 조합하여 문제를 해결한 한 가지 사례를 살펴보자. 어느 건설공사 현장에 상급 부서의 몇 분이 방문하였다. 문제는 가장 고위직으로 보이는 분이 상당히 어렵게 시공을 마무리한 부분을 지적하면서 '저 부분을 요즈음 추세에 맞게 이렇게 바꾸면 어떻겠는가?'라는 한마디를 던지면서 시작되었다. 그때 가장 가까운 곳에서 그를 수행하던 사람이 '아주 좋은 생각이십니다.'라고 맞장구를 쳤다. 그러자 그 분은 더 자신에 찬 표정을 지으면서 '그렇지, 자네도 그렇게 생각하지?'라고 말하고는, 그 옆의 다른 사람에게 '자네는 어떻게 생각하나?'라고 질문하였다. 질문을 받은 사람도 '사실 저도 그렇게 생각하고 있었습니다.'라는 말로 동조하였다. 이 말을 듣고 자신의 생각에 확신을 갖게 된 그 분은 입가에 미소를 지으면서 '그렇지!, 자네들도 알다시피 내가 그렇게 비합리적인 사람은 아니잖아?'라고 말하면서 일행 중의 또 다른 사람에게 '자네 생각도 한번 말해보지 않겠나?'라고 말하였다. 그 사람은 '예, 핵심을 제대로 짚으셨습니다.'라고 말하였다. 이 말을 들은 그 분은 '전문가라는 사람들이 이렇게 스케일이 작아서 되겠나?'라고 말하며 당장 변경할 것을 지시하였다.

지시사항을 이행하려면 이미 완료된 부분을 철거하고 재시공해야 하지만, 문제는 당시 여건상 재시공에 따른 추가비용을 지불하거나 사업기간을 연장해 주기 어렵다는 것이었다.

이러한 상황에서 분명한 사실은 현장을 방문한 일행이 기술업무에는 관여하지 않지만 사업에 결정적 영향을 줄 수 있는 사람들이라는 것이었다. 그리고 결정하기만 하면 나머지 일은 전문가들이 다 알아서 조치할 것으로 믿고 있다는 것이었다.

일단 마무리한 것을 철거하고 재시공하기 위해서는 당연히 돈과 시간이 더 소요되는 것임에도, 문제는 분위기에 압도되어 모두가 입을 굳게 다물고 있다는 것이었다.

이러한 순간을 대충 넘기면 향후 상황이 어떻게 전개되겠는가? 상급 부서로 돌아간 일행은 현장에서 기록한 상급자의 지시사항을 현장의 통제부서에 메모나 공문서 형식으로 전달한다. 그 통제부서는 전문성을 갖추고 있기 때문에 지시내용이 불합리하다는 것을 이해하지만 현장에서 적절한 해명이 이루어지지 않았다는 것을 애석해하면서 어쩔 수 없이 현장에 지시공문을 보낸다. 공문서 내용은 '조속히 변경시공 조치를 하고, 그 결과를 보고할 것'이다. 공문서를 받은 현장의 전문가들은 조치의 불합리성을 성토해 보지만, 이미 시기를 놓쳐버려 어쩔 수 없이 이행해야 하는 현실에서 일하는 재미는 물론 살아가는 재미도 한풀 꺾이는 느낌을 받게 된다.

이제 상황에 적극적으로 대처하여 긍정적 결과를 도출해낸 전문가의 노력을 살펴보자. 현장에서 변경·시공하라는 지시에 대해 비용감각을 갖춘 전문가는 '말씀하신 사안에 대하여 조금 설명을 드리겠습니다.'라고 양해를 구하고, 변경시공과 관련된 사항과 비용을 연관지어 설명하였다. 변경하게 되면 변경 부분과 연관된 다른 부분도 추가적인 수정이 불가피해지고, 그로 인해 공사비가 어느 정도 늘어나고 공사기간이 얼마가 더 필요하게 되는지를 논리정연하게 설명하였다. 설명을 들은 그 분은 '아주 좋은 생각'이라고 동의를 표했던 사람에게 '추가비용을 지원할 수 있는가?'라는 질문을 던졌다. 어떠한 대답이 이루어졌겠는가? 답변은 '글쎄요, 현재로서는 일단 어려울 것 같은데..., 검토는 해 보겠습니다.'였다.

돈을 추가적으로 조치해 주겠다고 확실히 말한다는 것은 결코 쉬운 일이 아니다. 예상하지 못한 사안에 충분히 대처할 수 있을 만큼 여유 있게 자금을 운용하는 경우는 흔치 않기 때문이다. 그래서 명확한 결론을 회피하고 말꼬리를 흐릴 수밖에 없는 것이다. 나중에 검토결과를 통보해 주겠다는 말을 남기고 현장을 떠나간 이 사람들로부터 추후 어떠한 연락도 오지 않았던 것으로 기억된다.

이제까지 필자는 전문성과 돈을 균형적으로 고려해야 한다는 것을 강조하였다. 그럼에도 건설경영 시스템에는 훨씬 더 중요하게 고려되어야 할 인자로서, 전문성과 돈의 운용주체인 사람이 존재한다. 누가 어떻게 하는가에 따라 사업추진의 과정과 결과에 엄청난 차이가 발생하기 때문이다. 이제 돈에서 사람으로 패러다임(paradigm)을 전환시켜 보자.

# 8 | 사람, 전문성과 돈의 운용주체

/ 돈에서 사람으로

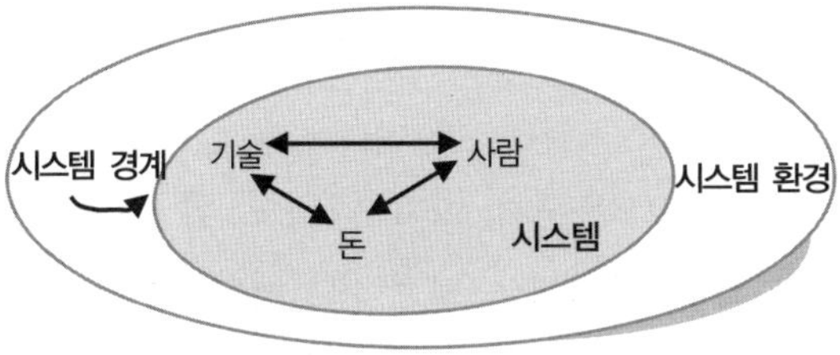


기술과 돈 위주의 사고체계가 사람 중심으로 전환되는 과정을 전문가가 겪은 업무적인 고충을 통해 살펴보자. 전문성과 경제성의 조화를 추구하는 과정에서 전문가는 확보되는 품질 수준에 비해 지나치게 많은 돈이 소요되는 부분을 개선하여 적지 않은 성과를 거두곤 하였다. 그때마다 전문가는 피곤함도 잊은 채, 밤을 새워 개선방안을 강구하여 실행하면서 스스로 많은 기여를 하고 있다는 생각에 가슴이 뿌듯함을 느꼈다.

어느 날 전문가는 밤을 새워 작성한 개선안을 들고 설레는 마음으로 회의에 참석하여 자신 있는 태도로 그 내용을 발표하였다. 다 듣고 난 윗사람은 밝은 표정으로 만족감을 표명하면서 '자기 일도 많아서 엄청 바쁜 사람이 현장 구석구석에 내재되어 있는 문제점을 찾아내어 이렇게 훌륭한 개선안을 제시하다니..., 이런 사람이 이렇게 일을 해 주니까 우리 조직이 잘 버텨나가는 것 아닌가?, 대체 다른 사람들은 뭘 하고 있는 거야? 이러한 적극적인 자세는 우리 모두의 귀감이 되지 않는가?'라고 말하며 칭찬을 아끼지 않았다. 그러나 아름다운 음악처럼 들리는 칭찬에 전문가가 흐뭇해하던 바로 그 순간에 그 윗사람은 '제시된 개선안이 좋은 것 같기는 한데..., 아직까지는 기존방식에서 큰 문제점이 발견되지는 않았잖아?, 그리고 제시된 방안은 확실히 검증된 것이 아니니까 한 번 더 검토해 본 후에 적용 여부를 판단해 보도록 하지'라고 결론을 내렸다.

실망스럽기도 하고 은근히 화가 나기도 한 전문가는 기존방식의 결점을 비용과 품질 면에서 어떻게 개선하였는지를 구체적으로 설명하였다. 그리고 '지금 개선안을 적용하여 비용을 절감하고 기간을 단축해 놓지 않으면 앞으로 발생할 우려가 있는 비용증가 및 공기지연의 상황에 대처할 수 없게 됩니다.'라고 강조하며, 자신의 제안을 끝까지 주장하였다. 논쟁 끝에 개선안은 받아들여졌지만, 전문가 입장에서는 합리적 대안이 너무나 어렵게 채택되었다는 생각에 씁쓸한 기분을 감출 수 없었다.

어쨌든 개선안이 받아들여진 것은 참으로 다행스러운 일이라고 생각하면서 며칠을 보낸 전문가는 현장을 확인하는 과정에서 결국 기존방식으로 공사가 진행되고 있다는 것을 알고는 아연실색할 수밖에 없었다. 전문가를 더욱 암담하게 한 것은 '그 친구 말이야, 사람은 좀 똑똑한 것 같은데, 싸가지가 없어'라는 말이 현장에서 공공연히 나돌고 있다는 사실이었다. 불합리한 부분을 개선하기 위해 항상 최선을 다해 온 전문가 입장에서는 이해할 수 없는 현실이 눈앞에서 전개되고 있었다. 억울하기도 하고, 자신은 결코 싸가지가 없는 사람이 아니라는 것을 해명하기도 해야 한다는 생각에 이러한 결정에 관여한 사람들과 수차례에 걸쳐 면담을 요구하였지만, 그때마다 회의, 약속 등의 사유로 거절당하곤 하였다. 그리고 회의실에서 전문가가 앉았던 자리가 없어지면서 중요한 결정에 참여하는 기회도 배제되었다.

나중에 알게 된 일이지만 기존의 공법에서 활용되는 자재의 납품 업자는 윗사람과 절친한 사이였다. 친한 친구 하나 챙겨주고 싶은데, 현장에 온 지 얼마 되지도 않은 녀석이 전문성을 앞세워 새로운 방안을 제시하면서 자신의 의도를 무산시키려고 하니 윗사람 입장에서는 무척이나 속이 상했을 것이다. 만약 그러한 사실을 사전에 감지했더라면 개선안에서 자재비가 차지하는 비중이 그다지 높지 않았기 때문에 그 자재를 변경시키지 않고서도 얼마든지 대안을 제시할 수 있었을 것이라는 아쉬운 생각도 들었다. 이러한 일을 계기로 지속적인 어려움을 감내하면서 전문가는 소위 '괘씸죄'라는 것이 얼마나 심각한 것인지 절감하였다.

열정을 갖고 업무에 매진해 온 전문가는 합리적 의견을 무시하는 사람들과는 더 이상 함께 일하고 싶지 않다는 생각을 하고 다른 직장을 구하기 위해 여기저기 문의도 해보고 직접 찾아가 알아보기도 하였다. 그러나 이렇게 1~2개월을 보낸 전문가가 절감한 것은

1) 다른 직장은 괘씸죄의 정도가 훨씬 더 심각하다는 것이었고
2) 현재의 직장은 그에 비하면 매우 양호한 수준이고
3) 함께 일하는 사람들도 훨씬 더 괜찮은 편이라는 것이었다.
4) 또 사람이 집단이나 조직을 형성하여 함께 일하는 그 어느 곳에도 정도의 차이만 있을 뿐이지 '괘씸죄'는 반드시 존재한다는 것이었다.

이러한 현실을 깨닫게 된 전문가는 그제서야 조직의 한 모퉁이에서 초라하게 자리를 잡고 앉아, 이미 이루어진 결정에 대해 뒷소리나 하는 불평불만자의 모습으로 변해버린 자신의 모습을 확인하고 소스

라치게 놀랄 수밖에 없었다. '어쩌다가 이렇게 내 자신이 처참한 모습으로 전락되었는가? 이를 어떻게 극복할 수 있는가?'를 생각하며 고민을 거듭한 끝에 전문가는 기술과 돈에 관한 지식도 중요하지만, 인간에 대한 깊은 이해를 근간으로 사람과 관련된 문제의 본질을 파악하여 무리 없이 해결해내는 능력이야말로 더할 나위 없이 중요한 것이라는 사실을 깨우치게 되었다.

건설상황에서 가장 심각한 문제는 사람으로부터 비롯되는 것이므로 사업관리와 사람을 연관시켜야겠다는 생각을 하게 되면서 전문가는 사람과 관련된 공부를 할 수 있는 방안을 모색하였다. 그러나 '공학을 전공한 사람으로서 본분에 충실하지 않고 주제넘게 인문사회과학의 핵심영역인 사람에 관한 공부를 하려고 한다.'는 핀잔만 듣게 되었다. 결국 전문가는 기술지향적인 한계를 벗어나려고 하지 않는 국내 건설풍토에 아쉬움을 느끼며 해외 유학의 길을 떠나게 되었다. 그리고 다음과 같은 관점으로 건설과 사람을 연계시키는 공부에 매진하였다.

건설사업에 참여하는 다양한 사람들은 한결같이 입을 모아 발주자의 요구조건을 충족시키겠다는 말을 한다. 이 말을 믿을 수 있을까? 서로 다른 성장과정과 교육배경, 그리고 제각각의 이해관계를 갖는 사람들은 추구하는 가치(value)도 다를 수밖에 없기 때문에 기대했던 결과가 얻어지지 않을 경우 갈등과 마찰이 발생할 수밖에 없다. 문제는 갈등과 마찰이 발생한다는 사실 자체가 아니다. 갈등과 마찰이 발생하는 현실을 당연한 현상으로 이해하고, 그 부정적 측면을 최소화하는 한편 긍정적 효과를 극대화하지 못하면 사업의 성공을 기대하기 어렵다는 것이다. 따라서 사람 중심의 건설경영을 구현하는 것의 중요성은 아무리 강조해도 지나침이 없다.

사람을 중심으로 하는 건설경영의 본질을 어떻게 설명할 수 있는가? 통상 건설사업의 중요한 평가기준은 (그림 2.6)과 같이 비용·품질·공기의 세 가지로 표현된다. 다른 인자는 모두 이 세 가지 기준의 세부항목으로 고려할 수 있다. 문제는 이러한 평가기준에 근거하여 추진해 온 수많은 건설사업들이 추진 과정과 결과 면에서 성공적이지 못한 경우가 너무나도 많다는 것이다.

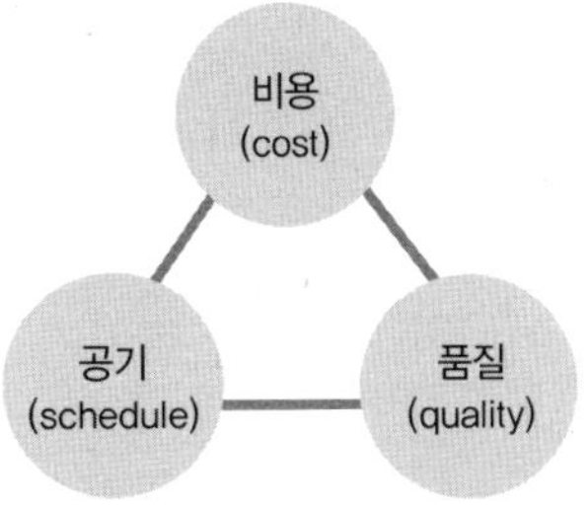


**그림 2.6** 건설사업의 세 가지 평가기준

수개월에서 수년에 이르는 공기지연으로 운용에 차질이 빚어지는가 하면, 수억 원에서 수백억 원의 비용이 추가로 소요되어 재정운용에 심대한 문제를 야기하기도 한다. 더 큰 문제는 투입된 비용, 시간, 그리고 노력에 비해 얻어진 결과가 결코 만족스럽지 못하다는 것이다.

이러한 문제를 해결하기 위해서는 건설사업의 성공 여부에 결정적인 영향을 미치면서도 연구대상으로 다루지 못했던 사람(human)을 핵심요소로 고려해야 한다. 이러한 개념을 반영하여 (그림 2.6)을 수

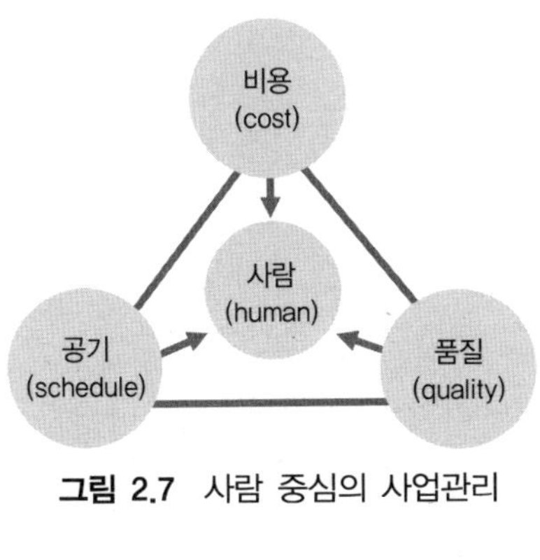


**그림 2.7** 사람 중심의 사업관리

정 · 보완한 것이 (그림 2.7)이다. 사람은 기존의 세 가지 평가기준을 건설상황과 접목시켜 나가는 균형추 역할을 한다. 비용 · 품질 · 공기에 관한 개별적 지식과 노하우가 아무리 많더라도 중심에 있는 사람이 이러한 세 가지 평가기준 사이에서 균형을 확보하지 못하면 통합적인 시너지 효과를 기대할 수 없다.

사람중심의 건설경영을 탐구하기 위해 야심차게 떠난 유학이었지만 공부과정은 실망과 좌절의 연속이었다.

기술적 전문성을 위주로 문제에 대한 실무적 해결에 매진해 온 전문가가 철학, 심리학, 사회학, 경제학, 경영학, 계획이론, 의사결정론 등에서 다루어지는 추상적인 주제들을 연구하는 것은 너무나도 감당하기 힘든 과업이었다. 특히 사람이 자신의 상황을 인식하는 것과 관련된 주제에 해당하는

1) 편견과 직관(human bias and intuition)
2) 판단과 경험(judgment and experience)
3) 가치체계(human value system)
4) 집단역학(group dynamics) 등은

한 번도 접해본 적이 없는 전혀 생소한 것들이었다.

이러한 주제들에 대하여 한국에서 우리 글로 쓰여진 것조차 전혀 읽어 본 적이 없는 전문가는 너무도 곤혹스러웠다. 더구나 이러한 추상적 개념을 사업관리 실무에 어떻게 접목시킬 수 있을지 전혀 감조차 잡을 수 없었다.

고통과 번민으로 몇 개월을 보내면서 전문가의 몰골은 처참한 모습으로 변해 갔고, 체중도 7~8kg이나 줄어들었으며, 스트레스로 인한 피부질환에 시달리기도 하였다. 하루하루를 힘들게 보내며 괴로워하던 전문가는 '이렇게 고생하지 않아도 먹고는 살 수 있으니 지옥

같은 현실에서 벗어나 한국으로 돌아가자'라는 아내의 말에 점점 고마움을 느끼기 시작했다. 결국 자존심과 책임감 때문에 중도에 포기할 수 없다고 우기던 전문가는 건강을 염려하면서 한국으로 돌아가자고 다그치는 아내의 지속적 제의에 고마움을 느끼면서 동의하게 되었다.

힘겨운 유학생활을 더 이상 감내하지 못하고 착잡한 심정으로 짐을 꾸리던 전문가의 생각에 변화가 싹트기 시작한 시점은 책으로 가득 찬 마지막 짐의 포장을 마무리하려는 순간이었다. 특이한 사실은 심경의 변화가 반드시 지켜야 할 대의명분이 아닌 사소한 체면에서 비롯되었다는 것이다. 예를 들면, 실패한 채 한국으로 그냥 돌아간다면 '꼭 박사학위를 받고 돌아와서 많은 기여를 하라'고 하며 격려금까지 챙겨주신 직장상사를 어떻게 볼 수 있겠는가? 돌아가게 되면 격려금을 되돌려줘야 하나?, '너라면 반드시 해낼 수 있을 거야'라는 말로 용기를 심어준 동료들과 친구들에게는 뭐라고 해명해야 하나? 공항까지 나와 배웅해 준 가족과 친지들의 실망은 얼마나 클까? 이러한 생각의 파편들이 전문가의 마음을 무척이나 혼란스럽게 하였다. 특히 모임에서 친구분들을 모아 놓고 소주 한잔씩 돌리면서 '영국으로 유학 간 우리 사위가 곧 박사학위를 받고 돌아온다. 너희들 중에 이런 사위 둔 사람 있으면 한번 손들어 봐라'라고 말씀하시며 어깨를 으쓱해 하시던 장인어른의 생각을 하니 마음이 더욱 착잡해지기 시작하였다. '여기서 그냥 돌아가면 장인어른이 친구분들 앞에서 얼마나 기가 죽을까?'를 생각하니 마음이 참으로 심란하기 이를 데 없었다. 그 순간 전문가의 가슴속에서는 '죽든 살든 한번 끝까지 해 보자'는 오기가 용솟음치기 시작하였다.

전문가는 포장박스를 다시 풀기 시작하였다. 그리고 '남아일언중천금(男兒一言重千金)이라고 그렇게 큰소리 치더니 그새 또 마음이 변했느냐?'고 말하면서 실망스러운 표정으로 따지는 아내에게 전문가는 '이제 한국으로 돌아가자는 말은 다시 하지 말자. 실패해서 돌아가느니 여기서 공부하다 쓰러져 죽는 길을 택하겠다.'라고 말하며 비장한 표정을 지었다.

그날 이후 전문가는 매일 14~16시간 동안 사람에 관한 책과 씨름하였다. 사람 문제에 관하여 해박한 연구실적을 낸 학자들을 찾아가 대화와 토론을 하였고, 수차례에 걸친 현장연구(field research)도 병행하였다. 이렇게 1년의 시간을 보내고나니 전문가는 자신의 목소리로 말할 수 있을 정도로 내용을 자신 있게 숙지한 책이 무려 450여 권에 이르렀다.

1년에 걸친 연구결과를 정리한 600여 페이지의 보고서를 제출하고 잠시 휴식을 취하고 있던 전문가에게 지도교수로부터 연락이 온 것은 사흘이 지나서였다. 지도교수는 미소를 띤 얼굴로 전문가를 바라보며 '연구결과를 읽고 깊은 감명을 받았네, 자네 공부는 이미 내가 요구하는 수준보다 훨씬 더 높은 단계에 와 있네, 이제 사람에 관한 공부는 그만하고 이제 자신의 전문성과 접목시켜서 이론체계를 완성해 보도록 하게'라고 말하였다. '이제 사람 공부에 한참 재미를 느끼기 시작했는데 좀 더 하면 안 되겠습니까?'라고 말하는 전문가를 지도교수는 웃음이 가득한 얼굴로 바라보며 '그동안 수고 많았네.'라는 말로 격려해 주었다.

그 이후 전문가는 사람에 관한 다양한 연구결과를 전문지식과 접목하는 과정에서 무척 놀라운 사실을 알게 되었다. 머릿속에 이미 사업추진 과정의 의사결정을 위해 필요한 이론모델이 완성되어 있었던 것이다. 남은 작업은 형성된 개념적 틀 속에 기술과 돈에 관한 노하우(know-how)를 자리매김시키는 것이었다. 부속품이 제자리에서 기능을 하면서 전체적 힘을 발휘하는 기계와 같이 이론모델은 구체적 지식을 흡수하면서 엄청난 효력을 발휘하기 시작하였다.

누가 무슨 대안을 제시하든지 상황의 특성과 연계시켜 문제의 본질을 규명해 주는 한편, 순식간에 더 쉽고, 더 빠르고, 더 경제적인 방안을 제시해 줄 수 있었다. 불가피하게 특정 대안을 고수할 수밖에 없다면 그 대안이 갖는 현재와 미래의 문제점을 정확히 짚어줄 수 있었다. 전문가는 이론체계의 강력함에 전율을 느꼈고 뿌듯한 마음이 가슴속에서부터 용솟음치는 것을 느꼈다.

전문가가 읽은 450여 권의 책에 담겨 있는 내용을 살펴보자. 말이 450여 권이지 얼마나 많은 분량인가? 1800년대에 출간된 고전부터 최근의 서적까지 다양한 내용을 섭렵하였으니 지식수준이 엄청나게 높을 것이라고 생각할 수 있을 것이다. 과연 그럴까? 결론은 그렇지 않다는 것이다. 공부과정은 무척 난해하였고 참을 수 없을 정도의 고통과 번민을 동반하였지만 궁극적으로 활용 가능한 핵심적 본질은 상식에 가까운 것들이었다. 마음으로 절실하게 느끼고 깨달으면 되는 것일 뿐, 복잡하고 어려운 지식체계로부터 나오는 것이 아니었다. 절감해서 체득하는 깨달음과 공부해서 얻는 지식은 어떻게 다른가? 지식은 반복적으로 암기하지 않으면 사라지는 것인 반면, 깨달음을 통해 얻는 것은 가슴으로 느껴지면서 뇌리에 박히기 때문에 더 이상 암기가 필요하지 않다. 자전거를 탈 수 있는 균형감각을 익히면 몇 년이 지나서도 그다지 큰 어려움 없이 탈 수 있고, 수영하는 방법을 감각적으로 체득하면 후속적 노력이 없어도 몸을 물에 띄울 수 있는 이치와 같다.

중요한 사실은 단순하지만 절대적으로 중요한 핵심사항 몇 가지를 확실히 깨닫기 위해서는 오랜 기간에 걸쳐 각고의 노력과 고통을 감수해야 한다는 것이다. 따라서 깨달음을 통해 얻는 것은 개념의 복잡성 여부와 관계없이 그 가치의 귀중함을 아무리 강조해도 결코 지나침이 없을 것이다.

'지금 깨달아 알게 된 것을 예전에도 알았더라면 얼마나 좋았을까?'라는 생각이 뇌리를 스칠 때마다 전문가는 깨달음을 통해 얻은 것의 소중함에 몸서리치곤 하였다. 이제부터 그토록 귀중한 것들을 모두 섭렵해 보자.

# 9 | 인적 대립과 갈등

**/ 괘씸죄, 아첨, 집단역학, 보수성**

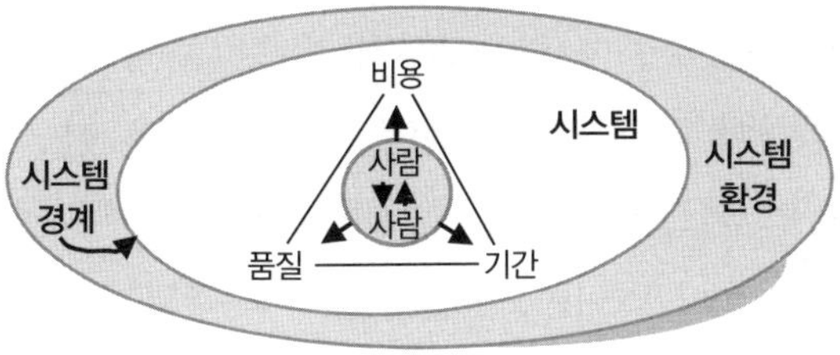


사람 중심의 사업관리체계를 정립하기 위해 450여 권의 책을 읽고 깨달은 첫 번째 사항은 전문가가 실무경험을 하면서 이미 체험한 '괘씸죄'에 관한 것이다. 복잡하고 미묘한 현상을 문헌을 통해 이해하는 것이 쉽지 않았지만 곱씹어보니 그것이 바로 괘씸죄의 현상이었다. 전문가는 업무를 수행하는 과정에서 괘씸죄에 걸려 본 경험이 있었기 때문에 금방 이해하고 설명할 수 있었다. 전문가의 설명을 들은 지도교수는 구체적이면서도 정확한 설명이라고 언급하면서 박수를 쳐주었다.

이렇게 진행된 공부의 결론부터 말하면 사람들이 집단이나 조직을 이루어 함께 일하는 상황에는 '괘씸죄'라는 것이 반드시 존재한다는 것이다. 그리고 왜 이와 같은 불합리한 현상이 존재하는지에 대하여 이의를 제기하지 말고 오히려 괘씸죄에 걸리지 않도록 사려 깊게 판단하고 신중하게 행동해야 한다는 것이다.

괘씸죄는 자신에 대한 신뢰와 세력의 기반이 형성되지 못했거나 미약한 상황에서 능력이나 열정을 두드러지게 발휘하는 사람에 대하여 내부적으로 작용하는 힘의 불균형 상태가 외부로 표출되는 현상으로, 결과는 자신에게 영향력을 미칠 수 있는 사람들의 의도에 거슬리거나 눈 밖에 나서 미움을 받는 모습으로 나타난다.

당신도 새로운 조직에 합류하여 어려운 일을 맡아 혁신적으로 야심차게 일하면서 주변 사람들로부터 박수갈채를 받아본 적이 있지 않은가? 사람들이 하나같이 '이번에 새로 들어 온 친구 말이야, 정말 유능해, 그동안 해결하지 못했던 난해한 문제를 저렇게 깔끔하게 정리해 나가고 있으니 말이야, 정말 장래가 촉망되는 친구야'라고 칭찬을 하면, 그러한 기대에 어긋나지 않기 위해 더욱더 노력하여 멋진 결과를 보여주고 싶은 것은 인지상정(人之常情)이 아니겠는가?

실상은 어떠한가? 가시적인 성과를 낼 수 있는 결정적 시점에 이르렀을 때 누군가가 방해하여 일을 그르치는 경우가 적지 않다. 노력해서 얻어낸 긍정적인 결과를 다른 사람이 선취해 버리는가 하면, 열심히 일하다 보니 발생한 작은 실수가 크게 부풀려져 질타를 받기도 한다. 당신은 목표를 향해 질주하는데 겉으로 칭찬하면서도 뒤에서 눈에 띄지 않는 방식으로 발을 슬쩍 걸어 넘어뜨려서 곤궁에 빠뜨리는 상황이 발생하지는 않는가? 처음에는 우연이라고 생각했지만, 몇 번 유사한 고충을 겪고 나서야 비로소 주위 사람들이 겉으로는 환호하는 척 하지만 속마음은 결코 그렇지 않다는 것을 깨닫게 된다. 문제는 조직과 구성원 모두에게 유익한 방향으로 최선의 노력을 다하고 있는 자신을 왜 못마땅하게 여기는지 그 이유를 모른다는 것이다. 그 이유는 간단하다. 일의 내용이나 방식이 기존의 것과 다르기 때문이다.

새롭게 전개되는 상황에서 자신의 생각과 행동방식에 대한 공감을 얻지 못하고 일을 추진하면서 주변 사람들과 부딪치다보면 어김없이 '괘씸죄'의 제물이 된다. 목적과 방법이 타당하더라도 실행에 앞서 주변 사람들의 지지와 공감을 얻기 위해 시간과 노력을 들여야 한다. 이러한 과정에서 돈이 들어간다면 뿌리를 내려 자신의 입지를 공고하게 하기 위해 필요한 '착근비용(着根費用)'이라고 생각해야 한다. 신장개업을 한 상점이 이웃들에게 돌리는 떡과 같은 것으로 보는 것이 바람직하지 않겠는가?

다시 한 번 강조한다. 사람이 집단이나 조직을 이루어 일하는 과정에서는 괘씸죄가 반드시 존재하니, 왜 이러한 일이 있느냐고 이의를 제기하지 말고, 오히려 걸리지 않도록 사려 깊게 생각하고 신중하게 행동하라고…

두 번째 깨달음은 괘씸죄와 다소 대비적 의미를 갖는 '아첨(ingratiation)'에 관하여 보다 유연한 생각을 가져야 한다는 것이다. 조직이나 집단에서 자신의 입지를 강화하고 유지하기 위해 사람의 환심을 얻으려는 일련의 행위가 아첨이다.

경영현실에는 참으로 많은 유형의 아첨이 등장한다. 아첨꾼에게도 급수가 있다는 것을 아는가? 상대방의 환심을 얻기 위해 바구니에 가득 담겨 있는 사과들 중에서 가장 크고 맛있게 생긴 사과를 골라 깨끗한 손수건으로 윤이 나도록 닦아서, 생글 생글 웃으며 '한번 들어 보십시오, 정말 맛있습니다.'라고 권하는 초보적 수준의 아첨꾼(apple-polisher)이 있는가 하면, 아예 자신의 입장을 완전히 죽이고 상대방의 표정과 눈빛, 그리고 행동 하나 하나에 절대적 공감을 표명하면서 자신의 혀로 상대방의 구두 뒤축을 핥아 주기라도 하겠다는 골수적 아첨꾼(boot-licker)도 있다.

실제 상황에서 빈번하게 나타나는 아첨에 대해서 우리는 어느 정도 이해를 하고 있는가? 대개의 경우 그러한 짓은 하지 말아야 한다고 목청을 높인다. 아첨하는 동료의 모습을 보고 왜 저렇게 사는지 이해할 수 없다며 책상을 치고 분개하며 통탄해하기도 한다.

다른 사람이 아첨하는 것을 보고 분개하며 통탄해 할 필요는 없다. 당신은 전혀 아첨을 하지 않는가? 물론 사람들은 '나는 절대 아첨을 하지 않는다.'고 말한다. 누구든지 정도의 차이만 있을 뿐이지 때와 장소를 가려서 아첨을 하고 있는 것이 현실이라고 말해도 '나는 원래 체질적으로 그러한 짓은 하지 못한다.'고 항변하는 사람도 적지 않다. 그러나 누구를 막론하고 사람은 위기상황에 처하면 본능적으로 스스로를 지키기 위해 하도록 되어 있는 것이 아첨이다. 겉으로 드러나지 않으면 마음속으로라도 아첨을 하고 있다고 보아야 한다.

조직생활을 하다 보면 특정 사안에 대하여 외부의 압력이나 견제를 받는 경우가 비일비재하다. 지금 이 책을 읽는 독자가 기업의 중견 실무자라고 가정하고 발생 가능한 상황을 묘사해 보자.

소속기업의 실세 중역 한 분이 외부인사로부터 청탁받은 사안을 당신에게 건네며 '심층적으로', '적극적으로', 그리고 '전향적으로' 검토해서 보고하라는 지시를 하였다. 검토해 보니 긍정적 결과를 기대하는 중역의 의도에 따라 처리하면, 가까운 시일 내에 기업의 장래는 물론 본인의 입지에도 바람직하지 못한 상황이 발생할 것이라는 생각이 들었다. 그래서 같은 지시선상에 있는 직속상관과 어떻게 처리하는 것이 바람직할 것인지에 관한 협의를 하였다. 그리고 실세 중역의 지시를 거스르지 말자는 직속상관과 오랜 시간에 걸쳐 논쟁을 한 끝에 '이행불가'라는 당신의 의도를 관철시켰다. 아울러 '이행불가'로 결론을 낸 보고서를 작성하여 직속상관과 함께 가서 보고하기로 하였다.

다혈질의 성격으로 정평이 나 있는 실세 상급자의 요구내용이 무엇인지 정확히 알면서도, 그 의도와 정반대의 결론을 도출하여 보고하러 가는 마음이 과연 편할 수 있겠는가? 발걸음이 무겁고 가슴은 뛰고, 엄습해 오는 불안한 마음을 감출 수 없었다. 불안감을 조금이라도 경감시키기 위해 당신은 직속상관에게 '보고는 뭐, 제가 원래 잘하지 않습니까?, 그런데 제가 아무리 보고를 잘 해도 오늘의 상황은 매우 험악해질 가능성이 농후합니다. 그래도 끝까지 제 입장을 대변해 주셔야 합니다.'라고 말한다. 당신의 직속상관은 '걱정 말고 보고만 잘하게. 내가 자네 입장을 확실히 고수해 주겠네. 자네도 알지 않는가? 나도 한다고 맘먹으면 하는 사람이라는 것을...'이라고 말하며 당신을 위로해 준다. 한결 편안해진 마음으로 중역의 집무실에 이르러 노크를 하니 안에서 들어오라는 목소리가 들려온다. 그 순간 당신과 직속상관은 서로의 얼굴을 마주보고 눈빛을 마주치며 고개를 끄덕인다. 합의한 대로 강력히 밀어붙이자는 무언의 다짐을 한 것이다.

보고과정에서 검토결과가 기대에 어긋난다는 것을 중역이 알아 챈 것은 보고를 시작한 지 5분 정도 지났을 때이다. 중역의 표정은 짜증스럽게 변했고 당신의 직속상관은 안절부절하기 시작한다. 잠시 침묵이 흐르고 나서 그 중역은 '왜 자네들은 매사를 이렇게 부정적으로 처리해서 나를 난처하게 하는가? 이것 말이야, 이 부분을 조금만 바꿔주면 내 입장도 살고 자네들도 크게 책임질 일이 없지 않겠나?'라고 말하며 당신과 직속상관을 다그친다. 물론 중역의 제안은 이미 당신이 불가능한 대안으로 검토한 것이었다. 당신은 직속상관과 사전에 합의한 대로 '그것은 ○○ 때문에 안 되는 것입니다.'라는 말을 하려는 바로 그 순간이었다. 당신의 직속상관이 말을 가로막으며 '예, 맞습니다. 알고 보니 그게 바로 요점이군요. 저희들이 그 부분을 미처 생각하지 못했습니다, 즉시 다시 검토해서 보고 드리겠습니다.' 라고 말하는 것이 아닌가? 순간적으로 아연실색하여 바라보는 당신에게 직속상관은 '이 보게, 뭘 하고 있나, 어서 가서 재검토하자고'라는 말을 덧붙인다. 이어서 그 직속상관은 머리를 숙이며 '다시 보고 드리겠습니다.'라는 한마디 말을 던지고 당신을 밀쳐서 부랴부랴 밖으로 나온다.

당신은 보고과정에서 어떻게든 검토결과를 관철시키기 위해 직속상관의 말을 중간에 막으려 했지만 결국 그 기회를 얻지 못하였다. 다만, 무척 짧은 순간에 참으로 많은 말을 한꺼번에 뱉어낼 수 있는 직속상관의 언어능력에 놀랐을 뿐이다.

잠시 당황스러웠던 마음을 가다듬고 정신을 차려보니 당신은 복도 한가운데 서 있고 직속상관은 저만큼 앞에 가고 있었다. 무척이나 분개한 당신은 서둘러 쫓아가 직속상관의 앞을 가로막으며 '정말 이렇게 하셔도 되는 것입니까? 사전에 그렇게 굳게 합의해 놓고 상황이 좀 여의치 않다고 해서 순간적으로 손바닥 뒤집듯이 입장을 바꾸어 버리다니요? 정말 앞으로 믿고 함께 일할 수 있는 겁니까?'라고 쏘아붙인다. 그러자 직속상관은 웃으면서 '자네도 나중에 내 입장이 되어 보면 다 이해할 수 있을 거야'라는 한마디 말만을 남기고 그 자리를 떠나 버렸다. 나중에라도 당신은 직속상관의 입장을 이해할 수 있겠는가?

이후의 상황은 어떻게 진전되었을까? 몹시 서운함을 느끼고 있는 당신을 직속상관이 찾고 있었다. 당신은 직속상관이 미안함을 느껴서 사과할 것으로 알고, 그래도 '윗사람이니까 이해하고 받아들여야지'라는 생각을 하면서 마음을 너그럽게 갖고 직속상관의 방에 들어갔다. 그러나 직속상관은 당신에게 '자네, 빨리 보고서를 다시 만들어 오지 않고 뭐하고 있는 건가?'라며 질책을 하였다. 실망감과 더불어 서운함이 증폭된 당신은 '그것 말이죠, 그 방향으로 검토해도 여러 가지 제약조건이 많아 결국은 안 됩니다.'라고 대답하였다. 그러자 직속상관은 '그러면 안 된다는 보고서라도 다시 만들어 와야 할 것 아닌가?'라고 반문하였다. 당신은 야속한 감정을 감추지 못하고 '저는 그렇게 보고를 위한 보고는 하고 싶지 않습니다.'라고 말하며 반발하였다. 그럼에도 직속상관은 태연한 표정으로 '자네가 못하겠다면 보고는 내가 하겠네, 자네는 보고서만 만들어 주게!'라고 하였다.

당신이 다시 만든 보고서로 직속상관은 중역에게 보고를 하면서 '지시하신 사항을 심층적으로 검토해 봤는데, 대부분 가능하지만…, 관련법의 제약으로 인해 이 부분이 조금 매끄럽지 못합니다.'라고 언급하였다. 중역은 역시 안 된다는 말에 실망감을 보이면서도 '그렇다면 말이야, 이 부분을 조금 이렇게 바꿔보면 어떻겠나?'라고 말하며 또 다른 주문을 하였다. 옆에서 보고 있는 당신의 생각에 '그것은 조금 매끄럽지 못한 것이 아니라 엄청나게 거칠다고 말할 수 있을 정도로 불편한 것인데…, 왜 저렇게 우회적으로 말하는가? 어쨌든 불가능한 것 아닌가?'라고 의아하게 생각하며, 마음속으로 '어디, 한번 해봐라! 되는가?, 그 사안은 법적으로 도저히 불가능한 사안이란 말이야'라고 빈정거렸다. 그 와중에 직속상관은 '예, 잘 알겠습니다. 다시 검토해 보겠습니다.'라는 말과 함께 보고서를 챙겨들고 나와 당신에게 다시 만들도록 지시하였다. '그것도 안 되는 사항인데요.'라는 당신의 말을 일축하며 직속상관은 '보고는 내가 할 것이니까 다시 만들어 보게'라고 목소리를 높였다.

또 다시 만든 보고서로 보고하면서 직속상관은 '다시 검토해 보니 오직 이 한 부분이 법의 직접적인 저촉을 받는 부분이라서 조금 걸리는데요.'라고 말하였다. 한참동안 설명을 듣고 나서 중역은 '그렇군, 그 부분이 조금 문제가 될 수 있겠군, 그러면 말이야, 이 부분을 조금만 수정하면 되지 않겠나?'라고 말하며 또 다른 변경을 요구하였다. 옆에서 보고 있던 당신은 그것도 역시 불가능하다는 것을 알고 마음속으로 '그것은 조금 걸리는 정도가 아니라 심각한 위법사항인데, 왜 저렇게 애매하게 표현하는가? 그래 어디들 한번 해봐라 되나, 놀고들 있네.'라는 야유를 보내었다. 그렇지만 당신의 직속상관은 또 한 번 '예, 알겠습니다.'라는 말과 함께 고개를 꾸벅이며 다시 보고서를 들고 나와 당신에게 검토하도록 지시하였다.

당신은 이제 몹시 화가 나서 '아니, 지금 뭐 훈련시키는 것도 아니고..., 이게 뭡니까? 안 되는 것은 지금 다소 관계가 소원해지더라도 안 된다고 분명하게 말씀드리고 정리해야 합니다. 이렇게 애매하게 시간만 끌면 윗사람은 당연히 기대감을 갖게 되고, 우리는 그만큼 어려움에 빠져들게 되는 것 아닙니까? 이러다가 나중에 어떻게 마무리 하시려고 합니까? 이제 이 문제는 저한테 맡기시지요. 왜 안 되는지 제가 책임지고 확실히 설명드리고 정리해서, 내일부터는 더 이상 신경쓰실 일이 없도록 하겠습니다.'라고 눈을 부릅뜨고 말하였다. 이 말에 직속상관은 얼굴을 찌푸린 채, 화를 내면서 '이 사람, 보고는 내가 하겠다는데, 보고서 하나 만드는 것이 그렇게 어려운가? 됐네, 보고서도 내가 직접 만들지...'라고 말하였다. 당신은 어쩔 수 없이 '아닙니다. 보고서는 제가 만들겠습니다.'라고 말할 수밖에 없었다.

또 다시 작성한 보고서로 당신과 직속상관은 중역에게 보고하였다. 이미 여러 차례 보고받아 내용을 파악하고 있는 중역은 결론 부분만 확인하였다. 역시 안 된다는 결론에 실망스러워 하면서 '역시 안 된다 이거지, 됐네, 이 사람들아, 이 보고는 안 받은 것으로 하지' 라고 말하며 보고서를 한 쪽으로 치워 버렸다. 당신은 마음속으로

'이제 올 것이 왔구나, 오늘 한 번 박살나고 나면 내일부터는 이 문제로 더 이상 고민 안 해도 되겠지, 에라 모르겠다, 될 대로 되라'고 되 뇌이며 체념하였다. 그러나 중역의 얼굴에는 화난 기색이 보이지 않았다. 오히려 입가에 미소를 머금고 당신의 직속상관에게 부드러운 목소리로 '내가 사실 지나치게 무리한 부탁을 했지?'라고 하였다. 당신은 마음속으로 '무리한 내용인지 알고는 있었구나!'라는 생각을 하면서 직속상관에게 '이것은 애초부터 너무 지나친 사항이었다.'라고 말씀드리라고 속삭였다. 그러나 직속상관은 아무 말도 하지 않고 웃고만 있었다. 그러자 중역은 '내가 정말 무리한 부탁을 했지?'라고 또 말하였다. 여전히 웃고만 있는 직속상관에게 중역은 '사실 내가 지나치게 무리한 부탁을 하기는 했어, 그런데 말이야, 표정 한 번 바꾸지 않고 성심성의껏 검토해서 보고해 주는 자네에게 내가 무척 큰 고마움과 미안함을 함께 느꼈네, 내 요즘 며칠 동안 기분이 매우 좋았어, 난 말이야, 자네 같은 사람이 우리 조직에 있다는 것이 자랑스러워, 자네 뭐 나한테 부탁할 것 없나, 무엇이든 다 들어주겠네, 말만 하라고'라고 말하며 유쾌하게 웃었다.

이러한 상황을 보는 당신의 마음이 혼란스러워지기 시작하였다. 적대적인 분위기로 치달릴 것 같았던 둘 사이에서 우의가 돈독해지는 소리가 들리지 않는가? 부당한 지시에 불만을 표시하며 단호하게 거절해 버렸다면, 그 순간만큼은 소신 있는 사람으로서 괜찮아 보였겠지만, 매일 접해야 하는 윗사람과의 불편해진 관계는 어찌 하겠는가? 당신의 직속상관은 결국 부당한 지시를 이행하지 않으면서도 상황을 아주 유쾌하게 반전시키지 않았는가?

이와 대비적으로 전문성으로 무장된 사람들이 민감한 문제를 놓고 협상하는 모습을 생각해 보자. '이것은 절대로 안 돼, 죽어도 안 된다니까?'라는 말을 너무 자주 사용하지 않는가? 어려운 상황에서 나는 확실히 살아남아야 하겠으니 상대방은 완전히 죽으란 말이 아닌가? 상대방이 당신의 상관이라면 어찌하겠는가? 동료나 부하직원이라도 이는 결코 간단한 문제가 아니다. 죽을 힘을 다해서 반격하는 상대방에게 지친 나머지 '그래, 네 마음대로 해라, 내가 죽어주마, 그렇지만 네가 얼마나 잘 되는지 내가 꼭 지켜볼 거다.'라고 악담하며 협상을 마무리하지는 않는가? 나중에 곰곰이 생각해 보니 '왜 나만 죽어야 하는가?'라는 마음과 함께 억울한 생각이 들기 시작하면서 분개한 마음에 '까짓 것, 네 입장 내 입장 가릴 게 뭐 있나? 이왕 이렇게 된 거, 같이 죽자'라는 극단적 상황으로 몰고 가지는 않는가?

어느 하나도 쓸모없는 이러한 협상방식을 배제하고, 공존 공영할 수 있는 길이 반드시 존재한다는 것을 믿어야 한다. 그리고 조금만 심사숙고하면 그 길을 찾을 수 있다고 믿고, 진정 머리를 써서 그러한 방안을 찾아야 한다.

물론 상황의 악화 여부에 관계없이 끝까지 투쟁하여 자신의 의견을 관철시킬 수도 있다. 당신의 상황에는 결코 아첨이 존재해서는 안된다고 단언할 수도 있다. 그러나 이러한 합리적인 세계관과 통상 존재하는 일반적인 현실을 완벽히 일치시키려는 생각은 비현실적이다.

실제상황에서 위기에 직면하면 정도의 차이가 있을 뿐, 본능적으로 자신을 지키기 위해 아첨을 하도록 되어 있다는 것을 다시 한 번 상기해야 한다. 나도 하는 것을 다른 사람이 좀 한다고 해서 책상치고 분개하며 통탄해 할 필요가 있겠는가? 입장을 바꿔 생각해 볼 때 나도 그렇게 할 가능성이 조금이라도 있다면 상대방을 포용하고 이해하자. 이것이 바로 아첨의 전략(strategy of ingratiation)이다.

아첨이라는 생소한 주제와 더 친숙해지기 위해 한 가지 예를 더 생각해 보자. 최근 개발사업에서 대부분의 사업주는 전문지식을 확보하지 못하고 있기 때문에 사업관리자를 대리인으로 선정하여 사업을 추진한다. 이러한 상황에서 사업을 성공적으로 마무리하기 위해서는 사업주와 사업관리자가 원만한 관계를 유지해야 한다. 그럼에도 적지 않은 사업관리자들이 입을 모아 강조하는 애로사항은 '사업주의 귀가 너무 얇다.'는 것이다. 사업주는 다른 곳에서 '어느 것이 좋다.'라는 말을 들으면 즉시 사업관리자를 불러서 '이런 것이 있다는데...'라고 말하며 검토해 보라는 요구를 한다는 것이다. 음성적으로 제기되는 것의 저변에는 복잡한 이해관계가 깔려 있을 뿐만 아니라 내용 면에서도 심사숙고할 가치가 없다는 것을 즉시 알아 챈 사업관리자는 문제점을 설명하고 검토할 필요가 없다고 설득한다. 그러면 사업주는 '당신이 전문가니까 당신 말이 맞겠지.'라고 말하며 요구를 스스로 철회한다.

그러나 검토요구의 빈도가 점점 많아지게 되면 사업관리자에게는 그 자체가 두통거리가 되고, 다른 업무의 정상적인 추진을 저해하는 요인이 된다. 결국 사업관리자는 다소 언성을 높여서 '이것 말이죠, 안 되는 겁니다. 뻔한 사안이기 때문에 검토할 필요조차 없는 겁니다. 지난번에도 이와 유사한 건이 있었잖습니까?'라는 말로 상황을 정리한다.

그러나 이러한 일이 자주 있게 되면 사업주도 사람인만큼 서운함을 느끼면서 마음속으로 사업관리자에게 무언가의 말을 하게 된다. 마음속으로 전하는 말이기 때문에 들을 수 없겠지만, 듣지 못하면 사업관리자의 입지는 한순간에 무너질 수도 있다.

사업주가 마음으로 전하는 말은 '당신에게 부여되는 일과 돈, 그리고 권한이 모두 나로부터 나오는 것인데, 나를 이렇게 홀대하다니 참으로 괘씸한 사람이군!'이다. 사업주가 이러한 생각을 지속적으로 갖게 되면 사업관리자는 그 입지가 약화되면서 결과적으로는 그 일과 결별하게 될 수도 있다.

가장 중요한 고객인 사업주와의 관계가 악화되기 시작하면, 그러한 상황을 감지한 주변의 이해관계자들이 사업주에게 수시로 접근하여 사업관리자의 부정적 행태를 포함한 많은 사안들에 대하여 음성적으로 대화를 나누면서 사업관리자 모르게 많은 일이 진행된다. 이러한 방식으로 진행되는 업무로 인해 적지 않은 문제가 발생하지만, 정작 문제가 심각하게 진전된 상황에서 사업주는 사업관리자에게 '일이 이렇게 되도록 당신은 무엇을 했느냐'라고 말하면서 모든 책임을 전가하게 된다. 그 이후 사업관리자의 업무적 이미지는 부정적인 색채를 띠게 되고, 해당 분야에서의 명성도 한풀 꺾이게 된다.

아첨의 본질을 파악하고 있었다면 사업주의 성가신 요구에 불만을 표명하지는 않았을 것이다. 다소 번거롭더라도 성의껏 검토하여 실행이 가능한지의 여부를 설명해 주고, 부분적으로라도 실행할 수 있다면 그 방안을 제시해 주었을 것이다. 성의 있는 노력이 지속되다 보면 사업주도 많은 것을 느끼면서 마음속으로 사업관리자에게 무언가 말을 하게 된다. 역시 마음속으로 하는 말이니 들리지 않겠지만 그 내용이 긍정적이기 때문에 듣지 못해도 뒤탈은 없을 것이다. 사업주가 뭐라고 말을 하는가? '내가 매번 무리한 요구를 했음에도 불구하고 나와 내 생각을 소중하게 생각해서 그렇게 번거로움을 감수하면서도 나를 설득해 주고 이해를 시켜줬구나! 그래, 나는 어떠한 일이 있어도 끝까지 당신을 신뢰할 것이야!'라고 말한다.

이렇게 사업주와 사업관리자를 연결하는 신뢰의 끈이 한껏 강화된 상황에서는 주변의 이해관계자들이 사업주에게 슬며시 다가가 귓속말로 무슨 말을 해도 사업관리자의 입지는 결코 흔들리지 않는다. 왜냐 하면 사업주는 그 사람들에게 '왜 당신이 직접 나를 찾아 와서 얘기하는가? 나의 대리인인 사업관리자를 통해서 보고하든가, 아니면 같이 와서 얘기하도록 하게'라고 말할 것이기 때문이다.

사업주의 대리인인 사업관리자는 어떻게 권한을 만들어내야 하는가? 힘의 근원인 사업주와 강력한 신뢰관계를 구축함으로써 부여받는 권한에 전문성을 가미하여 사업을 추진하기 위해 필요한 선의적인 영향력을 창출해야 한다. 이제 건설경영의 관점에서 생존 여부에 직접적인 영향을 미칠 수 있는 아첨의 전략에 대하여 더 이상 냉소적인 입장만을 유지하지는 말도록 하자.

세 번째로 중요한 것은 조직 내의 **집단역학(group dynamics)**을 이해하는 것이다. '집단역학'이라는 말의 의미를 규명하기 위해서는 '동력학(動力學)'이라는 의미의 'dynamics'에 관심을 가져야 한다.

살아 움직이는 실체는 나름대로의 힘을 갖는다. 집단생활을 하면서 부지런하게 일하는 듯이 보이는 꿀벌이나 개미의 생태계를 살펴보자. 모두가 열심히 노력하는 것처럼 보이지만, 유심히 살펴보면 다른 개체의 적극적인 생산활동에 편승하여 놀고먹는 것들도 있다는 것을 확인할 수 있다. 생산에 기여하지 않고 놀고먹는 것들을 걷어내면 나머지 개체들은 모두 열심히 일하겠는가? 생태계의 현실은 그렇지 않다. 조금 지나면 나머지도 일하는 집단과 놀고먹는 대상으로 구분된다. 일하지 않는 것들을 지속적으로 걷어내어 결국 두 마리만 남게 되면 그중 하나는 일하고 나머지 하나는 다시 놀고먹는 현상이 생길 것이다.

건설상황에는 서로 다른 힘을 보유한 다수의 이해관계 조직이 참여한다. 일을 진행하는 과정에서 강한 조직은 약자의 조직 속으로 침투하여 영역을 확장해 나가면서 전체적 불균형 상황이 형성된다. 그러다가 어느 시점에 약한 조직이 실력자를 조직의 장(長)으로 영입하거나 재원을 여유 있게 확보하여 다시 힘을 얻으면 잃었던 영역을 재탈

환하여 원상으로 회복하고, 또 여분의 힘을 사용하여 다시 상대방 조직 속으로 진격하고 세력을 구축하면서 전체적 상황이 재구성된다.

문제는 물결치듯 수시로 변하는 힘의 역학관계가 눈에 보이지도 않고 또 감지한다 해도 상황이 시시각각 변하여 그 실체를 명확히 파악할 수 없다는 것이다. 이제 민감한 마음과 예리한 시각으로 조직 내·외부에서 순간순간 동태적인 균형을 이루면서 변화하는 힘의 균형선(power balancing line)을 보아야 한다. 보려고 하지 않으면 보이지 않기 때문이다. 힘의 균형상태가 정태적으로 유지되지 않고 동태적으로 변화하기 때문에 정력학(statics)적 접근을 지양하고 동력학(dynamics)적으로 접근해야 한다.

집단역학은 조직의 목적을 실현하기 위해 일하는 과정에서 각 참여집단이 보유하고 있는 힘의 가중치에 따라 형성되는 업무적·인간적 측면의 동력학적 균형관계를 지칭하는 말이다. 힘은 양성적 능력뿐만 아니라 음성적이고 비합리적인 관점의 세력도 포함한다.

건설경영자는 왜 집단역학을 명확하게 이해해야 하는가? 집단역학이 형성되는 바로 그 부분에서 갈등과 마찰이 발생하기 때문이다. 사람들이 특정 목적을 달성하기 위해 집단이나 조직을 이루게 되면 반드시 그 나름대로의 독특한 문화를 반영하는 가치체계(value system)를 형성한다. 하나의 가치체계가 어떤 사안을 계기로 또 다른 가치체계와 만나게 될 때, 곧바로 조화를 이루지 못하고 격렬한 충돌현상과 불협화음을 유발한다. 이것이 바로 가치의 갈등(value conflicts)이다.

우리나라의 대표적인 두 기업을 예로 들어 보자. 한 기업은 불모지역도 이 조직이 지나가면 길이 된다고 할 정도로 강력한 추진력으로 무장되어 있다. 길조차 없는 곳을 무리해서 가다보면 주변의 가시에 옷이 찢기고 살이 찔리는 고통이 따르지만 목표를 향해 거침없이 진격하는 조직문화를 지니고 있다. 그러나 목표를 향해 돌진하는 뒷모습을 보면 마치 나락을 흘리면서 가는 상황이 연상되면서 '저렇게 끝까지 가면 과연 남는 것이 있을까?'라는 우려스러운 생각이 들기도 하였다. 결국 도산위기를 경험하였고 다시 일어서기는 했지만 이제 예전처럼 강력한 카리스마를 표출하는 것 같지는 않다.

다른 한 기업은 보수적이면서 체계적인 접근을 시도하는 경향을 보인다. 길이 없으면 우선 길을 내고, 일을 진행하면서 직면할 수 있는 제반 사항을 점검한다. 적정이윤을 확보할 수 있다는 확신이 서지 않으면 사업에 참여하지 않고, 이윤확보가 가능하더라도 현금화하는 과정에서 발생할 수 있는 리스크를 식별하고, 그 리스크를 헷징(hedging)할 수 있는 방안이 모색되지 않으면 사업을 포기하고 만다. 이러한 연유로 위기상황에 노출되는 빈도가 앞의 기업보다 많지는 않은 것 같다.

어떤 방식의 경영이 좋고 나쁘고의 문제를 떠나 과연 이렇게 서로 다른 기업문화를 기반으로 형성된 두 조직이 특정사업을 수주하기 위해 컨소시엄(consortium)을 구성했을 경우, 즉시 균형과 조화를 이룬 상태에서 원활하게 소통하면서 일을 진행할 수 있겠는가? 이러한 경우는 사실 하나의 사업을 추진하기 위해 두 조직이 만난 것이기도 하지만, 또 한 편으로는 서로 다른 두 개의 가치체계가 조우한 상황인 것이다. 결국 가치체계의 충돌로 인한 가치의 갈등은 필연적으로 발생할 것이고, 이를 무리 없이 관리해 나가야 하는 것은 건설경영자의 몫이다.

건설경영현실에 존재하는 다양한 집단은 제각기 고객의 요구조건을 완벽하게 충족시키기 위해서 최선의 노력을 다하고 있다고 목소리를 높이지만, 이 말이 반드시 진정성 있게 들리지는 않는 것이 현실이다. 각 집단은 업무적 특성에 따라 서로 다른 가치체계(value system)를 갖기 때문에 동일한 문제에 대해서도 전혀 다른 동기와 기대감을 표출한다.

발주자가 가장 솔깃해 하는 말은 무엇이겠는가? '비용절감과 공기단축'이 아니겠는가? 항시 제한적 재원으로 조기에 목표를 달성해야 하는 발주자의 입장에서는 지극히 당연한 것이다. 따라서 발주자와 정서적으로 교감하는 소통을 하고자 한다면 '비용절감과 공기단축'이란 말로 대화를 시작하는 것이 바람직하다. 대화과정에서도 수시로 이 말을 사용하고, 대화를 마무리할 때에도 '앞으로도 우리는 비용절감과 공기단축을 위해 지속적 노력을 경주하겠습니다.'라고 말하는 것이 좋을 것 같다.

왜 그러한가? 내가 그토록 중시하는 가치를 반영하는 키워드(key-word)를 상대방이 나에게 써 주면 그 말을 매개체로 해서 마음이 통하기 때문이다. 언어를 통해 전달할 수 있는 내용은 전체의 40% 미만이고, 나머지 60% 이상은 평소부터 상대방에 대해 인식하고 있는 신뢰감, 표정, 눈빛, 분위기 등에 의해 영향을 받는다고 한다. 신뢰할 수 없는 사람이 자꾸 찾아 와서 같은 말을 반복하면 오히려 불신감만 더 증폭되지 않는가? 가치를 공유하려는 노력도 하지 않고 전체 의미의 40%도 전달할 수 없는 언어적 표현만으로 원론적인 대화만을 시도한다면 어느 순간 발주자는 '저 사람은 무슨 말을 하면 새겨듣지 않고, 꿀꺽 삼켜 놓고는 딴 얘기만 하거든! 저런 사람과 다시는 말을 섞고 싶은 생각이 안 난단 말이야'라고 말할 것이다.

설계하는 사람들은 어떤 가치를 중요하게 인식하는가? 설계자들은 대개 처음 만나 명함을 주고받고 나서 '서울 ○○지역에 있는 ○○건물을 아시는지요? 그거 말이죠, 제가 설계한 작품이거든요'라고 말하곤 한다. 당신이 이 말을 듣고 나서 '제가 언제 그런 것을 물어 봤습니까? 묻지 않는 얘기는 하지 마시고 비용절감과 공기단축에 관심을 좀 더 가져 주십시오.'라고 말했다면, 아마 그 설계자는 마음속으로 '이렇게 답답한 사람과 함께 일할 것을 생각하니 앞이 깜깜하구나!' 라고 생각할 수도 있을 것이다.

설계자들은 작품활동을 통하여 명성(reputation)을 얻는 것에 매우 중요한 가치를 부여하는 것 같다. 오래 전 여의도에 있는 국회의사당 건물이 준공될 무렵의 일이다. 당시만 해도 이 건물은 각계각층의 관심을 불러일으키는 중요한 건물이었다. 그래서인지 국회의사당 건물의 건설에 대하여 '내가 다했다.'고 말하는 사람들이 오백 명도 넘었던 것 같다. 벽체에 붙이는 타일을 선정하는 일에만 참여했어도 자기가 다했다고 말하면서 '내가 국회의사당 설계를 할 때 말이야'라는 말로 대화를 시작하는 사람이 적지 않았던 것으로 기억한다.

설계자에게도 적정한 수준의 재정확보는 절실한 문제이지만, 돈 문제가 어느 정도 해결되면 설계자는 그 시대를 대표하는 '역사적 건물(landmark)' 앞에서 사랑스런 아들과 딸의 손을 잡고 '얘들아, 이 건물은 아빠가 설계한 작품이란다.'라고 자랑스럽게 말할 수 있는 것을 대단히 중요하게 생각하는 것 같다.

그렇다면 목적물을 실질적으로 구현하는 건설업체의 핵심적 가치는 무엇인가? 기대수준의 이익을 확보하면서 조기에 공사를 완료하고 또 다른 사업을 수주하는 것 아니겠는가? 제대로 일은 하지 않으면서 사사건건 불평만 늘어놓는 현장소장에게 '자선사업을 하려고 오신 것 아니죠? 제 말씀대로 하세요. 그래야 이익을 낼 수 있습니다. 그리고 이 일만 하고 말 건가요? 또 한 건 수주해야 하지 않나요?'라고 말해 보라. 아마 핵폭탄보다 더 강력한 위력을 발휘할 것이다. 건설업체가 추구하는 핵심적 가치는 이윤확보와 계속수주의 가능성이기 때문이다.

한편 건설과정의 복잡한 이해관계와 무관한 사용자 입장에서 중요한 것은 성능, 안전, 편의성 등이다. 그리고 시설관리자는 유지관리의 경제성과 용이성, 그리고 에너지 절감성능 등을 중시하는 경향이 강하다.

건설사업 추진과정에 이렇게 다양한 집단들이 서로 다른 직업적 입장을 가지고 참여하기 때문에 추구하는 가치도 다를 수밖에 없다. 이러한 상황에서 각 집단이 자기 앞의 세상을 달리 인식하면서 생기는 갈등과 마찰을 과연 부자연스런 현상으로 볼 수 있겠는가? 오히려 아무런 문제도 제기되지 않고 만장일치적 분위기에서 일이 신속하게 진행되는 상황을 경계해야 한다. 십중팔구는 골치 아픈 문제를 일단 덮어 둔 경우일 것이기 때문이다. 갈등과 마찰은 그 효과가 긍정적이든 부정적이든 반드시 존재한다. 모든 것이 순탄하게 진행되는 상황에서는 특정사안과 관련된 이슈(issues)를 제기하여 갈등을 조장함으로써 잠재되어 있는 문제를 표출시킬 수 있어야 한다. 그리고 갈등의 부정적 측면을 최소화시키는 동시에 긍정적 효과는 극대화시킬 수 있는 전략적 기술을 구사할 수 있어야 한다.

가치체계의 균형을 추구하는 것의 중요성은 아무리 강조해도 결코 지나치지 않는다. 과거에 발생된 성수대교와 삼풍백화점의 붕괴, 구포 무궁화호 열차 전복 등의 건설사고를 생각해 보자. 우리나라 건설기술이 구조물의 붕괴를 유발할 정도로 낮은 수준인가? 그러면 어떻게 중동지역의 건설시장에 진출하여 세계적으로 인정받는 시공능력을 과시할 수 있었는가? 어떻게 동남아 건설시장에 진출하여 세계굴지의 건설업체와 어깨를 견주면서 공사를 할 수 있었는가? 우리나라 건설업체의 시공기술은 결코 미약한 수준이 아니다. 문제는 그 능력을 발휘할 수 없게 하는 왜곡된 풍토에 있다고 보아야 한다.

사회적으로 문제가 된 건설사고의 이면에는 반드시 가치체계의 불균형적 현상으로 인해 참여집단의 일부 또는 대부분이 일방적으로 피해의식에 젖어 있는 경우가 적지 않다. 예를 들어 당신이 수주한 수백 억 원 규모의 건설 사업에 대하여 손익계산을 해 보니 최선을 다하여 노력한다 해도 수십 억 원의 적자를 감수하지 않으면 안 된다는 판단을 했다고 해 보자. 이러한 상황에서도 당신의 머릿속에서 '품질, 안전, 성실시공, 혼을 담은 시공' 등의 말들이 떠오르겠는가? 그렇지 않을 것이다. 오히려 '어떻게 하면 손실을 최소화시킬 수 있을까?'라는 고민을 하게 될 것이다. 더 적극적으로 다만 얼마라도 이익을 남길 수 있는 방법을 찾아보겠다는 생각에 치중하다 보면 품질확보의 중요성을 간과하는 행태가 노출될 수도 있다. 그러다 보면 '이 정도쯤이야, 지난번에도 괜찮았는데 뭐, 지금까지 잘 되어 왔는데 앞으로도 괜찮지 않겠어?, 그래도 내 입장에서는 할 만큼은 했잖아?'와 같이 배짱과 신념, 그리고 근거 없는 낙관을 반영하는 언어가 분위기를 주도하게 된다. 만약에 건설사업 현장에서 이러한 분위기를 띤 말과 행동이 난무한다면 직접적인 품질점검을 할 필요도 없이, 그곳에서는 부실공사가 이루어지고 있다고 보아야 한다. 생각이 가치에 반영되면 후속적으로 그 가치를 구현하는 행동이 전개되기 때문이다. 그곳에서는 부분적으로라도 문제가 발생한다. 그러나 종합적 시스템을 다루는 건설사업의 속성상 부분적인 문제가 부분으로만 끝나지 않는다. 부분적 결점들이 '도미노 효과(domino effect)'를 야기하며 파급적으로 영향을 미치다 보면 대규모 폐해로 확산되면서 붕괴의 참상으로까지 이어질 수 있다.

갈등을 조장하는 방법으로 가치체계의 균형적 형성 여부를 판단하는 경우를 이해하기 위해 당신이 건설사업의 평가에 투입되었다고 가정해 보자.

당신은 평가업무 수행의 일환으로 현장을 수시로 방문하지만 적당히 게으른 성격 때문에 현장 구석구석을 샅샅이 살펴보는 수고스러운 일을 회피하는 경향을 보인다. 그래서 업무담당관, 현장소장, 감리단장을 포함한 관련자들과 현장 사무실에서 토의를 하였다. 토의 과정에서 당신은 미리 파악한 몇 가지 문제점을 지적하면서 발주자 측에서 나온 업무담당관을 신랄하게 비방하기 시작한다. '진입도로도 정돈이 안 되어 있고, 현장의 정리도 엉망이다. 시공상태도 너무 불량하다. 도대체 발주기관을 대표해서 나와 있는 업무담당관은 현장이 이렇게 되도록 지금까지 무엇을 했는지 모르겠다.'라고 비방을 하자 업무담당관은 무척 난감해 한다.

바로 그 순간에 시공업체 측의 현장소장이 자리를 박차고 벌떡 일어나면서 '아 그것 말이죠, 사실 업무담당관님께서 저에게 조치하도록 지시하신 사항인데 말이죠, 요즘 현장에 크고 작은 행사가 많아 제가 그 일에 쫓기다 보니 즉시 조치하지 못하였습니다. 이번 주 내로 모두 조치할 수 있는 사안이니까 너무 염려 안하셔도 됩니다.'라는 말로 난처한 상황에 있는 업무담당관을 두둔한다. 권위 있는 지적에 찬물을 끼얹는 듯한 이 말에 당신도 공격의 기세를 늦추지 않고 '이것 보십시오. 지금 그것 하나만을 가지고 말하는 것이 아닙니다. 여기 오기 전에 현장의 제반 문제를 파악해 보았습니다. 아직까지 연약지반 개량공법도 선정하지 못한 상태에서 공기가 지연되고 있지 않습니까? 도대체 현장소장은 현장관리를 어떻게 하고 있는 겁니까?'라는 말로 공격을 시도한다. 예리한 지적에 현장소장이 당황하는 그 때, 감리단장이 벌떡 일어서면서 '그 사항은 제가 답변하겠습니다.'라고 말한다. 당신은 마음속으로 '내가 품위 있게 말하고 있는 데, 갑자기 왜 저 사람이 나서는가? 누가 자기보고 말하라고 했나?'라는 생각을 하면서 못마땅해 할 수도 있겠지만 감리단장은 유창한 언변으로 다음과 같이 설명한다.

'적정 공법을 선정하기 위해 그 동안 심층적으로 검토해 왔습니다. 다소 늦어지고는 있지만 검토 결과가 공사비와 공기에 미치는 영향이 워낙 크기 때문에 세밀한 검토가 불가피한 실정입니다. 그러다 보니 시간이 좀 걸리기는 했는데..., 이제 개별공법에 대한 장단점 분석이 모두 끝난 상태에서 종합적인 검토를 하고 있습니다. 늦어도 다음 주중에는 최적공법을 선정하여 공사를 진행할 수 있을 것입니다. 크게 걱정 안하셔도 됩니다.'

이렇게 현장소장을 감싸는 감리단장을 당신이 공격하면 이번에는 다시 현장소장이 일어서서 '그 문제에 대해서는 제가 보충설명을 하겠습니다.'라고 말하며 감리단장을 지원한다.

당신은 이들의 행태에 다소 언짢은 표정을 지으며 함께 간 직원들에게 이 현장의 분위기가 별로 유쾌하지 못하니 빨리 다른 곳으로 가자고 하면서 몇 가지 간단한 자료를 확보하도록 지시한다. 그리고 잠시 후 확보된 자료를 확인하고 함께 간 직원들에게 다른 현장으로 갈 것을 독려한다. 그리고 현장 직원들이 차타는 곳까지 따라 와서 '모처럼 오셨는데 식사도 하지 않고 그냥 가시면 서운해서 어떻게 합니까?'라고 하는 말을 뒤로 하고 다른 현장으로 떠난다. 당신은 정말로 마음이 언짢아서 일찍 그 현장을 떠나는가? 그렇지 않을 것이다. 오히려 가슴속에 흐뭇한 마음을 간직한 채 기분 좋게 떠난다고 보아야 한다.

이와 같이 상대방의 어려운 입장을 자신의 아픔으로 끌어안는 분위기가 형성된 곳에서 함께 일하는 사람들 사이에서는 큰 문제가 없고, 문제가 있다고 해도 사람들이 합심하여 금방 해결할 수 있다. 다양한 이해관계 집단들 사이에서 이미 가치체계의 균형이 이루어져 있기 때문에 가치의 갈등이 없다고 사료되기 때문이다.

이제 동일한 비방에 반응을 전혀 달리 하는 현장의 상황을 묘사해 보자. 난처한 질문과 비방에 감독관은 도저히 수긍할 수 없다는 표정을 지으면서 회의 내내 불편한 심기를 감추지 못한다. 당신도 좀 지나치게 공격을 했다는 생각이 들어서 부드러운 목소리로 감독관에게 할 얘기가 있으면 해 보라고 말한다. 그러자 감독관은 벌떡 일어나서 '사실 말이죠, 저도 열심히 한 것으로 말하면 엄청나게 열심히 한 사람인데..., 제가 열심히 해도 워낙 형편없는 업체를 만나서 일하다 보니 그렇게 된 것 아닙니까? 저도 할 만큼은 했는데..., 너무 그러지 마십시오.'라고 거침없이 항변한다. 그 말이 끝나자마자 옆에서 듣고 있던 현장소장의 눈에 핏기가 서리면서 '워낙 형편이 없다니요? 우리가 왜 형편없는 업체입니까? 같은 말이라도 '아' 다르고 '어' 다른 건데 꼭 그렇게 말해야 되겠습니까?'라는 항변이 제기되면서, 감독관과 현장소장의 논쟁이 시작된다. 당신은 어느 쪽도 편들지 않고 가만히 지켜본다. 두 사람의 논쟁이 감독관의 판정승으로 끝나갈 즈음에 현장소장은 '저도 말이죠, 할 만큼 했단 말입니다. 공법을 선정해 달라고 감리단 측에 의뢰했는데 아직까지 결과가 안 나왔지 않습니까? 왜 나만 가지고 그러는 겁니까?'라고 말한다. 그러자 바로 옆에 앉아 있던 감리단장이 자리를 박차고 일어나면서 '아니, 뭐라고요? 그저께 문서를 던져놓고 지금 그따위 얘기를 하면 어떻게 합니까? 어떻게 하루 이틀 만에 검토를 다 마칠 수 있겠습니까? 왜 나를 걸고 넘어지냐고요!'라고 말하며 분개한다.

이러한 현장은 틀림없이 너무도 많은 문제를 내포하고 있을 것이므로 당신은 함께 간 직원들에게 '이곳에서는 시간적인 여유를 갖고 세밀하게 보자'는 말을 하며 현장을 돌아보고, 각종 서류도 면밀하게 검토한다. 그리고 예상한대로 너무나도 많은 문제점이 서로 뒤엉켜 있어서 무엇이 문제인지조차 파악하기 어려운 현장이라는 사실을 깨닫게 된다.

이러한 현장은 지극히 저가로 투찰하여 사업을 수주한 결과, 적자를 감수하면서 본사로부터 외면을 당하고 있는 의기소침한 현장일 수도 있고, 중요한 사안에 대한 발주자 측의 결정이 지연되면서 시간만 흘러가고 일이 진행되지 않는 현장일 수도 있다. 작은 문제가 발생했을 때 해결하면 즉시 마무리할 수 있었지만 서로 떠넘기는 분위기에서 해결의 주체를 만나지 못하고 표류하면서 시기를 놓치게 되고, 문제는 다른 문제와 결합되어 훨씬 복잡한 양상으로 전개되다가, 겉으로 드러나는 시점에서는 너무도 큰 문제로 비화되어 있어서 해결의 엄두가 나지 않는 그러한 현장일 수도 있다.

건설현장(조직)의 경영자는 유형에 따라 몇 가지로 구분된다. 우선 상황을 가장 어렵게 만드는 '멍부형' 경영자가 있다. 멍청하면서 부지런한 유형을 말한다. 멍청해서 아는 것이 없지만 타고난 성실성과 노력하는 자세, 우직한 뚝심과 불굴의 투지로 무장된 경영자이다. 멍부형 경영자가 관리하는 현장이나 조직에는 어김없이 재앙이 닥치게 된다. 지식의 부족함을 자각하지 못하고 상황에 대한 이해력이 결여된 사람이 적극적인 자세로 열심히 노력하면 하는 일마다 사고를 치게 된다. 하나의 사고를 마무리하려고 하면 또 다른 사고가 연쇄적으로 터져서 그 조직이나 현장은 결국 쑥대밭이 되고 만다.

멍부형 보다 좀 더 나은 유형의 경영자는 '멍게형'이다. 멍청해서 아는 것이 없지만 게을러서 일을 벌이지 않아 사고칠 일이 없는 경영자이다. 그러나 '멍게형' 경영자가 운영하는 조직에서는 제2, 제3의 멍게형 인물이 끊임없이 양산된다.

가장 많은 유형이 '똑부형' 경영자이다. 똑똑해서 아는 것이 많으면서 부지런하기까지 하니 얼마나 바람직한가? 그러나 전문가 영역이 아닌 경영자의 세계에서는 똑똑하면서도 부지런한 경영자가 적지 않은 부작용을 유발하기도 한다. 우선적으로 아랫사람들의 사기를 저하시킨다. 지시한 지 얼마 되지 않은 사안의 검토결과를 서둘러 찾으면 '지금 검토 중인데요'라는 답변을 듣게 된다. 그러면 똑부형 경영자는 '내가 지시한 지가 언제인데 검토만 하고 있는거야, 이 사람들은 평생 검토만 하고 사나? 도대체 일을 하는거야 안하는 거야, 우리 조직에는 왜 그렇게 쓸 만한 사람이 없어, 내가 직접 나서지 않으면 아무 것도 되는 것이 없단 말이야, 내가 휴가를 못 간다니까'라고 말하며 일을 더욱 더 부지런히 챙기기 시작한다.

무더위가 기승을 부리는 한여름에 휴가를 갈 생각도 하지 않고 열심히 일만 챙기는 어느 건설사업의 현장소장과 당신 사이에서 있을 수 있는 일을 생각해 보자. 안타까운 생각이 들어서 당신은 현장소장에게 '휴가나 좀 다녀오시지요.'라고 말한다. 그러나 그 소장은 '제가 자리를 비우면 이 현장은 쑥대밭이 될 겁니다. 제가 일을 직접 챙기지 않으면 안 되는 상황이다 보니 불안해서 자리를 비울 수가 없습니다.'라고 답하며 다시 일에 파묻힌다. 그로부터 3개월 정도 지났을 때, 당신은 업무적으로 문의할 사항이 있어서 그 소장에게 전화를 하게 되었다. 그런데 통화중에 현장소장의 목소리가 좀 이상하다는 느낌이 들어서 무심코 '지금 어디신가요?'라고 묻는다. 당신이 들은 답변은 그 소장이 과로로 쓰러져 병원에 입원 중이라는 것이었다. 현장이 쑥대밭으로 변한 것이 아니라 자신의 몸이 먼저 쑥대밭이 되었던 것이다.

경영은 다른 사람을 움직여서 자기의 목적을 구현하는 일련의 행위이다. 다른 사람이 나를 위해 적극적으로 일해 주었으면 좋겠지만 남이 나와 같지 않으니 답답함을 느끼는 것은 당연한 것이다. 당면하고 있는 현안이 절박할 때에는 아마 속이 새까맣게 타들어가는 느낌을 경험할 것이다. 그렇다고 다른 사람을 신뢰하지 못해서 직접 일을 챙겨야 직성이 풀린다면 조속히 경영자의 길을 포기하고 특정 분야에서 완벽성을 추구하는 전문가로 성장해야 한다. 전문가처럼 일하는 방식에서 탈피하지 않고 계속 경영자의 길을 고집한다면, 예로 들은 현장소장처럼 상황을 수습하기에 앞서 본인이 먼저 망가지고 심지어는 죽을 수도 있기 때문이다.

앞에서 예로 제시된 문제가 표류하는 현장의 모습이 똑부형 경영자가 주도하는 상황일 가능성이 높다. 똑부형 경영자가 일하는 조직에서는 일이 잘 진행되지 않고 사고도 많을 뿐만 아니라 함께 일하는 사람들이 지겨워한다.

어려운 경제여건에서 많은 회사가 도산하고 있지만 여유 있게 놀다가 망하는 곳은 단 한군데도 없다. 항상 똑똑한 사람들이 열심히 일하다가 어려움을 당한다. 어느 경영자는 눈물을 글썽이면서 '우리가 놀다가 망했으면 억울하지나 않죠, 이렇게 열심히 일하는데도 망가지는 것을 보면 이 나라가 엄청 잘못되고 있는 것 아닌가요?'라고 푸념하기도 한다. 그러나 이러한 경영자가 주도하는 회사의 문제가 진정 무엇인지 냉정하게 파악해 보면 대개 하지 말아야 할 일과 하지 않아도 될 일을 참으로 열심히 했다는 결론에 이르게 된다. 신랄하게 표현하면 망하기 직전의 회사가 가장 바쁜 것이다. 마지막 발악은 멋있어 보이고, 꺼지기 직전의 불꽃이 가장 아름답지 않은가? 문제는 발악이 끝나고 불꽃이 꺼지면 끝이라는 것이다. 이러한 상황에 이르지 않기 위해 건설경영전략의 기술(art)을 공부하는 것이다.

바람직한 경영자의 유형은 바로 '똑게형'이다. 똑똑하면서도 적당히 게으른 유형을 말한다. 똑게형 경영자는 똑똑해서 아는 것이 많은 만큼 미래상황을 예측하여 목표와 방향을 명확히 설정한다. 그러나 일이 구체화되는 시점에서는 적당히 게으른 기질을 보이면서 직접 하지 않고 아랫사람을 불러 '내가 자네를 확실히 믿고 있는 것을 알고 있나?'라는 말로 신뢰의 마음이 담긴 메시지를 전한다. 윗사람의 전폭적인 신뢰에 가슴 뭉클해 하며 '감사합니다.'라고 말하는 부하직원에게 똑게형 경영자는 '그래서 이 일을 자네에게 맡기는 것이니 소신껏 해 보게! 다만, 내가 제시한 목표와 방향에 유념하도록 하게' 라고 말한다. 부하직원이 '어떤 방식으로 추진하는 것이 좋을까요?' 라고 물으면 똑게형 경영자는 화를 벌컥 내면서 '그걸 왜 내게 묻는 거야, 자네가 창의적으로 잘할 수 있지 않나?'라고 말한다. 부하직원은 믿어주니 고맙고, 일을 한꺼번에 다 맡겨주니 전체적인 상황을 보면서 일을 할 수 있게 되어 재미와 보람을 느낀다. 실력도 급속도로 향상되어 유능한 경영자로 성장하게 된다. 똑게형 경영자 역시 전체 업무를 시스템적으로 조망하여 방향을 명확하게 제시해 주는 한편, 시간적 여유를 가지고 조직의 미래를 구상할 수 있다.

똑게형 경영자가 관리하는 조직(집단)의 특성은 무엇인가? 전체적 역량이 구성원 각자가 보유한 부분적인 능력의 합을 훨씬 상회한다는 것이다. 조직(집단)의 가치체계(value system)가 균형적 조화를 이루면서 부가적으로 여분의 에너지가 창출되기 때문이다. 여분의 에너지는 조직(집단)의 가치가 시스템적으로 조화와 균형을 이룬 상황에서 비롯된 것이기 때문에 시스템 에너지(system energy)라 하고, 이를 줄여서 시너지(synergy)로 표현한다.

가치체계가 균형과 조화를 이루면 왜 시너지효과(synergy effect)가 나오는가? 서로의 강점이 각자의 약점을 상쇄시켜 약점이 사라지고, 약점이 없어진 상태에서 서로의 강점들이 결합하여 더 많은 강점을 창출해 내기 때문이다.

시너지 효과에 대한 이해를 제고하기 위해 그 반대의 현상도 고려해 보자. 한 사람의 약점이 다른 사람의 강점을 무력화시켜서 강점이 사라지고, 강점이 무력화된 상태에서 서로의 약점이 만나 조직(집단)의 역량을 저하시키는 약점을 지속적으로 표출시킨다고 생각해 보자. 이러한 현상은 조직(집단)을 단시간 내에 망가뜨리지 않겠는가?

건설경영자는 시너지 효과 창출의 달인이 되어야 한다. 보다 많은 시너지가 나오게 하여 전체가 부분의 합보다 훨씬 많아지도록 하고, 그 시너지의 일부를 자기 노력의 대가로 가져가야 한다.

시너지 효과를 창출하기 위해서는 조직의 가치체계가 균형과 조화를 이루도록 해야 한다. 이를 위해서는 가치의 갈등(value conflicts)을 효과적으로 관리해야 한다. 아울러 갈등의 본질을 파악하기 위해서는 집단역학(group dynamics)을 이해해야 한다.

이제 끝으로 괘씸죄, 아첨, 집단역학 못지않게 조직의 활력에 부정적 영향을 미치는 **보수성(conservatism)**의 본질을 규명해 보도록 하자.

새로운 대안에 대한 보수적 태도는 조직이 표출하는 보편적인 현상이다. 심지어는 새로운 대안이라는 이유만으로도 강력한 반대에 부딪히기도 한다. 그렇다면 조직에 만연한 보수성에 어떻게 대처해야 하는가? 합리성과 논리성으로 무장하여 적극적으로 밀어붙이면 소기의 성과를 거둘 수 있는가?

문제는 결코 그렇게 간단하지 않다. 적극적으로 일하는 사람이 '괘씸죄'에 걸려 업무상의 어려움을 겪기도 하고 아첨과 집단역학이 난무하는 상황에서 하루하루 사는 것조차 힘들어 하는 사람들도 적지 않은 것이 어쩔 수 없는 현실이다.

새로운 대안을 조직에 침투시키기 위해서는 자신의 생각을 가장 잘 이해할 수 있는 사람부터 설득하기 시작해야 한다. 설득 과정에서 비판을 사심 없이 받아들이고 보완하여 보다 세련된 내용으로 발전시켜 나가는 한편, 설득의 대상과 범위를 점점 더 넓혀 나가는 것이 바람직하다. 지속적으로 노력하여 적어도 70% 이상의 조직 구성원들이 '바람직한 대안이다. 한번 해볼 만한 가치가 충분히 있다.'라고 말할 때 공개적으로 제시해야 한다. 왜 70% 이상인가? 50% 정도의 지원만 얻어도 상당한 것 아닌가? 그렇지 않다. 20% 정도의 사람들은 상황이 여의치 않거나 본인에게 불리할 경우 즉시 태도를 바꾸어 버릴 가능성이 높기 때문이다.

합리성을 갖추고 조직과 구성원 모두에게 바람직한 것으로 인식되는 새로운 대안을 도입하는 것이 왜 그렇게 어려운가? 바로 조직의 내부관성(internal inertia) 때문이다. 기존의 방향과 속도를 일정하게 유지하려는 운동현상인 '물리학의 제1법칙(관성의 법칙)'에서 언급되는 관성이 조직에도 존재하기 때문에 합리성과 정당성을 모두 갖춘 대안이라도 기존의 정책이나 방침에 반하는 것은 결코 쉽게 받아들여지지 않는다. 따라서 위기상황의 도래와 같은 불가피한 사유가 없이는 조직의 목표나 방식을 새로운 방향으로 전환시키는 것이 결코 쉽지 않다.

변하지 않으면 안 되는 절박한 상황에서도 혁신적인 조치에 반기를 드는 사람들의 심리상태는 어떠한가? 이들은 다음과 같은 생각을 한다.

1) 현재 위치에까지 이르기 위해 지금까지 쏟아 부은 노력과 시간, 그리고 돈이 얼마인데..., 그런 식으로 하면 현재의 내 입지가 불안정해지지 않는가?
2) 그리고 현재의 상황이 다소 불합리하다고 할지라도 우리는 이미 오랜기간에 걸쳐 잘 적응해 왔고, 또 익숙해져 있어서 지낼 만하지 않은가?

3) 그런데 왜 자꾸만 껄끄러운 분위기를 조성해서 위화감을 조성하는가?

이러한 경향은 이미 투입해서 회수할 수 없는 '매몰비용'에 집착하는 사고(sunk cost doctrine)에서 비롯되는 것이다.

발주자의 대리인으로서 사업을 관리하는 건설경영자는 보수성이 지배하는 현실의 중심부에 있다. 건설경영자는 제한적인 재원과 시간, 그리고 부족한 인력으로 시너지 효과를 창출해야 하는 상황에 있기 때문에 혁신적 대안을 수시로 도입해야 한다. 그러나 건설경영자가 새로운 대안을 도입하는 것에 대한 발주자의 반응은 그다지 탐탁치 않다. 발주자의 첫 반응은 이 방법이 다른 곳에서도 사용되는 것인지 여부를 묻는 것으로 시작되곤 한다. 혁신적 방안이라 아직 사용된 적은 없지만 본 사업에 적용하면 확실한 성과를 거둘 수 있다고 의견을 개진하면 발주자는 왜, 자신의 사업을 시범대상으로 선정했는지에 대한 이의를 제기하면서 다른 곳에 적용된 이후에 그 효과가 입증되면 그때 적용할 것을 요구한다.

답답한 마음에 설계에 반영하도록 권고하면 설계자의 반응도 긍정적이지 않다. 물론 설계자는 정밀한 설계와 시공이 요구되는 신공법을 상세한 시방서와 함께 설계에 반영할 수 있다. 그러나 설계자는 시공과정을 통제할 수 있는 권한을 갖지 못하면서도 시공현장에서 발생하는 문제에 연루될 가능성이 많다. 일차적 책임자인 시공자가 문제에 대하여 추궁을 받게 되면 도면과 시방서에 따라 시공하였다고 주장할 것이기 때문이다. 이러한 상황에서 결국 설계자는 매우 힘겨운 과정을 겪으면서 자신의 정당성을 입증하지 않으면 안 된다. 따라서 설계자는 해당 분야의 전문가들 사이에서 이미 합의가 이루어진 검증된 공법을 적용하려고 할 뿐, 신개념의 혁신적 대안을 적용하여 부가되는 리스크를 감수하려고 하지 않는다.

시공자 입장은 어떠한가? 시공자 역시 기존 방식으로 이윤을 추구할 수 있고 경쟁력을 유지할 수 있다고 판단되는 현실에서 새로운 방안이 보유하고 있는 잠재적 리스크에 자신을 노출시키고 싶지 않은 것은 인지상정이 아니겠는가?

이러한 보수적 현실에서도 건설경영자는 반드시 성과를 창출하여 발주자를 만족시키고 감동을 얻어내야 한다. 힘든 여건에 대한 불평불만도 용납되지 않고 그로 인한 실패도 정당화될 수 없다. 어려운 상황일수록 더 잘해야 하는 것이 바로 건설경영자의 역할이기 때문이다. 실패한 과학이 국가발전에 기여하는 경우는 있어도 잘못한 사업관리는 기존 환경을 악화시키는 과오를 범할 뿐, 기여할 수 있는 것은 아무 것도 없다는 것에 유념해야 한다.

보수성이 난무하는 현실에서 변화를 시도하기에 앞서 건설경영자가 우선적으로 해야 할 일은 저항을 관리하기 위한 시나리오를 작성하는 것이다. 변화를 시도할 경우 특정시점에서 표출될 것으로 예상되는 저항의 내용과 강도를 사전에 파악해야 한다. 그리고 변화를 통해 혜택을 얻거나 피해를 보는 조직들 사이의 이해관계를 고려하여 가치체계의 균형을 잡아 주어야 한다. 그래도 남는 여분의 저항이 있다면 명분과 논리를 가지고 밀어붙여야 한다.

지금까지 건설경영 시스템의 핵심적 실체인 사람의 문제를 파악하기 위해 장황한 설명과 다양한 사례를 제시하였다. 본 장을 마무리하는 시점에서 사람과 관련된 복잡다양한 양상의 본질을 한마디로 요약하여 표현할 수는 없을까? 표현할 수 있다면 그 한마디는 과연 무엇인가?

경영의 세계에서 생존·번영하기 위해서는 복잡함과 단순함 사이를 빠른 속도로 왕래할 수 있는 사고의 유연성(flexibility)을 갖춰야 한다. 핵심에서 벗어나 자질구레한 내용을 장황하게 설명하는 사람에게 한 두 개의 키워드를 활용하여 더 이상 할 말이 없도록 정리해 줄 수 있어야 한다. 중요한 사항을 간단하게 설명하고 대충 넘어가려는 사람에게는 그 단순함의 이면에 복잡하게 얽혀 있는 다양한 문제들을 입체적으로 설명해서 깜짝 놀라게 할 수 있어야 한다. 개념과 전략 면에서 다른 사람을 훨씬 능가하는 능력을 갖춰야만 건설경영 상황을 주도할 수 있고, 그래야만 상황의 리더(leader)가 될 수 있기 때문이다.

이제 본론으로 돌아가서 많은 지면을 할애하여 설명한 '사람 문제의 본질을' 한마디로 단순화시켜 표현할 수 있는 그 말은 무엇인지 밝혀 보자.

그 한마디는 역지사지(易地思之), 즉 '입장 바꿔 생각해 봐!'이다. 괘씸죄, 아첨(ingratiation), 집단역학(group dynamics), 보수성(conservatism) 등으로 인해 표출되는 모든 문제는 상대방의 입장에서 특정 상황을 설명할 수 있는 지적 시야의 결핍에서 비롯된다. 사람과 관련된 문제는 상대방의 가치를 파악함과 아울러 자신의 가치도 정립하여 서로의 가치가 공유하는 방식으로 일을 추진하면 상당부분 해결될 수 있기 때문이다.

누구에게나 상식적인 이 말을 강조하는 것이 우스워 보일 수도 있다. 그럼에도 힘주어 하고 싶은 말은 '입장 바꿔 생각해 봐'라는 말의 의미를 상식적으로 알고 있는 것과 가슴 속 깊이 처절하게 느끼고, 세포 하나하나에 그 의미를 각인시켜서 체화시킨 것의 차이는 참으로 엄청나다는 것이다. 너무도 당연한 준칙을 얼마나 오랫동안 망각하며 살아 왔는지를 다시 한 번 생각해 봐야 한다. 입장을 바꿔 생각해 보겠다고 다짐을 거듭하면서도 급박한 상황의 긴장된 분위기에 직면하는 순간 이 말을 까맣게 잊어버리는 오류를 얼마나 많이 범하였는지 깊이 생각해 보아야 한다.

모 대학에서 강의를 하면서 450여 권에 달하는 책을 힘겹게 읽고 '입장 바꿔 생각해 봐!'라는 한마디만을 가슴 깊이 새기게 되었다고 언급한 적이 있었다. 그때 박사과정의 한 학생이 '그 정도는 저도 잘 아는데..., 겨우 그 말 한마디 깨닫기 위해 그렇게 오랫동안 고생하셨습니까?, 진작 저에게 물어 보시지!'라고 말하는 것이 아닌가? 그 순간 힘겹게 공부한 내용에 근거한 강의의 품질을 의심받고 강사로서 갖춰야 할 최소한의 권위마저 실추되는 느낌을 받았다. 실추된 권위를 회복하기 위해 그 학생에게 던지듯이 한 말은 '단순해 보이지만 그 내용을 개념적으로 이해하고 있는 것과 가슴으로 느끼고 절실하게 깨달아 뇌리에 새긴 것과의 차이는 엄청난 것이다. 그렇게 깊은 의미를 모르고 피상적인 생각만으로 이 무거운 의미를 가볍게 표현한다면 그대의 학점이 어떠한 결과로 나오든지 본인의 책임이라는 것을 유념하라.'고 농담반 진담반으로 웃으면서 말하였다. 그 학생은 갑작스런 위협적 발언에 짐짓 놀라며 즉시 입을 다물었지만, 조금 지나자 다시 '그래도 그것은 너무 간단한 것이잖아요, 모두가 다 아는 내용이기도 하고요...'라고 말을 했고, 주변 학생들이 동조하기 시작하면서 분위기는 통제할 수 없는 상황에 이르게 되었다.

이러한 경험을 하고 나서는 강의를 너무 쉽게 하면 안 된다는 생각을 하게 되었다. 어렵게 해서 절반 정도만 이해할 수 있도록 하면 '어려운 내용을 말하는 저 강사는 유식하신 분이고, 이해하지 못하는 나는 아직 부족하니 좀 더 열심히 공부해야 하겠구나.'라고 생각하면서 강사의 권위를 인정한다는 것도 알게 되었다. 그래서 '입장 바꿔 생각해 봐'라는 이 단순한 한마디를 좀 더 어렵고 품위 있게 표현하기 위해 다음과 같이 우회적으로 언급하였다.

'의사결정의 과정과 결과에 대하여 그 의사결정에 참여한 사람들이 서로 이해와 만족감을 공유할 수 있다면, 이는 잘 된 의사결정이고, 이것이야말로 바로 의사결정의 핵심이요 본질입니다.'

상기 표현은 '입장 바꿔 생각해봐'라는 말과 같은 의미이다. 이해와 만족감을 공유한다는 것은 가치체계를 공유한다는 것이고, 입장을 바꿔 생각한다는 것이다. 이렇게 다소 어렵고 애매한 표현을 쓰기 시작하면서 학생들의 반응도 달라지기 시작하였다. 어떻게 달라졌는가?

1) 역시 공부를 많이 하신 분이 하는 말은 뭐가 달라도 확실히 다르다는 반응을 보이면서
2) 받아 적어야겠으니 다시 한 번 이야기해 달라는 것이었다.
3) 다시 이야기 해주니 받아 적고 나서 연신 고개를 끄덕이는 것을 보고, 무슨 뜻인지는 알겠느냐고 묻자, 잘은 모르겠지만 훌륭한 내용인 것은 확실하다고 말하였다.

물론 너무 쉽게 설명하면 권위가 서지 않기 때문에 어렵게 표현하여 사람들을 어리둥절하게 하는 것도 괜찮은 방법이라는 생각이 들기도 한다. 그러나 노력을 게을리하지 않는 실력파 가수인 김건모 씨가 부르는 '핑계'라는 노래에도 '내게 그런 핑계 대지마, **입장 바꿔 생각을 해 봐**, 니가 지금 나라면 넌 웃을 수 있니…'라는 가사가 나오지 않는가? 김건모 씨는 이미 의사결정의 핵심원리를 깨닫고 노랫말에 실어서 전파하고 있었던 것이다.

단순한 원리를 교묘하게 포장하여 어렵게 표현하는 것은 공부하는 사람이 가져야 할 자세가 아니라는 것도 하나의 깨달음이었다. 이제 어디에서든지 당당하게 '입장 바꿔 생각해 봐'라고 말하는 것이 바람직하다고 확신한다.

'입장 바꿔 생각해 봐'라는 상식적인 한마디는 서로 다른 이해관계를 갖는 대상을 동시에 만족시켜야 한다는 것을 강조한다는 점에서 모든 유형의 의사결정에 공통적으로 적용될 수 있다.

건설경영자는 입장을 잘 바꿔야 하는 사람이다. 발주자의 입장에서 생각하여 보다 많은 혜택을 제공할 수 있어야 한다. 함께 대화하고 일을 진행하는 과정에서 발주자가 당신에게 '나는 당신과 함께 대화하면서 일하다 보면 모든 문제가 그냥 한꺼번에 풀린다는 생각이 드는데…, 어떻게 당신은 나에 대해서 나보다 더 잘 아는가?'라고 말했다면 당신은 가히 최고의 건설경영자라고 자부할 수 있을 것이다.

마찬가지로 설계자·시공자와 함께 업무를 진행할 때도 상대방의 입장에서 생각하여 설계와 시공의 과정과 결과에 대한 만족감을 공유하고 공존·공영할 수 있는 방안을 모색해야 한다. 가장 바람직한 것은 신뢰관계를 지속적으로 유지하면서 '당신도 좋고 나는 더 좋고'의 결과를 도출하는 것이다.

다시 한 번 강조한다. '입장 바꿔 생각해 봐'라는 한마디가 얼마나 무거운 것인지를 깨달아야 한다고…, 그리고 훌륭한 건설경영자로 거듭나기 위해서는 상황에 따라 입장을 이리 저리 잘 바꾸라고…

이제 힘든 유학생활을 감내하며 읽은 450여 권의 책이 담고 있는 내용을 정리하면서 깨달음을 얻은 전문가는 경영자의 길로 들어서게 된다. 그리고 자신의 입장과 경험만을 중시하는 전문가들이 범할 수 있는 몇 가지 문제점을 다음과 같이 다시 한 번 언급한다.

첫째, 자신의 전문성에 지나치게 몰입하다 보면 극단적 배타성을 표출하게 된다. 제한적 지식에 실무경험을 부가하여 축적한 노하우(know-how)를 지나치게 중시하다 보면, 다른 사람이 새로운 대안을 제시해도 '이 사람아, 내가 이 분야의 전문가야, 내가 당신보다 짬밥을 먹어도 수백 그릇은 더 먹지 않았나? 긴 말 할 것 없이 내 말대로 하란 말이야'라고 말하며 자신의 입장만을 강요하는 태도를 보인다.

왜 자신의 생각에 대한 자긍심은 가지면서 다른 사람의 의견에 대한 존경심은 갖지 않는가? 과거에 성공적인 결과를 보장해 주던 노하우가 급변하는 현재상황에서는 실패의 길로 유인하는 악수가 될 수 있다는 것을 왜 망각하는가? 빈번하게 언급되는 '맞다/틀리다, 돼먹었다/틀려먹었다'라는 말은 각자의 가치(values)를 반영하는 주관적 의견일 뿐이지 결코 객관적 사실(facts)은 아니라는 것을 왜 간과하는가? '내 생각이 확실히 옳다, 나야말로 결코 사심이나 편견이 없는 공평무사한 사람이다.'라고 주장한다면, 자신은 이미 편견의 제물이 되었다는 것을 시인하는 것과 다름없다.

둘째, 다른 사람과 만나는 시간을 귀중한 정보를 수집하는 기회로 생각하고 폭넓은 인간관계를 구축하는 노력이 절실하다. 이제 모든 것이 공개되고 있는 현실에서 내가 구할 수 있는 정보나 자료는 나의 경쟁자도 어렵지 않게 구할 수 있다. 정보는 시간이 경과하면서 여러 사람의 손을 거치고 주관적 판단이 가미되면서 그 가치가 퇴색된다. 관련 분야 사람들을 직접 만나 대화를 통해 주고받는 정보는 세련된 것이 아니라도 처리하기에 따라서는 공개된 정보에 비해 훨씬 생동감 있는 것이 될 수 있다. 단편적인 사실이나 정보 자체는 그다지 중요한 의미를 갖지 않을지라도 다른 정보와 중첩시켜서 비교하고 판단하는 과정을 거치면 쪼가리 정보와 부스러기 지식의 이면에 존재하는 커다란 변화의 맥락을 읽어낼 수 있다. 특정 분야의 전문지식에 파묻힌 채 편협한 인간관계를 유지하다가 심각한 문제에 봉착해서야 비로소 동분서주하고, 음성적 로비(lobby)를 통해 문제를 해결하려 하기보다는 일상적으로 이루어지는 인간적인 만남의 과정을 소중히 생각하고, 그러한 과정에서 얻어지는 정보와 자료를 종합적으로 처리하여 작은 변화 이면의 큰 변화를 감지할 수 있어야 한다.

셋째, 말을 해야 할 경우와 들어야 하는 경우를 잘 구별해야 한다. '입장 바꿔 생각해 봐'라는 말은 주어진 상황에서 누가 주인공인지를 파악하여 주로 말을 할 것인지 아니면 들을 것인지를 판단하는 것과 무관하지 않다. 그러나 대부분의 사람들은 듣는 것보다 훨씬 더 어려운 말하는 쪽을 선호하는 경향이 없지 않다.

들어야 하는 상황에서 주로 말하는 경우의 예를 들어 보자. 현업에서 일하다 보면 신기술의 개발자나 공급자를 만나는 경우가 많다. 이들은 하나같이 첫 대면 후 명함을 건네자마자 자신의 기술이 얼마나 훌륭한 것인가를 설명하기 시작한다. 1시간 정도 대화할 경우 대개 55분 이상을 이 사람들이 하는 말을 참을성 있게 들어야 한다. 말할 틈을 주지 않기 때문이다. 이들은 '이 기술을 사용해 본 사람들의 평가가 대단했습니다.'라고 말한다. 아울러 같이 온 일행에게 '안 그런가?'하고 물으면 그 사람은 연신 고개를 끄덕이며 '그럼요, 정말 대단했지요.'라고 답한다. 그리고 다시 자신들의 화려한 경력과 기술의 우수성을 언급하기 시작한다. 결론은 '우리 기술은 너무도 훌륭한 것이므로 당신은 지금 이 기술을 반드시 채택해서 적용해야 할 역사적인 사명을 띠고 있다'는 것이다.

스스로 노력해서 개발한 것을 좋지 않다고 말하는 사람이 있겠는가? 당신 같으면 개발자(판매자)가 좋다고 하는 말만 믿고 검증도 제대로 하지 않고 많은 돈을 들여 도입할 수 있겠는가?

이러한 상황에서 입장 바꿔 생각하면 어떻게 행동해야 하겠는가? 가능하면 말수를 줄이고 평가주체인 상대방의 이야기를 들어야 한다. '제가 오랜 기간에 걸쳐 필사적인 노력을 기울인 끝에 이 기술을 개발하였는데, 여러 곳에서 좋은 평가를 받고 있습니다. 사용영역을 확대하여 노력의 결실을 좀 더 확실히 거두고 싶은데 어떻게 하면 좋겠습니까?, 도와주십시오.'라고 정중히 말하면 그만 아니겠는가? 왜냐하면 실질적인 답은 구매자나 사용자에게서 나오기 때문이다. 구태여 한마디 더 첨가하고자 한다면 '차제에 도움을 주시면 저도 은혜를 갚을 줄 아는 사람인데 그 고마움을 결코 잊지 않을 것입니다'정도일 것이다.

물론 말로만 해서는 안 될 것이다. 기술의 우수성을 증명할 수 있는 객관적 자료를 제시해야 한다. 아울러 마음속에서 우러나오는 성의와 진실이 뒤따라야 한다. 사람의 마음은 민감한 악기보다 더 섬세하다. 어느 정도 사회적 경험이 있다면 말로만 하는 것인지 아니면 진실이 담겨 있는 것인지를 직감적으로 파악할 수 있기 때문이다.

우선 만남의 기회를 통해 우호적 분위기를 형성한 다음에 사용영역을 확대하려면 어떠한 절차가 필요한가를 상대방으로부터 듣고 어떠한 도움을 받을 수 있는가를 파악해야 한다. 상대방이 보유하고 있는 능력의 한계를 초과하는 것이라면, 그 한계를 극복하기 위해 누구에게 어떤 도움을 받을 수 있는가를 파악하여 성의 있는 또 다른 만남을 시도해야 한다. 이와 같이 도입과 적용의 전체적 절차를 이해하여 체계적으로 접근해야 한다.

실상은 어떠한가? 다 그런 것은 아니지만 아직까지도 상당수의 사람들은 상대방의 업무영역을 초과하는 내용의 도움을 강력히 요구한다. 만족스러운 결과가 얻어지지 않으면 '당신 같은 사람이 이렇게 우수한 기술도 알아보지 못하기 때문에 우리의 현실이 이렇게 암담한 것 아니냐?'며 언성을 높이기도 한다. 아울러 우수한 기술을 도입하지 않는다고 민원을 제기하여 그렇지 않아도 바쁜 사람을 정신적 · 심리적으로 피곤하게 한다. 입장을 바꿔서 당신이라면 과연 이러한 사람을 또 만나고 싶겠는가?

이제 상기에서 언급된 내용과 대비적으로, 말을 해야 할 입장에 있음에도 듣기만 하는 경우를 생각해 보자. 업무상 특정 분야의 전문가를 몇 해에 걸쳐 반복적으로 만나다 보면 어느새 10년 이상의 긴 세월이 지나기도 한다. 그러나 만날 때마다 늘 새로운 사람들이 있다. 말을 건네기 전에는 입을 굳게 다물고 있고, 친절하게 말을 걸어도 퉁명스럽고 짧은 한마디로 답변하고 고개를 돌려버려서 말을 이어가기가 무색한 경우가 많다. 물론 빈번한 접촉을 통해 상대방이 악의를 가진 것도 아니고, 부정적 의도를 품고 있는 것도 아니라는 것을 잘 알고 있다. 그러나 처음 만난 당신을 이와 같이 대했다면 과연 어떤 생각이 들겠는가?

얼마 전에 모 대사관에서 어느 외교관과 대화하면서 깊은 감명을 받았다. 아는 사람을 통해 소개받아 만난 그 사람은 인간적 매력을 느끼기에 부족함이 없었다. 행동 하나 하나에는 따뜻한 미소, 부드러우면서도 정중한 말씨, 상대방의 마음을 편안하게 해 주고자 하는 심리적 배려 등이 조화를 이룬 채 배어 있었다. 대화 시간은 30분 정도에 불과했지만 그 외교관을 10여 년 전부터 이미 알고 지낸 죽마고우로 착각하였다.

얼마나 대조적인가? 10여 년에 걸쳐 만나 온 사람은 만날 때마다 늘 새롭고, 처음 만나 30분 정도 대화한 사람은 10여 년 전부터 사귀어 온 다정한 친구처럼 느껴진다는 사실이…

심리학적 연구결과에 따르면 사람이 상대방에 대하여 갖게 되는 영구적인 이미지의 대부분은 처음 만나 4분 동안에 느끼는 분위기에 의해 형성된다고 한다. 첫 4분 동안에 주고받은 인상이 평생을 통해 거의 변하지 않는다는 것이다. 이때 결정된 이미지를 바꾸기 위해 엄청난 시간과 노력을 들여도 완전한 시정은 거의 불가능하다는 것이다. 상대방의 가슴에 와닿는 사람이 되기 위해서는 처음 만나 4분 동안 어떻게 연출할 것인지를 생각해 보아야 한다. 상대방을 나 자신처럼 소중히 생각하고, 그 사람의 입장에서 여건을 해석해 보는 것이 가장 바람직한 방법이 아닐까? 그러면 상대방의 이야기를 귀담아 듣게 되고, 스스로 말을 해야 할 때와 들어야 할 경우를 정확히 파악하여 사려 깊은 이야기를 주고받을 수 있지 않을까?

넷째, 상황을 단편적인 시각으로 바라보고 변화를 피상적인 현상으로 느끼는 습성을 배제해야 한다. 지속적으로 성공적 결과만을 거두어 왔던 조직에는 현 상태를 유지하려는 관성적 사고가 팽배하게 되면서 구성원들의 활력이 서서히 저하되기 시작한다. 이때가 새로운 위기상황이 시작되는 출발점이 된다. 주력 분야에서 성공하고 있을 때일수록 환경변화, 국내외 경쟁자의 동향, 고객요구 수준의 변화 등을 파악하여 예상 외의 변화에 대처할 수 있어야 한다.

작은 변화의 이면에 숨어 있는 큰 변화를 읽어내기 위해서는 눈앞의 상황을 자신의 입장에서만 보지 말고, 경쟁자의 관점으로 조명해야 한다. 경영자는 풍부한 상상력과 민감한 감수성으로 문제의 실마리를 찾고, 강력한 논리로 정당성을 뒷받침할 수 있어야 한다. 특정 상황에 대하여 전략적 호기심을 발동시켜서 문제의식을 갖고, 상황을 정확하게 이해하기 위한 질문에 스스로 답하면서 문제의 본질을 규명할 수 있어야 한다.

3
CHAPTER

# 건설경영자의 미래 예측과 대응

## – 미래에서 현재로…

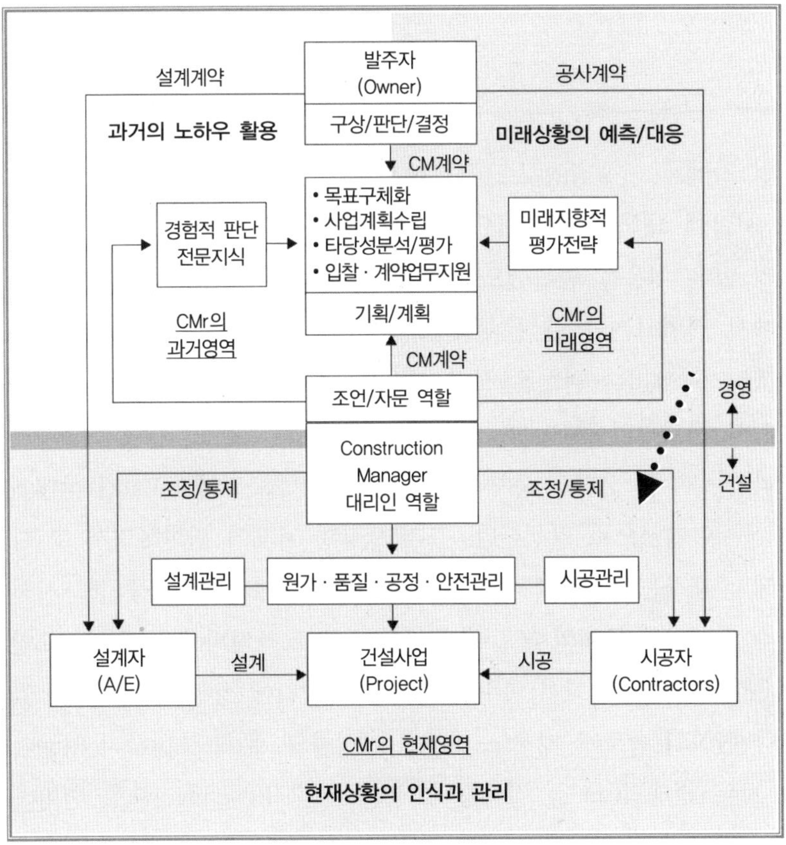

# 1 | 건설상황의 동태적 인식

/ 공간적 · 시간적 상황인식의 틀

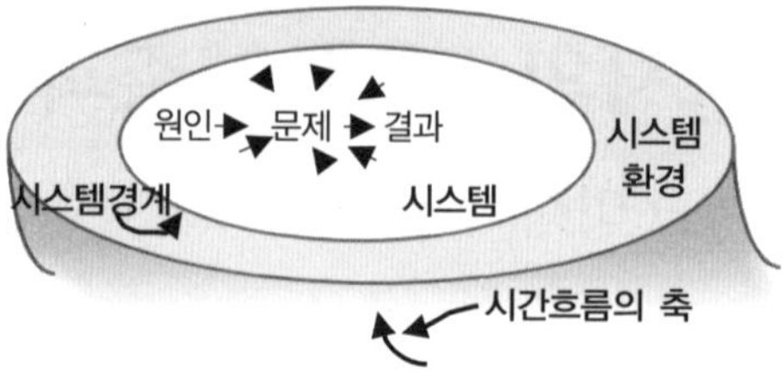


앞 장에서 건설경영시스템의 핵심요소인 전문성(기술)과 돈, 그리고 사람에 대하여 심층적으로 파악하였다. 핵심인자를 분석하면서 적지 않은 내용을 습득했으니 이제 이 지식을 활용하여 건설경영상황에서 직면하는 제반 문제를 그다지 어렵지 않게 해결할 수 있지 않겠는가? 그러나 현실은 결코 그렇게 녹녹치 않다.

실제 건설경영상황에서는 전문성(기술), 돈 그리고 사람의 문제가 우리가 공부한 것처럼 순차적으로 발생하지 않고 얽히고설킨 상태에서 동시다발적으로 발생한다. 그리고 상황 자체가 변화하면서 그 상황에 존재하는 각 문제의 속성이 달라지고 중요도의 가중치도 시시각각 변하면서 문제의 본질이 좀처럼 쉽게 포착되지 않는다. 각 요인에 대한 각각의 지식이 아무리 많아도 암암리에 상황이 정지되어 있거나 변화의 속도가 매우 느리다고 가정하고, 문제도 변하지 않는다고 보는 정태적(static) 접근방식으로는 동태적(dynamic)으로 변화하는 문제의 본질을 파헤치기 어렵다.

전문화된 구체적 기술로 해결해야 하는 문제는 전문성으로 해결하면서 돈과 사람의 지원이 따라야 한다. 돈과 직결되는 문제는 돈을 투입하면서 기술적 전문성과 사람의 문제를 부가적으로 다루어야 한다. 사람 문제는 어떠한가? 이해관계의 대립으로 인해 발생하는 문제는 돈과 기술로 해결할 수 없다. 아무리 많은 이익이 보장된다고 해도 인간적으로 싫고 정서적으로 안 맞아서 같이 일하지 못하겠다고 토로하는 사람에게 기술과 돈의 문제는 그다지 중요하지 않다. 이러한 경우에는 입장 바꿔 생각하면서 사람 문제부터 풀면서 기술과 돈의 문제를 공략해야 한다.

모든 문제가 급박하게 전개되는 건설경영상황에서는 하나하나를 별건으로 구분하여 심층분석하면서 학문적 논리로 규명할 수 있는 시간적 여유가 없다. 따라서 건설경영자는 전문성(기술) · 돈 · 사람의 세 가지 요소 중 보다 중요한 어느 한 가지에 중점을 두고 나머지 두 인자에 대해서는 보완적으로 동시에 접근해야 한다.

결국 문제는 상황이 변화하면서 전문성(기술) · 돈 · 사람과 관련된 각 문제의 중요도가 시시각각 바뀌고, 이로 인해 상황이 다시 변화하고, 변화하는 상황이 또 다시 각 인자의 변화에 영향을 미치는 상호작용이 지속된다는 것이다.

이렇게 진행되는 동태적(動態的) 상황을 파악해 보자. 정태적(靜態的) 상황에 동태성(動態性)을 부여하는 촉매제는 무엇인가? 오랜 기간에 걸친 연구와 사색을 통해 깨달았다는 점에서 너무나도 중요한 이 질문에 단도직입적으로 답하면, 그것은 바로 '시간(time)'이다. '시간'이라는 인자가 정태적 상황에 부가되면 상황 자체뿐만 아니라 그 상황에 존재하는 모든 요소가 변화하기 시작한다. 시간의 손길이 스

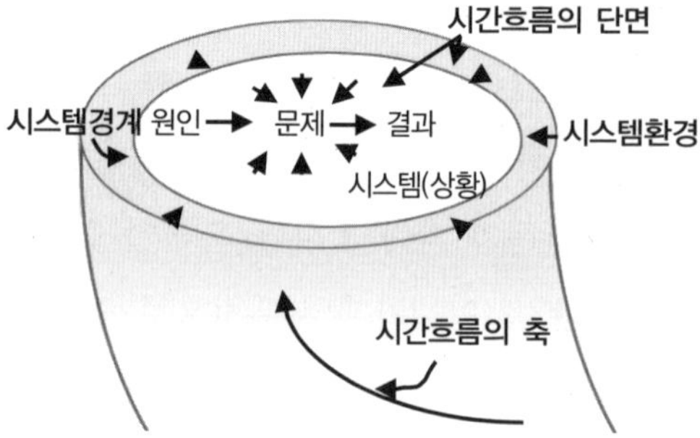


**그림 3.1** 상황의 동태적 인식

치기만 하면 모든 것은 변화하는 것이다. 사실 시간적 흐름 속에서 '모든 것은 변한다.'는 사실을 제외하고는 변하지 않는 것이 없다. 제행무상(諸行無常)인 것이다. 그렇다면 동태적 상황에 대한 건설경영자 관점은 어떻게 달라져야 하는가? (그림 3.1)은 앞에 제시된 시스템(그림 2.2)에 시간과 변화 개념을 반영한 '상황의 동태적 인식(dynamic conception of the situation)'을 표현한 것이다.

상황은 시간흐름의 축을 따라 과거에서 현재를 거쳐 불확실한 미래를 향해 변화의 질주를 한다. 문제는 변화의 속도가 과거에 비해 너무나도 빨라졌고, 그 규모와 성격도 불확실성으로 가득 차 있다는 것이다.

정보·통신 분야의 첨단기술에 힘입어 과거 수 백 년에 걸쳐 진행되어 왔던 거대한 변화가 몇 년 또는 몇 달 만에 이루어지는 현 상황에서 긴박감과 현기증을 느끼지 않을 수 없는 이유도 공간적으로 복잡한 상황이 시간적 변화를 급격히 겪는 과정에서 비롯된다. 따라서 경영자는 당면문제를 철저히 해결해 나가야 할 뿐만 아니라 시간의 축을 따라 미래로 나아가는 상황의 불확실성에 전략적으로 대처할 수 있어야 한다.

(그림 3.1)에서는 현재상황을 편의상 타원형으로 묘사하였다. 그러나 타원형의 상황이 시간 축을 따라 진행되는 과정에서 갑자기 원형이나 세모 또는 네모의 모양으로 변하여 경영자를 곤혹스럽게 할 수 있다. 그리고 소극적으로 시간흐름에 휩쓸려가는 동안 상황영역이 갑자기 축소되어 자신의 업무 분야를 상실할 수도 있는 반면, 적극적인 변화와 변신의 노력을 거듭하여 시장을 확장시키고 새로운 기회를 창출할 수도 있다. 그 뿐만이 아니다. 환경변화에 유연하게 대처하지 못할 경우 시스템(내부상황)과 시스템환경(외부환경)을 구분하는 시스템경계(system boundary)가 붕괴되면서 활동영역이 환경과 동화되어 자취를 감출 수도 있다.

필자가 건설경영전략에 막 눈을 뜨기 시작하던 '96년 1월경에 부도사태를 겪은 ○○건설(주)을 생각해 보자. 당시 ○○건설(주)은 자산이 부채보다 많은 건실한 회사였으나 상황을 정태적으로 인식했던 것 같다. 시간흐름의 축을 따라 진전되는 상황변화의 속도를 상당히 느린 것으로 이해했거나, 아예 시간축을 고려하지 않고 상황이 정지된 것으로 간주했던 것 같다.

상황을 정태적(static)으로 인식하고 돈을 환금성이 떨어지는 부동산에 집중투자한 것으로 생각된다. 그러나 동태적(dynamic) 변화로 인해 상황이 험악해지면서 자금의 신속한 회전이 절실하게 요구되었지만 부동산에 투자했던 돈을 즉시 동원하지 못하여 결국 현금흐름(cash-flow)의 길이 막히는 결과를 초래했던 것으로 보인다. 유동성이 저하되어 발생하는 '현금흐름의 리스크(cash-flow risk)'는 상황의 동태성이라는 관점에서 볼 때 결코 가볍게 볼 수 없는 중요 요소가 아닐 수 없다.

필자는 당시 졸저 「건설경영」을 출간한 시점이었다. 그런데 우연히 그 책을 접하게 된 ○○경제신문 기자가 필자에게 전화를 걸어 '당신의 저서를 읽어보니 ○○건설(주)이 부도가 날 수밖에 없었던 근본적 이유를 알게 되었다.'면서 인터뷰를 요청하였다. 흔쾌히 인터뷰에 응한 필자는 며칠 후 그 신문 문화면의 절반 이상을 점유한 필자의 저서 「건설경영」에 관한 기사를 접할 수 있었다. 아울러 멋진 사진과 압축적이면서도 세련된 기사내용에 힘입어 1개월 만에 초판이 모두 팔리고 재판을 출간하게 되면서 신문기사의 위력을 깊이 절감하였다. 결코 싫지 않은 여건이었지만 그런 와중에도 필자의 가슴 속에는 한 가지 걱정거리가 자리잡고 있었다. 당시 필자는 ○○건설(주)이 분양하는 아파트에 당첨되어 기초공사가 진행되는 현장을 확인한 시점이었기 때문이다. 당시에 아파트를 한 채 장만한다는 기대감에 부풀어 있던 필자는 공사를 착수한 지 얼마 안 되어 건설사가 부도사태에 이르게 된 것을 보고 깊은 우려에 빠질 수밖에 없었다. 다행히 법정관리 조치가 이루어진 상태에서 보증회사가 공사를 잘 마무리하여 무사히 입주를 했지만, 당시 필자는 책이 잘 팔리고 유명인사가 되어가는 싫지 않은 상황과 모처럼의 내 집 장만에 차질이 빚어질 수도 있다는 걱정이 교차하는 혼란스러운 심리적 상황을 경험하였다.

지금까지 언급한 변화의 촉매제인 시간을 상황에 반영하여 정립한 관점을 정리하면 다음과 같다.

1) 현재 상황이 앞으로 상당기간 지속될 것이라는 정태적 사고(static thinking)가 모든 문제를 변화의 맥락에서 파악하는 동태적 관점(dynamic perspective)으로 바뀐다.
2) 당면문제에 주력하는 단기적 관점(short-term view)보다 장기적 관점(long-term perspective)으로 미래를 예측하여 변화에 적극적으로 대응하는 태도가 매우 중요한 의미를 갖는다.

3) 시간흐름의 맥락에서 보면 결과 못지않게 과정도 중요하다. 따라서 '어떤 결과가 나왔는가?' 또는 '어떤 결과가 나왔어야 하는가?'를 중시하는 '결과지향적 접근법(outcome-oriented approach)'에서 벗어나 '결과는 물론 결과에 이르는 과정은 어떠했고, 또 어떠했어야 하는가?'를 고려하는 '과정지향적 접근법(process-oriented approach)'으로 사고체계가 전환된다.

이를 요약하면 다음과 같다.

- 정태적 사고 → 동태적 관점
- 단기적 관점 → 장기적 안목
- 결과지향적 접근법 → 과정지향적 접근법

동태적 · 장기적 관점으로 변화하는 상황에 과정지향적 방식으로 접근하기 위해서는 '건설경영상황에 무엇이 존재하는가?'를 생각해야 하고 또 '존재하는 것들이 어떻게 변화하는가?'를 고려해야 한다.

앞에서 많은 지면을 할애하여 언급하였듯이 건설경영 시스템에는 결과의 구체화를 위해 도입되는 수단으로서 다양한 기술이 활용된다. 방대한 규모의 재원이 투입되고, 기술과 돈의 운용주체로서 이해관계를 달리하는 다양한 사람이 집단과 조직을 이루어 상호작용하고 있다. 따라서 핵심적 논의사항은 '기술, 돈, 그리고 사람의 각 인자가 변화의 촉매제인 시간과 결합되면서 어떻게 변화하는가?'이다. 이제 변화의 촉매제인 시간을 기술 · 돈 · 사람에 각각 부가시켜 보자.

먼저, **기술에 시간을 더해 보자.** 기술은 시간의 경과에 따른 환경변화에 직면하여 장기적으로 존속할 수 있을지 여부의 불확실성에 직면하게 된다. 이러한 환경적 불확실성(environmental uncertainty)은 특정 분야의 전문기술이나 노하우(know-how)의 장기생존성(long-term viability)과 직결된다.

시간이 흐르면서 사람들의 기호, 기대수준, 요구조건, 그리고 소요기능이 달라지고 이를 충족시킬 수 있는 기술적 해결능력도 향상된다. 따라서 현재 사용하는 핵심기술이 미래상황에서도 경쟁력을 유지할 수 있을 것인지, 유지할 수 있다면 그 기간은 어느 정도인지, 그리고 기술의 경쟁력이 상실되어 기술수명주기(technology life cycle)가 종료되는 시점에 이르면 기술의 수명을 연장시켜 사용할 것인지, 아니면 신기술로 대체할 것인지를 판단하기 위해 '장기생존성 평가(long-term viability appraisal)' 전략이 요구된다.

특정기술이 태동하여 시장에 진입하고 사용자들이 인지하기 시작하면서 신기술 도입이 이루어진다. 그리고 기술제공자의 후속적 노력과 시장여건이 시너지 효과를 발휘하게 되면서 도입기술은 성장을 지속하여 성숙기에 도달한다. 기술의 성숙단계에서는 시장점유율도 확대되고 매출액도 상승될 뿐만 아니라 이익률도 제고되기 시작한다. 아울러 주변의 주목을 받으면서 많은 사람으로부터 부러움을 사고 칭찬과 칭송의 대상이 되기도 한다.

이러한 유쾌한 상황에서 기술제공자는 가슴이 뿌듯해지고 한편으로는 목과 어깨에 자기도 모르게 힘이 들어가면서 그동안 혹독한 고생의 결과 현재에 이르게 된 자신이 자랑스러울 것이다. 그러나 이때가 바로 새로운 위기의 시작점이라는 것에 유념하면서 주변의 칭찬을 '좀 더 각성하지 않으면 즉시 무너질 수 있다.'는 경고로 알고 상황을 다잡아 나가야 한다. 성숙기의 다음 단계는 바로 쇠퇴기이기 때문이다.

문제는 성숙단계에서 쇠퇴의 징후를 읽었더라도 이미 늦었다는 것이다. 변화를 느끼는 순간은 대처해야 할 시점을 이미 놓친 시점이기 때문에 기술제공자는 쇠퇴의 징후를 체감하면서 서서히 무너져갈 수밖에 없다. 이러한 이유로 인해 기술의 쇠퇴상황에 대한 대처는 성숙기 이전인 성장기에 이루어져야 한다.

특히 정보통신기술에 근거하여 비약적 발전을 거듭하는 정보통신기기의 경우는 기존 제품 재고가 창고에 가득 쌓여 있음에도 불구하고 신제품을 개발하여 자사제품의 판매를 스스로 저해하곤 한다. 왜 자기가 낳은 자식과 같은 기술을 스스로 희생시키는 것인가? 스스로 희생시키지 않으면 다른 기술에 의해 죽기 때문이다. 기술만 희생되는 것이 아니라 그동안 공들여 쌓은 기술적 기반이 한순간에 무너지면서 다시는 재기할 수 없는 상황에 이르게 되기 때문이다.

우리는 자기 자신의 장기생존성도 고려해 보아야 한다. 학위나 자격증, 잘 나가는 몇 가지 기술과 제품이 시장경쟁력을 발휘하고 있는 상황에 가슴 뿌듯해 하면서 중장기적 미래가 보장되어 있다고 생각하지는 않는가? 그러나 현실은 이와 같이 자신이 소중하게 생각하는 것들을 스스로 먹어 치워야 한다고 말하는 듯하다. 그렇지 않으면 변화하는 상황과 환경의 제물이 될 수 있기 때문이다.

한편, 돈에 시간을 더하면 초기투자비용은 물론 시간의 경과와 더불어 다가오는 미래의 비용도 중요해진다. 따라서 장비나 시설물의 초기투자비와 유지관리비, 그리고 경제수명이나 기능수명이 끝나는 시점의 잔존가치까지 포함하는 수명주기비용(life cycle cost) 검토가 요구된다.

대규모 건물이나 공공시설물을 건설하기 위해서는 기획·계획, 설계, 시공의 전과정을 거치면서 많은 시간이 소요된다. 그리고 건설이 완료되면 그 수명주기(life cycle)는 수십 년에서 수세기에 이른다. 따

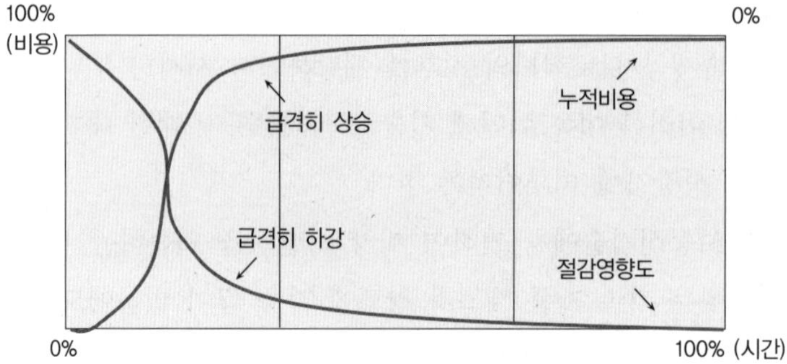


**그림 3.2** 수명주기단계별 투입비용과 절감영향도

라서 건설공사비뿐만 아니라 사용과정에서 발생하는 유지관리비, 그리고 물리적 내구년수나 기능적·경제적 수명주기가 도래한 시점에서 철거 및 폐기를 위해 투입되는 비용도 검토해야 한다. 이를 위해 수명주기비용평가(life cycle cost appraisal) 전략이 필요하다.

수명주기(life cycle)의 여러 단계 중에서 비용을 절감하기 위해 가장 집중적 노력을 기울여야 하는 시기는 최소의 노력으로 최대의 절감효과를 기대할 수 있는 계획의 초기단계이다. (그림 3.2)에서 보여지듯이 비용절감기회는 초기의 기획·계획·설계 단계를 거치면서 급격히 감소된다. 따라서 초기단계의 대폭적인 비용절감기회를 간과하지 않아야 한다.

기술과 돈을 운용하는 주체인 **사람을 시간과 연관시켜 보자.** 사람은 시간의 경과와 더불어 전개되는 변화를 겪으면서 경험을 통해 배우고, 배움의 과정을 통해 스타일, 기능, 기술, 기호, 취향, 기대감 등을 끊임없이 바꾸어 나간다. 이러한 무형적 요소들은 계량화할 수 없기 때문에 다루는 것이 쉽지 않지만 건설경영의 성패에 결정적 영향을 미친다. 따라서 정량적 인자의 평가와 함께 무형적 요소에 대한 정성적 요소도 간과해서는 안 된다. 정량적 인자의 계량적 평가와 더불어 무형적 요소의 정성적 평가도 동시에 고려하는 방법론은 성능평가(performance appraisal) 전략을 통해 구체화할 수 있다.

성능평가(performance appraisal)와 관련하여 한 가지 예를 들어 보자. 당신이 서울 중심부에 사무실 건물을 지어 임대하고, 그 수익으로 만족스러운 생활을 하고 있다는 유쾌한 가정을 해보자. 투자비 상환기간도 당초 10년을 예상했으나 임대여건이 좋아져서 5~6년 정도로 단축할 수 있을 것으로 판단되고 있다.

그러나 인접지역에 '자동화 서비스(IBS : Intelligent Building System)'를 도입한 첨단기능의 건물이 들어서면서 상황이 달라지기 시작하였다. 보다 저렴한 임대료로 훨씬 더 높은 수준의 서비스를 제공하는 인접 건물로 임대계약기간이 만료되는 즉시 입주자들이 하나 둘씩 사무실을 옮기는 것이었다.

보고만 있을 수 없게 된 당신은 전문가에게 자신의 사무실 건물에도 IBS를 도입할 수 있도록 도움을 요청하였다. 그러나 당신이 소유하고 있는 건물의 설계도를 검토한 전문가는 '설계단계에서 IBS의 도입을 전제로 여분의 공간을 확보해 두었어야 하는데, 그러한 사전조치가 되어 있지 않아 현실적으로 도입이 불가능하다.'고 말하는 것이었다.

그러다 보니 당신은 기존 건물을 그냥 운영하면 투자비도 다 회수하지 못한 상태에서 공실률(空室率)이 증가하면서 임대수익은 감소되는 반면, 유지관리비와 세금의 부담은 가중되어 지속적으로 재정적 손실을 감수하지 않으면 안 되는 상황에 이르게 되었다.

시간흐름과 더불어 도래하는 변화를 반영하지 않으면 그 대상이 무엇이든지 수명주기가 대폭적으로 줄어들어 투자비 효과를 조기에 상실하게 된다. 이러한 관점에서 볼 때 건설이 전개되는 상황과 그

상황 속의 기술, 제품, 장비, 그리고 시설 등의 실체는 모두 살아 있는 유기체로 고려되어야 한다. 왜냐하면 내적으로는 나날이 높아지는 사용자들의 요구조건과 더불어 외부적으로는 진화하는 정치 · 경제 · 사회 · 문화 여건이 지속적인 변화의 압력으로 작용하는 현실에서 건설상황과 그 상황 속의 실체들이 변화의 압력을 수용하지 못하게 되면 더 이상 존속할 수 없기 때문이다.

변화를 탄력적으로 수용할 수 있는 유연성(flexibility)을 상실한 결과 수명주기가 대폭적으로 줄어드는 이러한 현상은 사람을 포함한 모든 생물체가 환경변화에 적응하지 못하여 일찍 죽음을 맞는 것과 조금도 다르지 않다.

이제 경영의 핵심요소인 전문성(기술), 돈, 사람이 공존하는 시스템(상황) 자체에 시간을 부가해 보자. 시스템 자체도 시간의 흐름에 따라 핵심 구성요소와 상호작용하면서 지속적 변화를 거듭한다. 어떠한 변화가 있을지 정확히는 알 수 없기 때문에 건설경영자는 불가피하게 수많은 종류의 불확실성에 직면한다. 미래상황에 대한 지식은 불완전한 것일 수밖에 없음에도 불구하고 건설경영자는 매 순간의 행동을 통해 보이지 않는 미래를 창조해 나가듯이 일하지 않으면 안 된다.

이러한 상황에서 불확실성을 유발하는 다양한 인자를 광범위하게 식별하고 체계적으로 분석하여 전략적으로 대응할 수 있는 방안을 구사하지 않으면 안 된다. 이것이 바로 리스크 관리(risk management) 전략이다.

리스크에는 구체적 · 유형적으로 나타나는 물리적 리스크(physical risk) 외에도 경제적 리스크(economic risk), 재정적 리스크(financial risk), 환경적 리스크(environmental risk), 법적 · 제도적 리스크(legal risk), 사회적 리스크(social risk), 정치적 리스크(political risk) 등이

존재한다.

그 뿐이 아니다. 해외시장의 공략을 위해서도 리스크 관리는 필수적이다. 정치 · 경제 · 사회 · 문화면에서 우리와는 판이하게 다른 시장여건이 진입장벽(entry barrier)이 되는 현실에 더하여 각 나라는 의도적으로 그 장벽을 점점 더 높이고 있다. 건설기업이 진입장벽(entry barrier)을 넘어 해외시장에 진입하는 과정에서 직면하는 리스크는 시장리스크(market risk) 영역에서 다루어진다. 시장리스크는 전 세계의 어느 곳이든 진입하여 시장을 확보할 수 있는 현실에서 인위적으로 설정해 놓은 물리적 구분인 국경은 하나의 상징에 불과할 뿐이고, 시장경쟁력이라는 힘의 균형선에 의해 구분되는 실질적 경계는 그와 전혀 다른 것이라는 관점에서 비롯된다.

리스크 관리(risk management)의 첫 단계는 '리스크 식별(risk identification)'이다. 리스크 식별은 특정상황에서 직면할 수 있는 리스크를 미리 파악하여 체계적으로 분류하는 것으로 유사한 상황에서 발생한 리스크를 조사하여 분석하고 스스로 보유하고 있는 경험과 노하우를 적극 활용하는 것은 물론 관련 분야 전문가의 의견도 적극적으로 수렴하여 리스크를 유발할 수 있는 인자를 체계적으로 파악하는 일련의 과정이다.

리스크 식별에 이어지는 단계는 리스크 분석(risk analysis)이다. 리스크 분석은 리스크가 발생했을 때 초래될 수 있는 인적 · 물적 자원의 손실 정도를 계량적으로 분석하기 위한 것으로 주로 사용되는 모델은 리스크의 발생빈도와 여파를 확률적으로 묘사하는 확률분석모델(probability analysis model)과 리스크 결과에 특정인자가 미치는 영향도를 파악하는 감도분석모델(sensitivity analysis model)로 구분된다.

이 외에도 리스크의 발생빈도와 파급효과뿐만 아니라 발생결과에 대한 주관적 인식도 고려하기 위해 활용되는 것으로 시나리오 분석(scenario analysis), 델파이기법(Delphi technique), 효용이론(utility theory), AHP(analytic hierarchy process)기법 등이 있다. 이러한 기법들을 능숙히 활용하기 위해서는 기본개념을 이해함과 아울러 세련된 수학적 기법도 구사해야 한다.

리스크를 분석하여 리스크 발생에 따른 결과적 영향도를 정량적으로 파악한 이후에는 리스크 대응(risk response) 방안을 강구해야 한다.

가장 소극적 대응방안은 리스크를 회피하는 것(risk avoidance)이다. 특정사업을 수행할 경우 이익확보나 기회확대 등의 긍정적 효과는 기대할 수 없으면서도 상대적으로 너무나 큰 리스크를 감수해야 한다면 사업수행 자체를 포기하는 것도 대안이 될 수 있다. 그러나 사업을 포기하면 리스크에 내재되어 있는 기회 역시 함께 사라진다는 것을 고려해야 한다.

리스크를 회피하지 않고 사업수행을 전제로 하면서 사전에 준비를 철저히 하여 '리스크를 감소시키는 방안(risk reduction)을 강구할 수 있다. 그 예로써 안전관리조치를 철저히 하여 안전사고와 같은 물리적 리스크(physical risk)를 미연에 방지하는 것을 들 수 있다.

한편 예상되는 리스크를 가장 잘 대처할 수 있는 다른 집단이나 조직이 부담하도록 조치하는 '리스크 전가(risk transfer)' 방안이 있다. 리스크를 전가하기 위해서는 특정사업의 계약단계에서 우월적 지위를 이용하여 리스크와 관련된 책임을 계약상대자가 부담하도록 계약조건에 명시하는 방안을 강구하기도 하고, 위험이 예상되는 사업에 대해서는 미리 보험에 가입하여 리스크 발생에 따른 직·간접적 피해로부터 자신과 자신의 조직을 보호하는 방법을 활용하기도 한다.

마지막으로 강구할 수 있는 대응방안은 리스크를 보유한 채 사업을 수행하는 것이다(risk retention). 이는 상황에 대한 명확한 이해와 사전적 대비도 없이 '설마 괜찮겠지'하는 막연한 생각으로 무조건 밀어붙이는 주먹구구식 방법과는 전혀 다른 것이다. 리스크 보유는 상황을 충분히 알고 밀어붙이는 것이다. 특정 리스크를 식별해 본 결과 발생 가능성이 매우 희박하고, 발생하더라도 분석해 본 결과 리스크의 부정적 영향을 자체 역량으로 충분히 대처할 수 있다는 것을 알아야 한다.

중요한 것은 건설상황에서 상기 방식 중의 어느 하나를 선택하여 중점적으로 사용하는 것이 아니라 네 가지 대응전략 모두를 동시에 활용한다는 것이다.

지금까지 언급한 내용을 종합적으로 정리하면 다음과 같다.

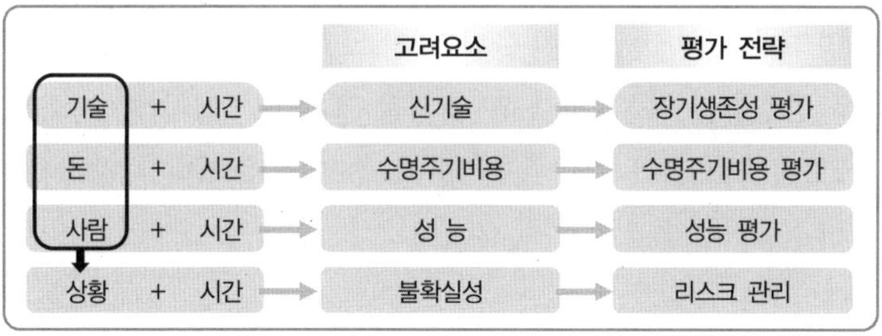


상기와 같은 다소 생소한 전략을 익히기 위해 새로운 공부를 별도로 해야만 하는가? 그렇지 않다. 기존 업무에 시간과 변화의 개념을 반영하는 것만으로도 그 영역을 식별할 수 있다.

우선 핵심주제인 시간인자는 공간적으로 제각기 다른 모든 상황에 차별 없이 동일하게 부여되는 귀중한 재원이면서 동시에 모든 것을 변화시키는 촉매제이다. 따라서 시간과 변화의 관리(time and change management)는 경영뿐만 아니라 우리의 삶과도 직결된 핵심전략이라는 것이다. 따라서 모든 사업관리과정에 시간의 경과와 더불어 도래하는 미래의 변화도 포함시켜야 한다.

비용관리의 중요성은 아무리 강조해도 지나침이 없을 것이다. 초기비용만을 고려하지 말고 시간의 경과와 더불어 다가오는 미래의 비용도 포함하는 수명주기비용을 관리해야 한다.

역시 중요한 경영대상인 품질 관리는 어떠한가? 품질 개념은 성능의 단계로 격상되어야 한다. 품질이 일정 수준 이상의 기술적 요구조건을 충족시키는 것이라면 성능은 기술적으로 품질이 충족된 상태에서 사람이 느끼는 주관적 만족감도 고려하는 것이다. 냉방기의 경우 일정 온도 이하로 바람의 온도를 유지시키면 일단 품질은 확보된 것이다. 그러나 성능요건을 충족시키기 위해서는 온도뿐만 아니라 습도, 소음, 디자인 등의 관련요소도 함께 고려해야 한다.

인적 · 물적 자원의 손실을 방지하기 위한 안전관리도 중요한 건설경영 영역이다. 안전관리는 물리적 리스크의 일종이다. 그러나 이제 물리적 리스크는 물론 재정적 · 경제적 · 환경적 · 정치적 · 사회적 · 법적 · 제도적 리스크와 더불어 시장 리스크도 다루겠다는 생각을 가져야 한다.

---

다음 장에서부터는 지금까지 언급된 4가지 전략에 대하여 순차적으로 언급한다. 다만, 이러한 전략들은 나름대로의 학문적 깊이가 있기 때문에 지금까지 필자가 이 책에서 지속적으로 활용해 온 스토리텔링(story-telling) 방식의 언급을 지속해 나가기는 어렵다는 말을 첨언한다. 그럼에도 다소 학구적인 분위기를 연출하는 이러한 전략적 기법들이 지극히 현실적인 상황에서 발생하는 가장 실무적인 문제의 근원을 파헤치기 위해 필수적이라는 것을 강조하고자 한다.

# 2 | 장기생존성 평가

/ 미래 기술상황의 예측과 분석 · 평가

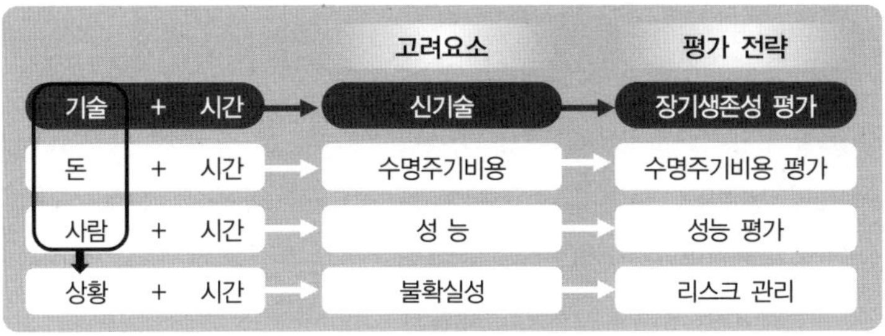


## 장기생존성 평가와 예측의 유형

시간의 경과에 따라 사람의 기호가 변화하고 기대감이 높아진다. 건물(시설)의 기능과 필요조건도 달라지고 기술적 해결능력도 지속적으로 향상된다. 이러한 상황에서 신기술 대안은 미래상황에서 장기적으로 존속할 수 있을지 여부의 불확실성에 직면하게 된다.

신기술 대안의 장기생존성을 높이기 위해서는 미래상황을 현재 이루어지는 의사결정에 반영해야 한다. 그러나 동태적 미래상황에 정태적으로 접근하는 오류를 범하는 경우가 적지 않다. 신기술 도입에 따른 가정(assumptions)과 자료(data)가 기술의 수명주기에 걸쳐 항상 동일한 것으로 고려한다. 기능과 요구조건, 그리고 사람의 기호도 변하지 않고 기술수명주기 또한 기술의 발전과 쇠퇴에 관계없이 일정하며 기술능력도 더 이상 향상되지 않는 것으로 가정한다. 그러나 이와 같이 정태적 관점에서 이루어진 결정결과는 수년 후에 나타나는 미래상황과 결코 부합될 수 없다.

불확실한 미래상황에 대처하기 위해 이루어지는 장기생존성 평가(long-term viability appraisal)를 위해서는 후속년도에 걸쳐 발생할 것으로 예상되는 변화를 고려해야 한다. 현시점의 에너지 가격과 최근 기술능력 등의 현재 요소들뿐만 아니라 변화하는 정보(예 : 지난 n년 동안의 에너지 가격 동향, 최근까지의 기술발전 유형)도 고려해야 한다. 시간과 변화의 맥락에서 파악되는 지식과 정보를 통해 우리는 현재 위치에 어떻게 도달했는가를 알 수 있고, 아울러 향후 어떠한 방향으로 나아가야 할 것인지도 예측할 수 있다.

예측은 시간과 변화의 맥락에서 파악된 정보를 근간으로 미래 상황에 대한 높은 신뢰도의 확률적 진술(probabilistic statements)을 얻기 위해 이루어진다. 예측은 '무슨 일이 발생할 수 있는가?(What could happen?)'와 '무슨 일이 발생해야 하는가?(What ought to happen?)'의 두 가지 관점으로 접근할 수 있다. 처음의 것은 기술적(descriptive)인 것으로 과거의 사실을 근거로 미래를 예측하는 방법인 반면, 나중의 것은 바람직한 미래를 설정하고, 그 미래에 도달하기 위해 현재 어떠한 조치가 요구되는지를 검토하는 규범적(normative) 방식이다.

예측은 또한 확률적 표현의 여부에 따라 조건적인(conditional) 것과 무조건적인(unconditional) 것으로 구분된다. '내일 비가 올 가능성이 매우 높다.'와 같은 예측은 부수되는 어떠한 조건이나 단서를 전제로 하지 않는 반면, '건물 A의 연간 보수비가 1억 원을 초과할 확률은 20%이다.'와 같은 예측은 건물 점유수준(occupancy level), 보수방식, 보수대상 시설의 비용수준 등에 대한 조건을 전제로 한다. 의사결정을 위해서는 이러한 구체적 조건을 주의 깊게 검토해야 한다.

아울러 예측은 활용 정보 및 자료의 출처에 따라 객관적 예측(objective forecast)과 주관적 예측(subjective forecast)으로 구분된다. 과거자료(hard data)에 의존하는 예측은 객관적인 반면, 당면문제에 대한 경험과 통찰력을 갖춘 전문가의 지식과 판단에 의존하는 예측은 주관적이다. 전문가의 지식은 오랜 경험을 통해 축적된 것으로 계량적 측정이나 평가가 불가능하다. 그럼에도 바람직한 예측을 위해서는 과거의 경향을 다소 수정하여 새로운 상황에 적용할 필요가 있다.

### 기술예측 —
### 미래의 기술발전 상황에 관한 진술

기술예측(technology forecasting)은 미래의 기술발전 상황에 대하여 높은 수준의 신뢰도를 갖는 확률적 진술을 얻는 일련의 과정이다. 건설 분야의 신기술을 예측하기 위해서는 미래의 목적과 더불어 그 목적을 실현할 수 있는 수단(means)도 평가해야 한다. 미래목적은 건물(시설)의 사용방식이나 기능의 변화로 인해 고려해야 할 요구조건이고, 수단은 요구조건을 충족시키기 위해 건물(시설)의 서비스를 향상시킬 수 있는 혁신적 대안을 말한다.

요구조건은 사용자의 행동유형과 기대수준, 정보기술, 통신수단 등에 의한 영향도 받기 때문에 반드시 기술력에 의해서만 변화하는 것으로 볼 수는 없다. 기술예측은 기술 자체의 변화는 물론 사회 · 경제적 취향의 변화도 포함하는 포괄적 의미로 이해되어야 한다.

기술예측은 개별예측(individual forecasts)과 집합적 예측(collective forecasts)으로 구분된다. 집합적 예측은 개별예측을 종합하여 일련의 '가능한 미래(possible futures)'를 설정하는 것이다. 개별기술의 연쇄효과나 도미노 효과(knock-on effects)로 형성되는 전반적 기술 수준을 예측하는 방법으로 주어진 가정 하에서 고려할 수 있는 미래상태를 개괄하는 시나리오 분석(Scenario analysis)이 대표적이다. 개별예측에는 성장곡선분석(growth curve analysis)과 선행지표(leading indicators) 판단과 같이 객관적 정보를 활용하는 방법뿐만 아니라 델파이 기법(Delphi technique)처럼 주관적 정보를 사용하는 방식도 포함된다.

## 시나리오 분석 (Scenario Analysis)

시나리오는 다양한 의사결정 상황에 대한 사람의 인식을 정돈하는 수단이다.[10] 시나리오 분석은 개별적 예측결과를 효과적으로 통합하여 활용할 수 있다는 측면 외에도 '미래에 대한 복합적인 설명(multiple description)'을 제공하여 의사소통을 원활하게 하고 상황에 대한 인식을 증진시켜 줄 수 있다.

석유회사인 'Royal Dutch Shell'은 시나리오 분석을 통해 1973~1974년과 1979년도의 2회에 걸친 오일쇼크를 성공적으로 예측했다. 그 이후 '81년도까지 'Fortune'誌에 게재된 1,000개의 기업 중에서 약 50%가 이 기법을 활용할 정도로 시나리오 분석은 각광을 받았다.

그러나 건설 분야에서는 건물(시설) 사용방식의 변화와 신기술 발전 추세에 대한 예측의 필요성이 지속적으로 증가되고 있음에도 시

10) Wack (1985)는 시나리오를 다음과 같이 정의한다.
"...a device for ordering one's perceptions about alternative environments in which one's decisions might be played out."
Wack, P., Scenarios : Shooting the Rapids, Harvard Business Review, Vol.63(6), 1985.

나리오 분석의 활용에 매우 소극적인 것이 현실이다.

시나리오 분석은 다음과 같은 3가지 특징을 갖는다.

1) **미래상황에 대한 다양한 관점**: 여러 가지 측면에서 미래는 알 수 없는 것이다. 따라서 단일예측을 하기 보다는 몇 가지 가능한 대안의 미래를 검토하는 것이 바람직하다. 건물(시설)의 발전추세를 고려하면서, 건설경영자는 불연속적 진보와 예상치 못한 사안의 발생가능성을 고려하지 않으면 안 된다. 이러한 사안은 우리가 '이미 알고 있는 지식(conventional wisdom)'과 확고하게 굳어진 우리의 신념에서 벗어나는 것도 많다는 것을 인정해야 한다.
2) **가정을 전제로 한 미래상황의 개괄**: 모든 시나리오는 반드시 개괄적으로 작성된다. 시나리오 분석을 통해 얻어진 미래에 대한 개괄적 진술은 미래가 전개될 수 있는 일반적 인식의 틀을 제공할 수 있지만 구체적 정확도는 기대할 수 없다. 따라서 그다지 중요하지 않은 미시적 문제는 제거하고 핵심인자만을 추출하여 미래방향을 결정하는 주요 분기점(key branching points)을 인식해야 한다. 이를 위해서는 고도의 선택성이 요구된다.
3) **미래상황에 대한 다면적 접근**: 시나리오는 개별예측의 단순한 결합 이상의 종합적 효과를 반영하는 전반적 특성을 나타낼 수 있다.

시나리오 작성단계는 다음 (그림 3.3)에서 보여진다.

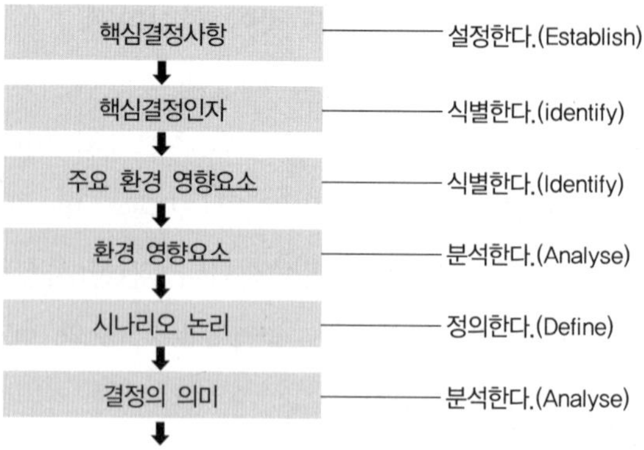


**그림 3.3** 시나리오의 개발 단계

제1단계 : 핵심결정사항(key decisions)의 설정 : 우선 장기적인 의미에서 주요 영향력을 갖는 핵심 결정사항을 설정한다. 예를 들면 규모(연면적, 층수, 건폐율, 용적률 등), 초기공사비 및 수명주기비용, 투자기간, 임대면적, 기계 · 전기 설비기술, 기술시방 또는 용량, 에너지원의 종류, 에너지의 통제방식(중앙집중 또는 개별분리) 등을 생각할 수 있다. 이러한 인자를 정확히 인식하지 못하면 건물(시설)의 운영과정에서 장애가 생길 뿐만 아니라 재산가치 손실이나 노화의 가속현상을 초래할 수 있다.

제2단계 : 핵심결정인자(key decision factors)의 파악 : 1단계에서 설정된 핵심 결정사항에 직접 영향을 미치는 인자를 파악한다. 예로서 광섬유 케이블 선택에 영향을 미치는 핵심결정인자를 파악해 보면 (표 3.1)과 같다.

안전성(safety), 미관(aesthetic), 접근성(accessability)과 같이 초기의 선택에 직접적으로 영향을 미치는 다른 결정인자는 배제될 수 있는 반면, (표 3.1)에서 인식된 사항은 미래의 불확실성에 크게 영향을 받는 것이므로 분석과정에서 관심을 집중시켜야 한다.

표 3.1 시나리오 분석에 의한 케이블 시스템 선택

| 주요결정 | 핵심결정인자 | 주변 환경의 영향력 | 시나리오 논리 |
|---|---|---|---|
| 광섬유 케이블 시스템의 선택 | 용량(capacity) : 요구 서비스 유형과 용량 및 전송능력 | 정보기술확산 정도 : 1인당 컴퓨터의 사용대수 | • 정보기술사용 지속 : 정보기술의 사용이 개인, 가정, 직장은 물론 정보화 빌딩(inteligent building) 수준까지 확산<br>• 소요공간축소 : 하나의 케이블이 한 가지 이상의 서비스를 제공하게 되면서 케이블 수요가 점차 감소. 철마루판(raised floor)의 소요는 전산실에 국한됨.<br>• 구조화 전선(structured wire) 사용 : 광섬유 케이블은 특정 분야에 국한되어 사용되면서도 높은 수준의 수요가 유지됨. 구조화된 전선 사용의 보편화. |
| | 유연성(flexibility) : 변화에 대한 적응능력 | 인원재배치 : 작업장소 이동빈도(연간 재배치율 : %) | |
| | 보안성(security) : 비인가된 간섭과 접근 방지능력 | 정보가치 : 도난 위험 정도 | |
| | 효율성(efficiency) : 운용상의 비용효과성 | 비용절감 가능성 | |
| | 지원능력(support) : 공급자가 사용자에게 제공하는 서비스의 질과 규모 | 기술확산 가능성 | |
| | 신뢰성(reliability) : 정상 상태에서의 성능 | 동시사용 조건(need for real time operation) | |

제3단계 : 환경영향요소(environmental forces) 식별 : 2단계에서 파악된 핵심 결정인자의 수준과 상태를 결정하는 영향력으로 작용하는 요소이다. 이러한 요소는 외부적 영향력에 의해 결정되기 때문에 건설경영자의 통제범위 밖에 있다. 예를 들어, 케이블의 핵심 결정인자인 '보안의 중요성(importance of security)'을 증가시키는 수요는 정보도난의 빈도와 전달정보의 중요성에 의해 결정될 수 있다.

제4단계 : 환경영향요소 분석(analysis) : 인식된 환경영향 요소를 개별적으로 분석하는 단계로서 과거의 추세, 미래의 불확실성, 그리고 기타 환경영향 요소와의 상관관계도 검토한다. 이러한 정보는 개별예측을 통해 얻어질 수 있다. 분석은 단순하면서도 광범위하여 미래에 대한 기술적(記述的)인 설명이 가능해야 한다. 왜냐하면 분석 목적은 주요 영향인자의 식별을 통해 향후 발생 가능한 주요변화에 관심을 집중하기 위한 것이기 때문이다.

제5단계 : 시나리오 논리의 정의(defining scenario logics) : 다른 예측에서는 찾아볼 수 없는 시나리오 분석기법 고유의 특징으로서, 대안의 미래(alternative future)를 기술(記述)하기 위해 구성주제, 원리, 가정사항(assumptions) 등을 정의하는 과정이다. 시나리오 논리는 이전의 단계에서 인식된 조건과 미래 불확실성을 고려하여 정의해야 한다. 단순히 비관적 · 낙관적 미래를 기술하거나 상 · 중 · 하로 구분되는 예측치를 제시하는 것에 그치지 않고, 대안의 미래를 설명하는 주제의 특징을 나타낼 수 있어야 한다. 전적으로 낙관적이거나 비관적인 기술에서 벗어나 위협과 기회를 동시에 제시할 수 있어야 한다. (표 3.1)은 케이블 시스템의 선택과 관련된 세 가지 대안의 미래를 보여준다.

제6단계 : 시나리오의 구체화(elaboration of the scenario) : 시나리오 논리는 상황을 분석하여 얻어진 정보와 조합되어 핵심 결정인자에 관한 정보를 제공할 수 있어야 한다. 이러한 작업은 사용목적에 비추어 충분히 구체적인 것이 되도록 하여 관련자의 관심사항을 반영할 수 있어야 한다.

제7단계 : 시나리오 의미의 결정(determining implications) : 마지막 단계는 2단계에서 파악된 결정인자에 대하여 시나리오의 의미를 파악하는 것이다. 시나리오 의미는 명확하면서도 새로운 지식을 담을 수 있어야 한다. 이를 위한 질문유형은 다음과 같다.

1) 미래상황에 관한 정보는 당초 설정된 가정 및 추진전략과 모순

되지 않는가?

2) 특정전략의 수행시점을 시사하고 있는가? (예, 미래기술도입을 위한 건물설비 시스템의 재설치 시기는?)
3) 특정계획에 대하여 어떠한 예비적인 조치가 필요한가? (예, 향후에 광섬유 케이블을 도입하기 위해 바닥 하부의 여유 공간을 확보할 필요가 있는가?)
4) 제시된 유연성과 탄력성의 유형이 과연 필요한 것인가? (예, 화상 회의시설을 도입하기 위해 보다 많은 대역폭의 확보가 필요한가?)
5) 제시된 정보에 비추어 볼 때 어떠한 영향인자가 예의 주시되어야 하는가? (예, 광섬유 케이블 시스템의 가격이 하락되면 어떠한 비용효과가 얻어지는가?)

시나리오 분석은 주관적 정보를 근거로 이루어지기 때문에 객관성이 부족하다. 분석과정 또한 전적으로 시나리오를 작성하는 팀의 전문지식에 의존하지 않으면 안 된다. 그럼에도 주관적 성격은 건설과정의 동태적 변화상황에 적용하기 위해 필요한 유연성을 제공해 줄 수 있다.

실제상황에서 이 방법은 가정된 사항이 미래상황과 일관성을 갖는지의 여부를 확신할 수 있게 해 주고, 예측변수들 사이의 상호의존적 효과를 파악할 수 있도록 하여 준다. 이러한 관점에서 시나리오 분석은 특정영역에 국한된 불확실성 해석에 특히 유용한 기법이라고 볼 수 있다.

## 추세분석 및 성장곡선

추세분석(trend analysis)은 예측변수에 대한 과거의 실적치에서 얻어진 자료를 활용하여 미래를 예측하는 기법이다. 이 방법은 독립변수, 시간, 그리고 예측되는 종속변수 사이에 일관성 있는 관계가 존재한다는 것을 전제로 한다. 그리고 과거 분포유형에 대한 원인이 향후에도 지속적으로 존재하는 것으로 고려한다. 예를 들어, 다음 수년간의 에너지비용 예측은 과거 수년 간에 걸쳐 파악된 에너지 비용의 분포유형에 근거를 둔 것으로 가정된다. 미래상황을 과거추세와 어긋나게 할 수 있는 법적 규제나 대체에너지 출현 등과 같은 다른 변수를 인식하는 어떠한 시도도 이루어지지 않는다.

건설 분야의 기술혁신과 관련하여 가장 일반적으로 사용되는 추세곡선은 성장곡선(growth curve)과 S곡선(S-curve)이다.

기술성능의 진보과정은 (그림 3.4)에서 보여지는 것처럼 완만한 S 모양으로 나타난다.

이 모양은 인구변동, 몸무게와 키의 변화에서 나타나는 성장률과 비슷하기 때문에 성장곡선으로 표현된다. 성장곡선의 모양은 신기술

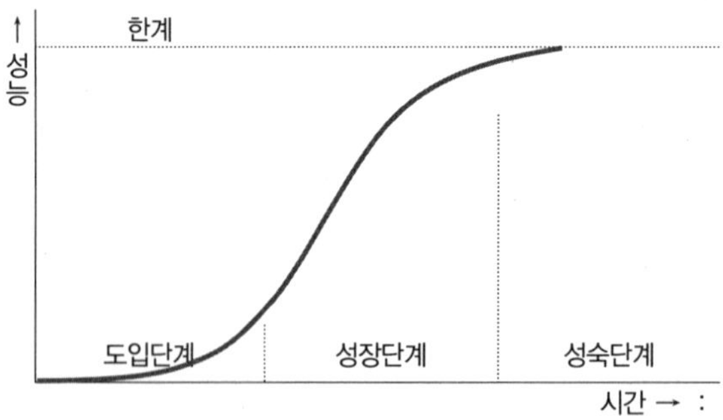


**그림 3.4** 기술성능 변화에 대한 성장곡선

의 발전과정을 나타내준다. 기술발전 초기단계에서의 성능향상속도는 매우 느리다. 초기단계는 제반 여건상의 한계로 인해 기술적인 접근 자체가 유효하지 못한 경우가 대부분이기 때문이다. 이러한 결점이 제거되면서 기술발전은 성장단계에 이르게 되고, 그 결과 지수형 성장곡선(exponential growth curve) 형태로 급격한 성능향상이 이루어진다.

이 단계에서는 비용도 기술적 진보의 영향을 받기 때문에 효율적 생산과 유지관리가 가능해질 뿐만 아니라 보다 값싼 재료도 경제적으로 사용할 수 있게 되어 비용절감도 가능해진다. 그러나 급격한 성장을 보이던 기술도 성숙단계(mature stage)에 이르면서 여건 변화에 따른 기술적 한계점을 완전히 극복할 수 없게 된다. 그 결과 다시 완만한 성능향상을 보이면서 물리적 · 화학적 · 경제적 상한에 직면하게 된다. 성숙단계를 지나면서 하나의 기술은 다른 기술에 의해 계승된다. 그러나 기존 기술을 계승한 이 기술도 성장곡선상의 상한을 갖는다. 따라서 전반적 기술진보는 (그림 3.5)에서 보여지는 것과 같이 수십 년에 걸친 성장곡선의 연속에 의해 표현된다.

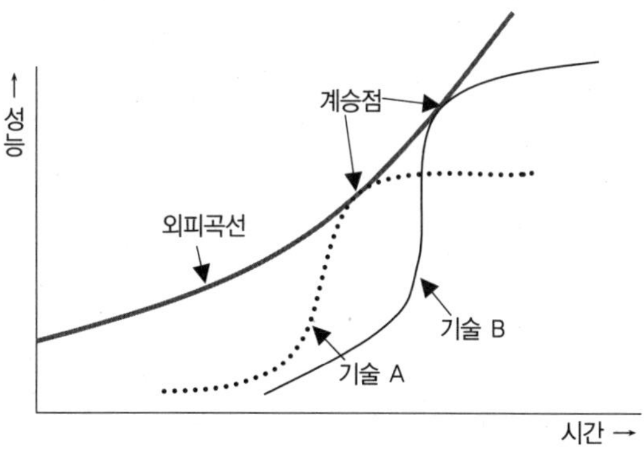


**그림 3.5** 외피곡선(envelope curve)과 경쟁기술의 계승점

(그림 3.5)에서 계승점(point of succession)은 하나의 기술이 다른 기술을 능가하는 시점을 의미한다. 이러한 경우 각 기술이 갖는 성장곡선의 극대점을 연결하여 연속선으로 표시하면 외피곡선(envelope curve)이라는 지수곡선(exponential curve)의 추세를 파악할 수 있다. 외피곡선으로 특정기술에 국한되지 않는 전반적인 기술향상 추세를 파악할 수 있다. 건설경영자가 고려하는 시간영역(time horizon)은 대개 10~30년 정도에 그치는 경우가 많다. 따라서 수십 년의 시간영역을 나타내는 외피곡선은 개념적으로만 유익할 수도 있지만 특정기술(특히 기계 · 전기 설비기술)의 발전추세를 용이하게 파악할 수 있다.

성장곡선은 기술성능의 발전추세만을 나타내는 것이 아니다. (그림 3.6)에서 나타나는 것과 같이 시간의 경과에 따른 신기술 수요의 변화를 나타내기 위해서도 성장곡선이 활용될 수 있다.

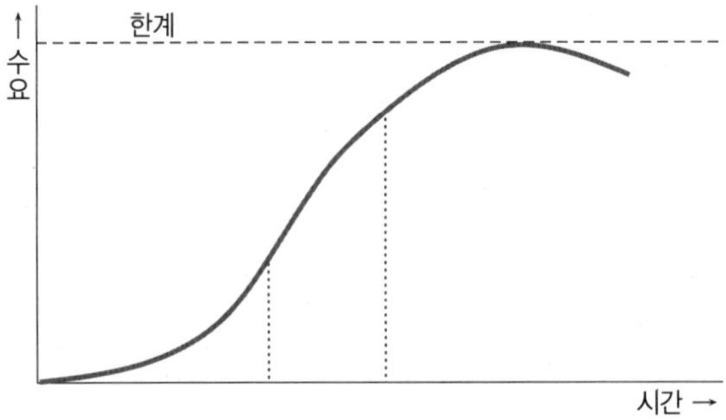


※ 수요곡선 초기모습은 성장곡선과 동일하나 성장경향이 곧 감소추세로 바뀐다.

**그림 3.6** 새로운 기능을 표현하는 수요곡선

예로서 컴퓨터 단말기의 확산과 밀접한 관련이 있는 철마루판(access floor)의 수요변화를 생각해 보자. 철마루판은 케이블 배선과 온 · 습도 조건을 충족시키기 위해 전산실에 한정적으로 필요하였다.

그러나 다른 부분에도 컴퓨터가 도입되면서 철마루판의 수요가 증가되기 시작하였다. 이로 인해 철마루판의 수요는 지수곡선의 형태를 띠면서 급격히 증가하기 시작하였다. 증가추세는 많은 사람이 다수의 컴퓨터 장비를 도입하게 되면서 안정적 단계에 이르게 되고, 이때부터 증가추세는 둔화되기 시작하여 결국 철마루판 수요곡선은 완만한 S형의 추세를 보이게 되었다. 철마루판의 확산은 기술혁신에 의한 비용절감과 성능개선에 의한 혜택으로 볼 수 있다. 따라서 건설경영자는 수요의 진전추세뿐만 아니라 안정시점도 고려해야 한다. 성장곡선 추세는 다음의 관점에서 의사결정에 유익한 역할을 한다.

1) 발전한계를 인식하지 못하여 과거자료만을 단순조정하는 것에 그치는 오류에서 벗어날 수 있다.
2) 특정기술의 동태적 발전추세를 이해할 수 있다.
3) 성장곡선의 계승점(point of succession)을 인식하여 특정기술이 다른 경쟁기술에 의해 추월되는 시점을 파악할 수 있다.

기술성능의 변동추세를 파악하기 위해 S곡선을 활용하는 경우 다음과 같은 몇 가지 문제점에 직면하게 된다.

1) 후속적으로 발전되는 기술에 적용할 수 있는 성능척도가 없다. 예를 들어, 왕복엔진(reciprocating engines)의 성능척도로 사용되는 마력(horse power)은 후속적으로 나타난 제트엔진(jet engine)의 성능측정을 위해 적용될 수 없다.
2) 특정 속성의 중요성은 시간의 경과에 따라 감소되어 더 이상 주요 관심사가 되지 못하는 경우가 있다. 예로서, 열회수 장치의 에너지 효율은 에너지 비용이 하락하는 경우 덜 중요해질 수 있다. 이 경우 에너지 효율보다는 회수공기의 청정도(purity)와 같은 속성이 훨씬 더 중요한 문제로 고려될 수 있다.

3) 특정기술의 성능자료를 전혀 다른 출처(제조업자, 제품공급업자, 연구자 등)로부터 획득하기 위해서는 엄청난 노력이 소요된다.
4) 성장곡선은 특정 추세의 유발 인자가 지속적으로 존재하면서 작용한다는 것을 전제로 한다. 그러나 외부의 영향력 변화로 인해 언제 예측이 무효화될지 알 수 없다.

전등기구(electric lamp)의 발전과정은 S곡선과 관련된 이러한 문제를 단적으로 보여준다. (그림 3.7)은 전등기구의 성능향상 추세를 반영하는 S곡선과 외피곡선을 보여준다.

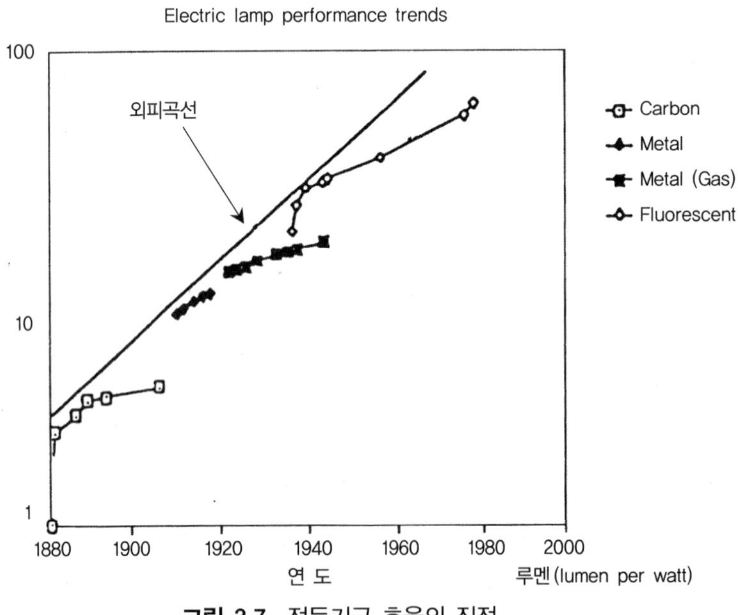


**그림 3.7** 전등기구 효율의 진전

전등기구의 성능을 측정하기 위해 보편적으로 사용되는 척도는 루멘(lumens per watt)이다. 루멘은 그 기준이 명확하고 표준화되어 있어 전등기구의 수명에 걸친 에너지 효율을 용이하게 측정할 수 있는 평가척도이다. 그럼에도 전등기구의 전반적 기술수준을 측정하기 위한 척도로 루멘을 선택하면 다음과 같은 어려움에 직면하게 된다.

1) 루멘으로는 운영유지비 판단 이외의 다른 목적, 즉 획득 및 설치, 그리고 발광도(luminaire) 등의 성능을 측정할 수 없다. 최근의 기술적 진보와 더불어 전등기구의 비용에 대한 주요 관심사는 운영비(running costs)에서 안정기비용(ballast costs)으로 전환되었다.

2) 빛의 가치는 거의 절대적으로 파장(wavelength)에 의해 결정된다. 효율성이 높은 나트륨등(sodium lamps)의 노란색 연출에서 볼 수 있는 것과 같이 색상연출(colour rendition)의 효과를 희생시킴으로써 보다 높은 에너지 효율을 얻을 수 있게 되고, 그 결과 더 오래 사용할 수 있게 된다. 따라서 보다 중요한 관점은 단일 성능을 최적화시키는 것이 아니라 몇 가지 경합관계에 있는 성능들 사이에서 적절한 타협을 추구하는 것이다. 결국 루멘을 평가척도로 활용할 경우 실제 기술진보가 있었는지의 여부 또는 다른 성능들과의 타협이 이루어졌는지의 여부를 파악할 수 없다는 어려움에 직면하게 된다.

성능측정 문제뿐만 아니라 공표된 문헌 등으로부터 자료를 수집하는 과정에서 따르는 어려움도 있다. 전등기구의 기술발전에 대한 정량적 사항보다는 정성적 정보가 더 유용한 경우가 많다. 그러나 다양한 출처에서 비교·분석이 가능한 자료를 찾기 위해서는 장기간이 소요되는 경우가 많다.

성능과 달리 수요는 단기변동(short-term fluctuations)을 보이기 때문에 그 저변에 깔려 있는 추세를 파악하기 어렵다. 예를 들어 공조

공간(air-conditioned space)의 냉방수요 변동을 생각해 보자. 냉방수요는 여름에 최대치를 보이면서 계절에 따라 급격히 변동된다. 연간주기(annual cycle)에 걸친 변동 외에 일일변동(daily fluctuation)이나 점유공간 내 활동주기(activity cycles)에 의한 변동(주말, 휴가, 업무시간 등)도 발생한다. 또한 조업중단이나 파업과 같은 단속적 사안으로 인해 발생하는 비정기적 변동 때문에 수요추세는 한층 더 왜곡될 수 있다. 이러한 비정기적 변동 이면을 주의 깊게 관찰하여 수요의 장기적 추세를 판단해야 한다.

공장 규모를 결정하기 위해 계절적 · 주기적 · 비정기적 변화와 같은 단기적 변동은 에너지 모델(thermal energy model)을 활용하여 대상 시스템에 대한 향후 몇 년 동안의 수요조건에 대처할 수 있다. 그러나 시스템의 수명주기에 걸친 변화에 대비하기 위해 설계자는 주먹구구식(rule of thumb)으로 개략적인 예비율(예 : 약 30% 여유율)을 산정하는 경우가 많다. 이러한 접근으로는 장기추세에 대처할 수 없다.

장기추세는 성장곡선으로 고려할 수 있다. 다른 변동유형과 달리 장기수요는 지속적인 증가현상을 보이기 때문에 다른 유형의 변동으로 인해 발생하는 간섭요소(noise)를 제거하고 전반적 추세를 요약하여 장기추세를 도출해내야 한다. 이러한 '고르기 과정(smoothing process)'은 이동평균(moving average)의 사용으로 가능하다. 예를 들어 계절적(seasonal) · 비정기적(irregular) 변동현상을 제거하기 위해 12개월 주기의 이동평균이 적용될 수 있다. 이러한 시계열 평균(average of the time series)은 초기 관찰자료를 최근의 자료로 대체하여 산정할 수 있다.

관찰자료의 추세를 수학적으로 표현하고, 수식에 근거하여 미래를 예측할 수 있다. 수학적 표현방식으로는 회귀분석모델이 주로 사용된다. 회귀분석에 의하면 많은 유형의 추세가 선형(linear), 지수형

(exponential) 또는 S곡선형으로 표현된다. 다음 식은 독립변수인 시간($t$)과 성능변수/수요변수의 관계를 나타낸다.

$$y = a + b \cdot t$$

여기서 $a = y$의 절편(상수), $b =$최적선의 기울기

이 식은 관찰결과와 계산결과의 차이, 즉 잔차를 최소화하여 얻어진다. 관찰현상에 대한 수식의 신뢰도는 상관계수(correlation coefficient) $r$에 의해 판별된다. $r$값이 $-1$ 또는 $+1$인 경우는 완벽한 상관성이 있다는 것을 의미하고 $-1$에서 $+1$의 사이에 걸친 값들은 불완전한 상관성을 나타낸다.

시간에 대한 선형의존성을 보여주는 변수에 대해서는 상기 식과 같은 선형회귀식을 사용하여 비교적 용이하게 최적조건의 식을 얻을 수 있으나 S곡선과 지수형 곡선은 회귀분석의 적용에 앞서 관찰자료의 표현방식을 약간 변경시켜야 한다. 수요 또는 성능 변화를 예측하기 위해 고려해야 할 시간영역(time horizon)은 성장곡선의 지수곡선 단계에 국한될 수 있다. 성장곡선의 성숙기는 고려할 가치가 거의 없는 것으로 판단되기 때문이다. 이러한 수식 표현은 다음과 같다.

$$\mathrm{Log}\, y = a + b \cdot t$$

관찰된 성능·수요 변수를 Log 형태로 표현하여 단순 선형회귀식을 적용할 수 있다. 이 식에 의한 성능·수요 변수 예측은 역로그(antilogs)를 사용하여 얻어질 수 있다.

S곡선(성장곡선)의 표현 수식은 다음과 같다.

$$y = \frac{L}{(1 + a \cdot e^{-bt})}$$

여기서 $L$ = 변수의 상한값, $e$ = 자연로그의 밑수

$a$ & $b$ = 상수형 계수

$a$값은 S곡선의 위치에 영향을 미치는 반면, $b$값은 경사도(기울기)를 결정한다. 이러한 $a$와 $b$의 값은 다음 식에서 보여지는 것과 같이 적절한 변형함수 $Y$를 사용하여 정리할 수 있다.

$$Y = ln\frac{(L-y)}{y} = lna - b \cdot t$$

이러한 변형을 통해서 상수 $lna$과 기울기 $-b$를 갖는 선형관계식이 얻어진다.

상기 식에서 상한값 $L$은 관찰자료에서 도출되어야 한다. 즉 '어떤 제약조건(예 : 최대획득가능 효율)이 기술발전이나 수요증가에 대한 기술적 · 사회적 · 경제적 한계로 작용하는가?'라는 질문을 통해 측정 · 평가되어야 한다. 이러한 판단을 위해서는 전문가의 지식이 요구될 수도 있다.

## 변화의 전조(precursors)와 선행지표(leading indicators)

초보적 수준 이상의 예측을 위해서는 기술혁신이 일어나는 특정상황을 이해하여 기술혁신의 방향과 속도에 대한 단서(clues)를 파악해야 한다. 최종적으로 출현될 기술을 인식하는 과정에서 변화의 징후를 나타내는 단서를 전조(前兆 : precursors)라고 한다. 어떤 경우는 예측하고자 하는 변수와 전조(前兆) 사이에 일관성 있는 관계가 형성되는 경우가 있다. 선행지표(leading indicators)는 이러한 관계를 계량화한 것이다.

기술혁신은 잠재적 가능성(potential feasibility)은 있으나 성능이나 비용 면에서 실용성이 떨어지는 잠재기술(latent technology)을 인식하면서 시작된다. 후속적 기술혁신을 통해 이러한 잠재기술 도입에 장애가 되었던 비용과 성능의 한계가 극복될 수 있기 때문이다. 기술혁신에 앞서 나타나는 부분적 · 단편적 변화의 전조를 분석하여 '특정 기술의 실용화가 얼마나 임박하였는가?'를 나타내는 징후를 파악할 수 있다.

신기술 발전에 관한 정보를 평가하기 위해서는 혁신단계를 정확히 인식해야 한다. 혁신과정은 '시범운용 - 모델 - 생산'의 단계를 거친다. 시범운용(demonstration)은 실험실 조건에서 성능의 특징을 규명할 수 있는 시험장비가 획득될 수 있어야 가능하다. 모델(prototype)은 기술이 특정 상황에서 성능을 발휘할 수 있도록 설계될 수 있을 때 구성된다. 모델은 기술의 생산이 가능하고 사용자들에 의해 활용될 수 있다는 것을 입증해 주는 역할을 한다. 생산(production)은 기술이 의도된 목적대로 활용 가능하여 시장성이 있을 때 이루어진다.

선행지표는 예측변수와 전조(precursors)의 일관성 있는 관계를 계량화하여 얻어낸다. 따라서 전조를 파악할 수 있는 자료를 획득할 수 있어야 하고 선행현상과 후속사안 사이에 일정한 시간차(time lag)가 존재해야 한다. 이때 선행현상은 후속사안의 예측근거가 된다. 선행지표를 결정하기 위해서는 다음과 같은 절차를 거쳐야 한다.

1) 유사한 두 가지 사안 사이에 충분한 상관관계가 있음을 파악한다.
2) 전조의 시계열적 현상을 좌표상에 표시한다.
3) 후속현상의 시계열곡선을 좌표상에 표시한다.
4) 두 가지 사안 사이에 존재하는 시간차를 파악한다.
5) 전조의 현상에 근거하여 후속현상을 판단한다.

(그림 3.8)은 선행지표를 사용하는 예를 나타내고 있다.

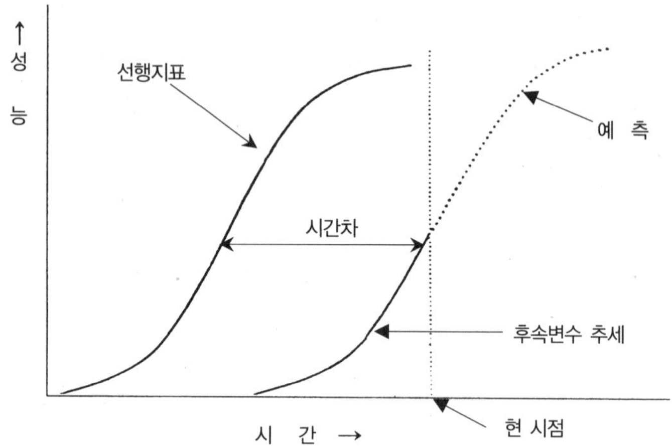


**그림 3.8** 선행지표에 의한 예측

## 델파이 예측—
### 미래상황에 대한 분야별 전문가들의 의견도출

신기술을 예측하기 위해 활용할 수 있는 과거자료의 획득이 불가능하여 불가피하게 분야별 전문가들의 의견에 의존해야 하는 경우가 있다. 델파이 예측의 목적은 의견의 환원(feedback)이 가능하도록 통제된 상황에서 질문지 배포에 의한 집중적인 질문을 통해 전문가 집단의 의견을 도출하는 것이다. (그림 3.9)는 델파이 예측의 반복적 성격을 보여준다. 반복적 시행은 답변자들의 의견차를 좁히기 위한 의도적 타협 없이도 합의된 예측이 이루어질 때까지 계속된다.

델파이 예측을 위해서는 한 사람의 조정자(moderator)와 전문가(답변자) 집단이 있어야 한다. 조정자는 질문지를 만들고, 답변결과가 답변자에게 환원되도록 해야 한다. 전문가는 예측 대상에 관하여 조

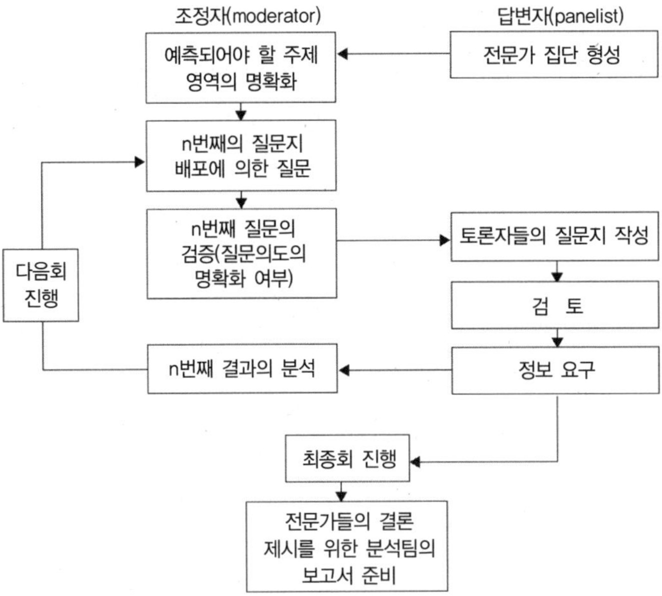


**그림 3.9** 델파이 예측의 반복적 절차

직(집단) 내 다른 사람들보다 더 많이 알고 있는 사람을 의미한다. 전문가 집단에는 건축설계자, 설비기술자, 조명기술자, 시설관리자 등과 같은 기술 분야의 종사자뿐만 아니라 사회발전 추세, 법률의 변천, 그리고 인간공학 · 의학 · 심리학 등에 정통한 사람들도 포함하는 다양한 사람으로 구성되어야 한다.

델파이 예측기법의 특징으로 다음의 3가지 사항을 들 수 있다.

1) 익명성(anonymity) : 답변자는 서로에 대하여 알지 못하는 상태에서 유일한 의사소통수단은 질문지이므로 답변자들을 특정의견으로 유도할 수 있는 방법이 없다. 익명성은 출신이나 소속 조직의 이해관계를 떠나 객관적 입장에서 의견을 검토할 수 있는 분위기 조성에 기여한다. 또한 질문지에 대한 답변이 반복되면서 의견을 바꾼다고 해도 답변자는 체면손상(loss of face) 등을

우려할 필요가 없다.

2) **반복적 시행 및 환원** : 질문지를 통한 답변이 반복됨에 따라 조정자는 각 전문가에게 집단 전체의 의견에 관한 정보를 제공해 준다. 이러한 환원을 통해 반복적인 논쟁이 최소화될 수 있을 뿐만 아니라 결정에 직접적인 영향을 미치는 주요 문제만을 중점적으로 검토할 수 있다.

3) **집단의 답변에 대한 통계적 분석** : 단일예측 결과만을 얻을 수 있는 공개토론과 달리 델파이 예측은 집단 내의 지배적 의견뿐만 아니라 주요의견 주변에 분포된 의견차도 나타내준다. (그림 3.10)은 상하 4분위 경계값을 사용한 델파이 예측결과를 보여 준다.

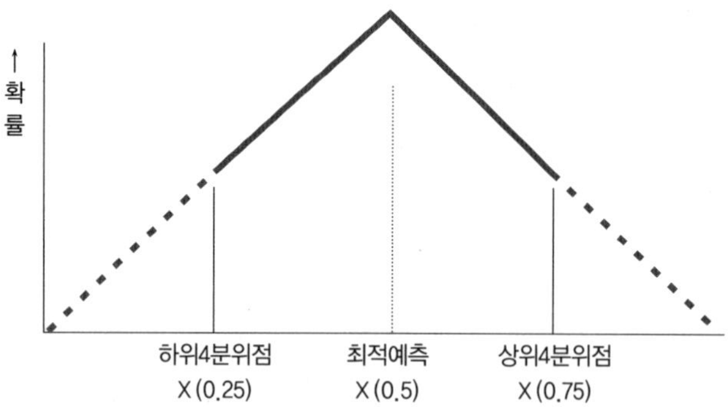


**그림 3.10** 4분위 경계값 내의 델파이 예측결과 분포

상하 4분위 경계값의 범위 안에 들어오는 예측결과는 집단구성원 50%의 의견을 나타내준다. 나머지 50%의 예측은 집단구성원의 의견차를 나타낸다. 그러나 답변이 반복됨에 따라 제공되는 추가정보의 영향을 받아 각 답변자는 공통적인 정보기반을 형성할 수 있고, 그에 따라 예측결과도 점차 합의점에 이르는 경향이 있다.

델파이 예측의 시행에 앞서 조정자(moderator)는 참여자들이 진행 절차와 주제를 명확히 알 수 있도록 해야 한다. 단계별 진행절차는 다음과 같다.

**제1단계** : 제1단계에서는 체계화되지 않은 광범위한 내용의 질문을 포함한 질문지가 배포된다. 각 답변자는 전문 분야의 추세와 사안을 인식하고 광범위한 예측을 하도록 요청받는다. 이러한 과정에서 조정자는 지금까지 깨닫지 못한 새로운 정보를 얻을 수 있다. 따라서 델파이 예측과정은 조정자가 갖는 부분적·제한적 지식에 국한되지 않는다. 답변자를 통해 인식한 사안은 정형화된 양식에 기록된다. 유사항목은 하나의 단일항목에 포함되고 그다지 중요하지 않은 사안은 제거된다.

**제2단계** : 제2단계에서는 1단계의 질문에 대한 답변을 통해 얻어진 정보를 제공받는다. 이를 근거로 답변자들은 제시된 각 사안을 다시 예측하도록 요청받는다. 조정자는 예측결과를 분석하여 상하 4분위 값뿐만 아니라 중간값(median estimates)도 산출하여 집단 전체의견에 대한 통계분석 결과를 작성한다.

**제3단계** : 이 단계에서 답변자들은 2단계에서 얻어진 결과의 검토기회를 제공받는다. 이들은 집단구성원들의 예측결과를 참고하여 다시 예측을 한다. 만약 예측결과가 상하 4분위 값 안에 포함되지 않는다면 답변자들은 왜 그들의 예측이 다른 사람들의 것과 차이가 나는지 이유를 설명하도록 요구받는다. 이러한 조치는 각자의 입장에서 등한시한 논점이나 인자들을 다시 고려할 수 있도록 해 준다. 이어서 조정자는 또 다시 3단계 시행의 결과치에 대한 통계분석 결과를 요약한다.

제4단계 : 3단계에서의 요약은 제4단계에서의 질문지에 반영된다. 답변자들은 각 사안에 대한 새로운 예측치를 재구성하기 이전에 제기된 각각의 논점을 다시 한 번 검토하도록 요청받는다. 마지막으로 조정자는 다시 이루어진 예측치의 상하 4분위 분포 및 중간 값과 함께 예측결과에 대한 통계분석 결과를 요약하여 보고서를 작성한다.

델파이 예측은 다음의 몇 가지 이유 때문에 위원회를 활용하는 것보다 더 효과적이다.

1) 비록 위원회가 다수의 전문가들로부터 풍부한 정보를 추출해낼 수 있다 할지라도, 여기에는 그릇된 정보가 포함될 수도 있다. 그릇된 정보는 다른 토론자의 반박으로 제거되기도 하지만 가끔 아무런 저항 없이 최종 결과치에 영향을 미치기도 한다. 델파이 예측에서는 답변자가 제시하는 주장의 양성적 성격 때문에 더 심층적인 검토가 이루어진다.
2) 위원회는 합의에 도달해야 한다는 압력을 받는다. 문제를 철저히 검토하기에 앞서 합의점 추구가 주요 목적이 되기도 한다. 이로 인해 개념을 미리 설정해 놓고 어느 누구도 반박하지 않는 예측치를 선택하기도 한다. 이러한 상황에서 합의된 의견과 차이를 느끼는 구성원들은 반대의견을 철회하도록 하는 압력을 느낀다. 합의를 강요받는 경향은 개인의 의견 차이를 인정하면서 가능한 합의점 추구를 시도하는 델파이 예측과 대비되는 사항이다. 델파이 예측은 익명으로 이루어지는 예측행위를 통해 각자의 독립적 사고를 가능하게 함으로써 객관적인 의견분포가 형성되도록 한다.
3) 공개토론에서 제시된 주장은 객관적 목적 이외의 다른 이유 때문에 집단 전체의 의견형성을 저지할 수 있다. 특정직위의 개인(예 : 위원장)이나 뛰어난 설득기술을 갖춘 사람들에 의해 반복

적으로 제시되는 주장은 예측과정에서 집단구성원의 예측행위에 불균형적 영향을 미칠 수 있다. 델파이 예측은 예측결과의 환원을 통해 각각의 주장은 오직 한 번만 제기되도록 하여 이러한 반복적인 주장의 가능성을 제거할 수 있다. 특히 이 방법의 익명성은 각자의 의견이 개인적인 기호에 따라 변색되지 않도록 하는데 기여한다.

4) 공개토론 과정에서는 체면상의 이유 때문에 객관적 의견형성이 제한되는 경우가 있다. 공개적으로 특정 논점을 강력하게 제시한 개인은 체면유지를 위해 다른 논점에 승복하지 않으려고 할 것이다. 델파이 예측의 익명성은 예측자가 개인적 체면의 손상 없이 입장을 바꿀 수 있도록 해준다.

5) 공개토론의 경우 편견으로 인해 논점의 검토방향이 왜곡될 수 있다. 위원회의 구성원들이 토론결과로부터 기득권을 얻을 수 있는 경우 이들에게는 직업적 편견이 생길 수 있다. 예를 들어, 기술자는 기술발전의 중요성을 지나치게 강조한 나머지 사회적 요구나 조직 내의 관성(inertia)을 등한시하는 경향이 있다. 공통적 배경을 갖는 직업인들 또한 동일한 출처의 정보(예, 난방/환기 관련문헌)에 의존하여 독립적 · 객관적 사고를 저해하는 경우가 있다. 이러한 결점은 위원회와 마찬가지로 델파이 예측에서도 똑같이 발생될 수 있다. 따라서 델파이 집단의 구성원은 다양한 직업적 배경을 갖는 전문가들로 구성되어야 한다.

델파이 예측은 집단구성원 각자에 의해 시행된 개별 예측에 비해 통계적으로 훨씬 더 정확한 결과를 제공하고 공개토론에 의한 합의적 접근보다 훨씬 더 나은 결과를 발휘한다.

델파이 예측에 컴퓨터를 도입하면 중앙컴퓨터와 터미널에 의해 각 답변자와 조정자가 의사소통을 할 수 있게 되어, 반복적으로 요구되는 노력을 현저히 감소시킬 수 있다. 이러한 경우 각 회에 걸친 델파이 예측결과의 변천과정을 쉽게 추적할 수 있다. 또한 적절한 소프트웨어를 사용하여 질문지와 분석양식을 표준화시킬 수도 있다. 특히 인공지능(artificial intelligence) 기술을 도입하면 결과치를 해석하는 과정에서 조정자가 가질 수 있는 편견을 한층 더 감소시킬 수 있을 뿐만 아니라 예측결과의 즉각적 해석을 통해 델파이 예측에 필요한 시간도 크게 줄일 수 있을 것이다.

# 3 | 수명주기비용 평가

/ 돈의 현재와 미래가치 평가

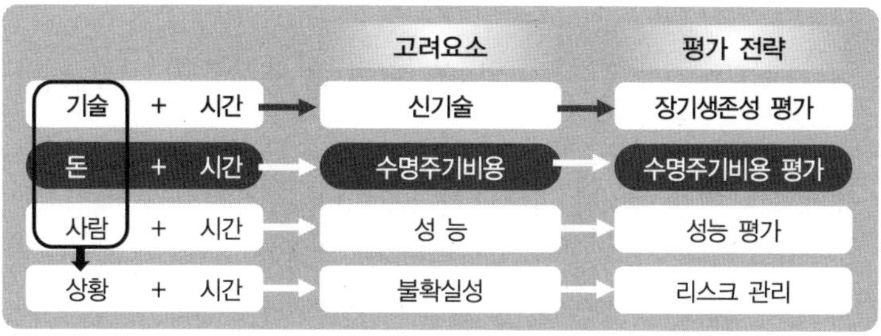


## 수명주기비용 평가의 개념

수명주기비용(life cycle cost)은 건물(시설)의 초기취득비(initial acquisition costs)와 운용기간에 걸쳐 지속적으로 발생되는 유지관리비를 합한 총비용이다. 수명주기비용 평가는 건물(시설)의 수명기간에 걸쳐 투입되는 총비용을 현재가치로 환산하여 대안의 경제성을 평가하는 방법이다. 수명주기비용 평가에 의하면 초기투자비 관점에서 가장 경제적인 것이 항상 최적의 대안으로 선정되지는 않는다. 특정대안의 선택에 따른 초기투자비 추가소요가 보다 많은 유지관리비 절감이나 돈으로 환산할 수 없는 혜택(intangible benefit)의 획득을 통해 정당화될 수도 있기 때문이다.

미래상황에 대한 지식의 불완전성은 계량적 인자만을 다룰 수밖에 없는 수명주기비용 평가모델의 약점으로 작용한다는 점에서 미래예측은 전혀 불가능하다는 생각에 사로잡힐 수도 있다. 그러나 미래를 예측할 수는 없어도 상상하는 것마저 불가능한 것은 아니다. 하나의 미래(single future)에만 의존하지 않고 여러 가지 '가능한 대안의 미래(alternative possible futures)'에 근거하여 의사결정을 진행해 나감으로써 예측이 정확한 결과를 보장할 수는 없을지라도 '정확히 틀리는 것보다는 개략적으로 맞는 것이 더 낫다.(nearly correct is better than precisely wrong.)'라는 개념에 따라 의사결정의 근거를 마련할 수 있다.

그럼에도 수명주기비용 평가는 과거의 비용자료와 미래상황의 가정(assumptions)에 근거한 예측(predictions)에 의존하기 때문에 '예측결과가 어느 정도의 신뢰성을 갖는가?'라는 질문은 건설경영자를 곤혹스럽게 할 수도 있다. 의사결정상황에서 다양한 참여자의 각기 다른 가치(values)를 객관적으로 정형화하는 것은 불가능한 반면, 수명주기비용 평가의 수치적 결과는 의사결정을 위한 하나의 고려요소이기 때문에 건설경영자는 불가피하게 편견과 오류를 내포하는 주관적 판단에 의존할 수밖에 없다. 주관적 판단은 신빙성 입증이 어렵기 때문에 다음과 같은 어려운 질문에 직면하게 된다.

'수명주기비용 평가의 질을 객관적으로 검증할 수 있는 방법이 없는 상황에서 특정 대안선택의 의미를 어떻게 정당화시킬 수 있는가?'

필자는 '의사결정절차의 질(quality of decision-making procedures)'에 대한 검토를 제안한다. 의사결정결과를 확신할 수 없다면 결과에 이르는 과정의 합리성 여부를 검증할 수 있다는 것이다. 이러한 과정지향적 접근방법은 수명주기비용 평가모델의 배경과 의미를 모르는 다양한 이해관계자들에게 모델운용 결과의 수락을 강요하기 보다는 이들이 모델의 개발과 입출력 자료의 산출 및 조정 과정에 참여하도록 하여 의사결정 과정과 결과에 대한 이해와 만족감을 공유하도록 할 수 있다. 의사결정 과정의 합리성에 만족하면 수명주기비용 평가 결과를 수락할 가능성은 훨씬 더 높아질 것이기 때문이다.

## 가정, 평가기법 및 비용자료—미래비용 예측의 근거

수명주기비용 평가를 위해서는 필요한 세 가지 유형의 변수로서 이미 알고 있는 것, 알고 있다고 생각하는 것, 그리고 모르고 있는 것을 체계적으로 고려해야 한다. 여기서 필자는 수명주기비용 평가 과정에서 모르고 있기 때문에 가정(assumptions)에 의존해야 하는 변수와 이 변수를 근거로 대안을 평가하기 위해 도입하는 분석기법을 설명한다. 이어서 이미 알고 있거나 알고 있다고 생각하는 것으로서 수명주기비용 자료(life cycle cost data)에 대하여 언급하고자 한다.

**수명주기비용 평가의 목적(client's objectives)** : 수명주기비용을 평가하기 위해 건설경영자는 의뢰자(client)의 목적을 명확히 정의해야 한다. 예를 들어 건물(시설)의 유지관리에 관심이 있는 의뢰자의 목적은 건물(시설)이 제공하는 서비스(service)와 수명주기비용의 관계를 최적화시키는 것일 수 있는 반면, 투자비가 부족하여 최소의 초기비용을 부담하는 대안을 선택하기 위한 것일 수도 있다. 따라서 의뢰자의 관점에서 특정 대안의 선택을 제한하는 요소가 있다면 이를 구체적으로 고려해야 한다.

**건물(시설)의 수명주기(life cycle)** : 건물(시설)의 수명주기는 '물리적 퇴화(deterioration)'와 '기능적 노후(obsolescence)' 모두에 의해 결정된다. 물리적 퇴화현상은 특정기능을 적절한 수준으로 제공할 수 없게 되어 정상적인 기능을 유지하기 위해 소요되는 비용을 감당할 수 없는 경우에 발생하는 반면, 기능적 노후는 '가치의 하락(decline in value)'에서 비롯된다. 지속적 사용이나 시간의 경과로 인한 직접적 이유에 의해 결정되는 객관적인 것이라기보다는 어느 정도의 주관적 평가를 내포한다. 그럼에도 기능적 노후는 물리적 퇴화와 마찬가지로 건물(시설)의 수명주기 판단에 결정적인 영향을 미친다.

물리적 퇴화와 기능적 노후로 인한 건물(시설)의 수명주기는 다음과 같은 5가지 개념에 따라 구분된다.

1) 물리적 수명(physical life) : 물리적인 관점의 존속 예상기간이다. 전기·기계설비와 같이 물리적 수명이 5~10년에 불과한 것이 있는 반면, 구조물의 대부분은 60년을 상회한다.
2) 경제 수명(economic life) : 기능수행과 목적달성을 위해 소요비용의 관점에서 가장 효과적인 기간이다. 예로서 전기요금의 인상으로 인해 개별 냉방시스템으로는 경제성을 기대할 수 없게 되어 물리적 수명이 상당기간 남아 있어도 중앙지원 공조시스템으로 교체하는 경우를 생각할 수 있다.
3) 기능 수명(functional life) : 가치의 저하로 인해 계속적 사용이 부적합해지는 기간이다. 기능상의 가치저하가 문제될 경우는 건물(시설)을 철거하기 보다는 기존 부품이나 부분 시스템을 교체하여 계속 사용하는 것이 일반적이다.
4) 기술적 수명(technological life) : 기술혁신으로 인해 성능과 효율 측면에서 더 이상 기술적으로 유효하지 못하게 되는 기간이다. 예를 들면 기존 조명시스템이 당초의 기술적 기능을 더 이상 효과적으로 제공하지 못하게 되어 새로운 시스템으로 교체하는 경우이다.

5) 사회적 · 법적 수명(social and legal life) : 사람의 취향이나 법적인 요구조건의 변화로 인해 대상 시스템을 교체하는 기간이다. 새로운 주거수준에 부합하기 위해 기존 시스템을 교체하는 경우에 해당된다.

분석기간(study period)의 설정 : 건물(시설)을 예측 가능한 수명을 갖는 것으로만 볼 수는 없다. 주기적인 개수 및 보수를 통해 수명주기를 수세기에 이르도록 연장시킬 수도 있기 때문이다. 그러나 구성요소(components)는 특정 수명을 갖기 때문에 수명주기가 종료되는 시점에서 교체하거나 개선하는 경우를 고려하여 수명주기비용을 파악할 수 있다. 건물 또는 구성요소의 예상수명을 결정하기 위해 (표 3.2)에서 제시하는 내구년수 판단자료를 활용할 수 있다.

표 3.2 건물 및 건물부품의 예상수명

| 대 상 | 수 명(년) | 대 상 | 수 명(년) |
|---|---|---|---|
| 아파트 | 40 | • 에어컨 : | 20 |
| 사무실 | 45 | –대형(20톤 이상) | 15 |
| 주택 | 45 | –중형 | 10 |
| 공장 | 45 | –소형(5톤 이하) | |
| 호텔 | 40 | | |
| 창고 | 40 | • 난방시스템 | |
| 극장 | 40 | –보일러 | 20 |
| 차고 | 45 | –가스버너 | 16 |
| 기계공장 | 45 | –오일버너 | 10 |
| 건물설비 | 10 | –라디에이터 | 25 |
| | | | |
| | | 엘리베이터(화물운반용) | 25 |
| | | 엘리베이터 | 20 |
| | | 화재경보기 | 25 |
| | | 조명기구(부착물) | 25 |
| | | 배관 | 25 |
| | | 물탱크, 금속 | 25 |

그럼에도 (표 3.2)에서 제시된 값을 일률적으로 적용하기 보다는 축적된 경험과 예상수명 관련 정보를 활용하여 분석대상 건물(시설)과 구성요소의 수명을 결정하는 것이 바람직하다. 수명주기를 결정하는 가장 바람직한 방법은 유사 건물(시설)의 실제 수명주기를 관찰하여 상황에 적합하도록 조정하는 것이다. 상기 수치는 건물(시설)의 물리적 수명에 가까운 것으로 감가상각 목적을 위해 활용하는 것이 바람직하다고 생각된다.

(표 3.2)에서 나타난 것과 같이 건물(시설)은 40년 이상의 물리적 내구년수를 갖고, 상황에 따라서는 100년 이상 존속될 수도 있다. 그러나 수명주기비용을 평가하기 위해 이 정도의 기간을 분석기간으로 설정할 필요는 없다. 적정 분석기간은 25~40년 정도로 설정하면 무리가 없을 것으로 판단된다. 그러나 짧은 분석기간(예를 들어 10년)이 설정되어도 결과에 영향을 받는 사람들이 수명주기비용의 의미를 알 수 있도록 30~40년 간의 수명주기비용도 산정해야 한다.

서로 다른 수명주기를 갖는 대상을 비교하는 경우는 단기간의 수명주기를 분석기간으로 설정하고, 장기간의 수명주기를 갖는 대안에 대해서는 설정된 분석기간 이후의 잔존가치(residual value)를 고려하는 것이 바람직하다. 이는 60년 혹은 120년 이후를 예측하는 비현실적인 접근보다 훨씬 더 합리적인 방법이다.

**할인율(discount rate)의 결정** : 미래에 발생될 것으로 예상되는 비용을 현재가치(present value)로 환산하기 위해 사용되는 할인율의 불확실성은 수명주기비용 평가의 실무적용을 저해하는 주요 이유 중의 하나이다. 할인율을 현 시점의 이자율(interest rate)이나 인플레이션(inflation)만을 고려하여 결정하는 것은 비합리적이다. 수명주기비용을 평가하기 위해서는 물가상승에 의한 돈의 가치 하락을 반영한 순할인율(net discount rate)을 사용해야 한다. 필자는 충분한 정보의 획득이 불가능한 경우에 순할인율의 최대치를 4%로 제안한다.

서로 다른 할인율을 갖는 대안의 수명주기비용 평가는 낮은 할인율을 적용하여 수명주기비용을 산정한 후, 높은 할인율로 변경하여 대안의 우선순위가 바뀌는지 여부를 검토하는 것이 바람직하다. 할인율을 변경해도 수명주기비용의 우선순위가 바뀌지 않는다면, 각기 다른 할인율을 적용하여 산정된 수명주기비용 사이에 그다지 큰 차이가 없다는 것을 의미하기 때문에 검토과정에서 그 차이점은 무시될 수 있다.

인플레이션(inflation) : 통화량의 증가 또는 구매력의 감소를 의미한다. 인플레이션은 물가상승을 부추기고 돈의 가치를 감소시킨다. 수명주기비용 평가를 위해 미래비용을 현재가치로 환산하는 과정에서 인플레이션 효과를 배제하는 실질금액(real terms)을 적용하는 방식과 인플레이션을 감안하는 명목금액(nominal terms)을 활용하는 방식이 있다. 실질금액을 기준으로 수명주기비용을 평가하는 경우 미래의 현금흐름(cash flow)은 기준년도(base year) 가격으로 평가절하된다. 그러나 인건비나 에너지비와 같이 특정항목의 가격이 다른 것에 비해 더 빠르거나 늦게 상승하는 경우에는 해당항목에 적합한 인플레이션율인 에스칼레이션율(escalation rate)을 적용해야 한다. 이러한 경우 인플레이션과 할인율의 상관관계를 함께 고려하기 위해 다음 식을 사용할 수 있다.

$$(1+r) = \frac{(1+R)}{(1+f)}$$

여기서 $R$ : 명목할인율, $f$ : 예상 평균인플레이션율, $r$ : 실질할인율

상기 식은 인플레이션이 실질할인율을 저감시켜 미래비용의 중요성을 증대시킨다. 그러나 인플레이션은 감가상각(depreciation)에 영향을 미치지 않는다. 따라서 물가상승의 영향을 받는 다른 인자들과 달리 감가상각을 계산하기 위해서는 명목할인율이 사용된다.

리스크 경향 : 리스크의 영향을 받는다면 보다 가까운 미래의 비용일수록 더 많이 할인되어야 한다. 일반적으로 리스크를 반영한 단일할인율을 모든 평가대상에 동일하게 적용하는 경우가 많다. 그러나 이러한 방식으로는 특정사업과 관련된 리스크를 고려할 수 없기 때문에 중요한 리스크를 등한시하는 결과를 빚을 수 있다. 단일할인율을 적용하는 것은 리스크 영향을 고려하는 과정에서 객관적 분석에 근거하기 보다는 직관적 평가에 의존하는 결과를 초래하기 때문에 수명주기비용 평가를 정당화하기 어렵다. 이러한 결점을 극복하기 위해서는 평가대상에 적합한 특정 리스크를 고려하기 위해 추가적 할인율을 반영해야 한다.

세금(tax) : 세금공제를 통한 비용절감 효과는 대안의 우선순위를 변경시킬 수 있을 정도로 중요한 의미를 갖는다. 특정자본 지출에 세금공제 혜택을 주는 이유는 특정자산의 감가상각으로 발생하는 지출의 부담을 덜어 주기 위해서이다. 그러나 수명주기비용 평가의 관점에서 어느 비용요소에 어느 정도의 세금공제 혜택이 부여되는가에 관한 사항은 상황에 따라 다양한 세제정책의 영향을 받기 때문에 전문가의 조언을 받는 것이 바람직하다.

건설사업의 초기단계에서부터 복잡한 세금문제를 철저히 고려한다는 것은 불가능하다. 간편한 방법으로 '비율접근법(ratio approach)'을 제안한다. 이 방법은 특정사업의 현금흐름에 대한 세율은 기업이 부담하는 평균세율과 비슷하다는 가정에 근거하고 있다. 예를 들어, 특정 기업이 9억 원의 수입에 대하여 1억 원의 세금을 공제받아 5,000만 원의 세금을 납부하는 경우 세율은 수입과 공제금액을 합한 10억 원에 대한 5,000만 원의 비율, 즉 5%가 된다.

그러나 이 방법은 실제 특정사업에 대한 '최저세금효과(marginal tax effect)'를 기업의 평균세율에 근거하여 산정할 수 있는 경우가 많지 않다는 사실로 인해 그 한계점을 노출한다. 그럼에도 비율접근법은 제반 정보가 극히 부족한 건설 초기단계에서 효과적으로 활용될 수 있다.

**경제성 평가기법** : 수명주기비용의 경제성 평가는 '오늘의 1원이 미래의 1원보다 더 가치가 있다.'는 원리에 따라 '돈의 시간가치(time value of money)'를 고려하는 방법이다. 대표적 평가기법으로 현가법(net present value method)과 내부수익률(internal rate of return)법이 있다.

현가법은 수명주기에 걸친 현금흐름을 현재가치로 할인하기 위해 할인율을 적용하는 방법으로, 건설·운영비용뿐만 아니라 운용과정의 경제활동을 통한 수입(positive receits)과 지출(negative outlays)도 고려한다. 이러한 비용흐름은 다음과 같이 표현된다.

현재가치=유입현금의 현재가치−유출현금의 현재가치+
최종유입현금의 현재가치(잔존가치)−초기투자비

단일사업에 대한 투자가 이루어지기 위해서는 현재가치의 값이 0(zero) 이상이어야 한다. 투자가능 자본이 한정되어 있는 경우는 당연히 가장 큰 현재가치를 갖는 대안이 선정되어야 한다.

내부수익률(IRR)은 유입액과 투자금액의 할인가치가 동일해지도록 하는 이자율이다. 특정사업이 정당화되기 위해서는 부담이자율보다 내부수익률이 커야 한다. 보다 바람직한 방식은 내부수익률과 투자자본에 대한 이자율의 차가 가장 큰 대안을 선정하는 것이다.

수명주기비용 평가에서는 현가법을 사용하는 것이 바람직하다. 현가법은 수년에 걸친 다수의 할인율을 포함할 수 있는 유연한 방법인 반면, 내부수익률법은 많은 시간이 소요되는 복잡하고 반복적인 절차를 이행해야 할 뿐만 아니라 현금흐름이 복잡한 경우에는 내부수익률을 계산하기 위해 다중근(multiple root)의 계산이 불가피하여 바람직한 결과를 용이하게 얻을 수 없다. 또한 내부수익률법은 전적으로 비용요소와 관련되기 때문에 혜택의 측면을 고려할 수 없다. 이러한 단점은 수명주기비용의 경제성 평가 과정에서 내부수익률법의 사용을 부적합하게 한다.

**잔존가치(Residual Value)** : 잔존가치는 분석기간이 종료되는 시점의 재산 가치이다. 서로 다른 수명주기를 갖는 대안을 비교하는 경우 짧은 수명주기를 갖는 대안의 가치를 기준으로 다른 대안의 잔존가치를 고려하는 것이 바람직하다. 가장 일반적인 잔존가치 계산방법은 건물(시설)의 가치를 일정한 금액 또는 비율로 저감시켜 나가는 감가상각법이다. 감가상각법은 재산의 사용에 따라 가치를 저하시키는 것으로 정액법(straight line method)과 정률법(declining balance method)이 있다. 정액법에 의한 감가상각은 다음과 같이 산정된다.

$$\text{감가상각액(원/년)} = \frac{\text{투자비} - \text{잔존가액}}{\text{건물(시설)의 예상수명주기}}$$

정액법은 건물(building), 플랜트(plant), 기계류(machinery), 장비(equipment), 자동차(vehicles), 특허(patents) 등과 같이 특정재산으로

제공되는 서비스가 수명주기에 걸쳐 일정한 것으로 고려될 수 있는 경우에 사용된다. 정률법은 투자비에서 감가상각액을 뺀 순장부가격(net book value)의 투자비에 대한 고정비율을 계산하는 것으로 다음과 같은 방식으로 산출된다.

$$감가상각률 = 1 - \sqrt[n]{\frac{잔존가액(residual\ value)}{투자비}}$$

여기서 $n$ = 건물의 수명주기

정률법은 오랜 기간에 걸쳐 폭넓게 사용되어 왔지만 다음과 같은 단점 때문에 정액법으로 대체되고 있다.

1) 특정 요소에 적합한 비율 이하로 표준비율이 결정되는 경향이 있다.
2) 비용 및 잔존가치에 대한 주관적 조정이 없이는 잔존가치가 0(nil)인 균형비율을 쉽게 계산할 수 없다.
3) 초기에 높은 비용부담을 유발하기 때문에 비용에 비해 잔존가치가 적어진다. 이로 인해 자산(asset)에 대한 명목상 처분가격이 주어져도 주관적 조정이 없이는 적합한 비율을 산출할 수 없다.

따라서 수명주기비용 평가과정에서는 정액법이 더 바람직하다.

**수명주기비용 자료** : 수명주기비용 자료는 수명주기비용 평가모델, 기존 건물(시설)의 실적자료, 전문가(제품공급자, 제조업자, 시공자 등)로부터 획득된 자료를 통해 확보될 수 있다. 이러한 출처를 통해 획득된 비용자료는 수명주기비용 평가의 근거를 제공할 수 있지만

어떠한 비용자료를 포함시켜야 하는가의 문제는 수명주기비용의 평가목적에 따라 달라진다.

의사결정상황에서 주요변수에 중점을 두고 설정된 모델은 수명주기비용 평가자료의 생성을 위한 효과적 수단이 된다. 평가모델의 가치는 주요변수의 종류와 그 변수들의 관계를 얼마나 정확하게 설명할 수 있는가에 달려 있다. 평가모델은 과거 실적자료에서 얻어진 자료를 활용하여 새로운 비용자료를 생성할 수 있다.

기존 건물 또는 데이터베이스에서 얻어지는 비용자료는 서로 다른 상황에서 도출된 것일 수도 있고, 자료보유자의 입장도 다르기 때문에 상이한 비용부호체계(cost coding system)를 가질 수 있다는 단점을 가지고 있음에도 수명주기비용 평가를 위해 중요한 자료가 된다. 미국에서는 Masterformat coding system이 비용을 산정하기 위해 광범위하게 사용되고 있고, 영국에서는 우리의 공종별 내역서와 유사한 Bill of Quantities가 활용된다. 이들은 자재 구입과 노무량 확보를 효과적으로 수행하기 위해 시공자 입장에서 구성된 것인 반면, Uniformat coding system(미국)이나 CI/SfB coding system(유럽)은 대상 시스템의 비용효과를 검토할 수 있도록 구성되어 있다.

시공자는 건물(시설) 구성요소를 자재구매 및 노무수급의 관점에서 구분하지만, 설계자는 특정 기능이나 설계 방법에 따라 나눈다. 수명주기비용 평가를 위해서는 기능 중심의 분류가 적합하다. 건물(시설)의 요소비용을 기능에 따라 분류하기 위해 사용되는 비용분류구조(CBS : Cost Breakdown Structure)의 요구조건은 다음과 같다.

1) 필요한 비용요소가 모두 CBS에 반영되어야 한다. 모든 비용요소가 필요하다는 것이 아니라 대상시스템과 관련된 비용요소를 빠뜨리지 않아야 한다는 것을 의미한다.
2) CBS의 비용요소가 중복되지 않도록 해야 한다.

3) 비용요소는 건물(시설)의 설계, 건설, 운영·유지 등의 다양한 측면을 평가하기에 충분한 정도로 분류되고, 비용요소들 사이의 상관관계가 용이하게 식별될 수 있어야 한다.
4) CBS는 관심영역의 비용분석이 용이하게 이루어질 수 있도록 구성되어야 한다. 예를 들어 에너지 비용의 심층 검토가 요구될 경우, 기타 비용요소는 실질적으로 무시될 수도 있다.

비용분류 구조는 보다 세련된 수명주기비용 평가의 틀을 제공해 줄 뿐만 아니라 평가결과에 따라 비용통제를 가능하게 하는 의사소통수단이 될 수도 있다.

제조업자, 제품공급자, 시공자 등으로부터 얻어지는 전문가 자료(specialist data)는 평가대상의 성능과 비용에 관한 정보가 된다. 특정 분야 전문가들은 대상시스템의 적절한 운영유지 조건과 기대수명에 관한 지식을 보유하고 있다. 그러나 이들의 보유자료는 특정 시스템의 우수성을 지나치게 강조하는 편향된 것일 수도 있기 때문에 제한적으로 사용되어야 한다. 아울러 이러한 문제를 완화시키기 위해서는 전문가 자료를 근거로 대안의 성능을 평가하는 경우 의사결정자의 주관적 정보나 질적 자료(qualitative data)도 적극 활용해야 한다.

**수명주기비용 분류** : 특정 대상의 수명주기비용을 평가하기 위해 선정되는 비용요소를 결정하기 위해서는 다음 사항을 고려해야 한다.

첫째, 평가목적이 면밀히 검토되어야 한다. 평가목적이 경제적 효과를 측정하는 것이라면 모든 비용요소를 포함시켜야 하지만, 여러 대안 중에서 하나를 선택하는 경우에는 공통적 요소를 평가대상에서 제외시키고, 서로 차이가 있는 비용만을 고려할 수 있다.

둘째, 발주자의 요구조건과 목적이 철저히 검토되어야 한다. 발주자의 여건에 따라 특정 비용요소는 평가에서 제외될 수 있기 때문이다. 예를 들어 비수익성 공공사업에서는 소득세(income tax) 효과를 검토할 필요가 없다. 같은 맥락에서 임대건물의 경우 임대자는 임차인이 부담하는 관리비용을 포함시키려고 할 것이다.

수명주기비용 평가에서 중요한 문제 중 하나는 기능비용(functional use costs)[11)]을 적절히 고려해야 하는 것이다. 기능비용은 설계결과에 따라 사용자가 부담하게 되는 비용으로 수명주기비용과 직접적으로 관련되는 것은 아니지만 건물(시설) 운영비용 지출에 영향을 미친다. 예를 들어

1) 설계는 보험료와 기타 비용에 영향을 미친다.
2) 지출유형은 건물(시설) 소유자가 부담하는 소득세에 중대한 영향을 미칠 수 있다. 따라서 기능비용을 평가에 포함시켜야 한다. 그럼에도 수명주기비용 평가에서 기능비용이 제외되는 이유는 계량화가 쉽지 않기 때문이다.

## 수명주기비용 평가모델—
## 시간의 경과에 따른 돈의 가치 평가

설계단계에서 대안의 수명주기비용을 산출하고 비교하여 최소 수명주기비용의 대안을 선정하는 상황에서 의사결정의 근거는 설계자나 비용분석업무 담당자에 의해 마련된다. 그러나 건설범위를 넓혀서 타당성 분석이나 투자결정 시점에서는 발주자, 임대자, 재산관리

11) 건물이나 설비를 활용하여 시스템의 기능을 수행하기 위해 소요되는 인원, 자재비를 포함하는 것으로 고객에 대한 서비스 능력의 차이에 따라 달라진다. 예를 들어 동일한 규모의 초기투자비가 소요되는 은행건물의 설계대안 중에서 고객에 대한 업무처리 능력이 하나는 200(인/일)이고 다른 것은 150(인/일)일 때 전자의 것을 선정하는 경우를 고려할 수 있다. 또한 동일한 초기투자비와 부지면적이 필요한 병원의 경우 환자 1인당 제공되는 간호시간을 설계대안의 평가에 반영하는 것을 생각할 수 있다.

자 등이 의사결정을 하게 된다. 투자 여부를 판단하는 의사결정자에게 설계와 건설은 재산획득의 목적을 달성하기 위한 하나의 과정이기 때문이다. 이러한 관점에서 수명주기비용 평가를 통한 우선순위 결정은 의사결정자의 유형과 관심사에 따라 달라질 수 있다. 따라서 다음과 같은 문제를 다루어야 한다.

1) 수명주기비용 평가와 관련된 의사결정의 목적은 무엇인가?
2) 다양한 이해관계자들의 관심사를 수명주기비용 평가에 반영하기 위한 분석의 틀은 어떻게 설정되어야 하는가?
3) 이들의 다양한 관심사를 반영하는 수명주기비용 평가모델의 특징은 무엇인가?

**수명주기비용 평가와 관련된 의사결정 :** 수명주기비용 평가의 목적은 발주자의 요구조건에 따라 달라진다. (표 3.3)은 발주자의 유형에 따른 건설사업의 목적을 보여준다. 건설경영자는 수명주기비용 평가에 앞서 발주자의 투자동기와 건설목적을 심층적으로 검토해야 한다.

표 3.3 발주자 유형별 건설목적

| 발주자 | 건 설 목 적 |
|---|---|
| 공공 분야 | (1) 점유 및 사용 (공공시설의 소유 및 점유자)<br>(2) 판매, 리스(lease) 및 임대 (예 : 부동산 개발업자) |
| 민간 분야 | (1) 점유 및 사용 (민간시설 소유 및 점유자)<br>(2) 투기목적의 판매 및 임대 (개발업자)<br>(3) 소유와 임대 (임대자) |
| 재정운용기관 | 사용을 목적으로 건설하거나, 투자목적으로 완공된 건물을 구매(연금운용기관, 보험회사, 은행, 신탁회사, 자선단체 등) |

공공 분야 발주자는 일반대중의 요구조건을 충족시키기 위해 건설사업을 추진하는 반면, 민간 분야 건축주나 재정운용기관은 건물(시

설)의 사용, 판매, 임대 등을 통한 수익을 확보하기 위해 추진하기도 하고, 이미 완공된 건물(시설)을 매입하여 자본증식을 도모하기도 한다. 아울러 개발업자(developer)는 판매나 임대를 목적으로 건설사업을 추진한다.

소유 및 점유를 목적으로 하는 공공·민간 분야 발주자는 건물(시설)을 직접 운영하기 때문에 당연히 수명주기비용 절감에 관심을 가질 것이다. 한편 개발업자가 건설한 건물(시설)의 매입자는 향후 부담해야 할 미래비용에 당연히 관심을 표명할 것이다. 따라서 개발업자도 수명주기비용 평가를 통해 재정적으로 더 경쟁력 있는 대안을 추구할 수 있다. 재정운용기관이 직접 사용할 건물(시설)의 수명주기비용을 평가하는 목적은 소유 및 점유를 위해 사업을 시행하는 발주자의 평가목적과 대동소이할 것이다.

건물의 임차인 또는 일시점유자는 수명주기비용에 그다지 큰 관심을 갖지 않을 것으로 생각할 수 있다. 그러나 주요부위의 마감재나 장비 선정 또는 에너지 사용량 검토 등을 위해 수명주기비용 평가가 필요하다. 수명주기비용 평가를 통해 임대료에 영향을 미치는 운영유지비를 절감할 수 있는 방안을 강구할 수 있기 때문이다.

초기투자비와 유지관리비의 합을 최소화하는 것만이 수명주비용 평가의 목적은 아니다. 보다 중요한 사항은 발주자의 요건에 적합한 비용흐름을 추구하는 것이다. (표 3.4)는 발주자의 재정적 관점에 따라 특정 비용요소가 훨씬 더 중요하게 고려될 수 있다는 것을 시사해 준다.

표 3.4 발주자(건축주)의 재정적 관점

| 구 분 | 요구되는 질문 유형의 예시 |
|---|---|
| 건설목적 | • 단기적/중장기적 수익을 얻기 위한 것인가?<br>• 공공의 요구조건을 충족시키기 위한 것인가? |
| 시간척도(time scale) | • 얼마나 오랫동안 건물을 소유할 것인가?<br>• 얼마나 오랫동안 건물을 임대(임차)할 것인가? |
| 자본출처 | • 어디에서 자본을 조달하는가?<br>예 : 차입금, 축적된 수익금, 정부지원, 보조금, 투자비 등 |
| 운영비 출처 | • 운영유지재원 출처는 어디인가?<br>예 : 임대수익, 정부재정 등 |
| 세금 여건 | • 어떤 종류의 세금이 부과되는가?<br>• 어느 비용이 세액절감에 효과적인가?<br>• 세율은 어느 정도인가? |

따라서 건설경영자는 어떤 비용요소가 특정 발주자에게 상대적으로 더 중요한지를 판단해야 한다. 이를 위해 필자는 (표 3.5)와 같은 몇 가지 유형의 의사결정에 중점을 두고자 한다.

표 3.5 건설경영 의사결정의 유형

| 의사결정 유형 | 내 용 |
|---|---|
| 초기단계의 투자의사결정 | • 자본지출에 대한 최단기 회수나 최적회수기간을 제공하는 대안의 판단<br>• 제한적 자본의 효과적 지출 |
| 설계개요/기본설계 단계의 대안 선정 | • 설계대안 선정<br>예 : 특정대안이 다른 대안보다 재정적 관점에서 더 낫다는 의미의 판단 |
| 실시설계단계의 건물구성요소 또는 부위시스템 선정 | • 실시설계대안의 선택<br>예 : 건물구성요소, 부위, 마감재 등의 선택<br>• 적정수준의 자재 또는 시설의 판단<br>예 : 단열재설치비와 건물운영비를 종합적으로 고려한 경제적 단열방법 |
| 평 가 | • 계획/설계를 계속 진행할 것인가 혹은 중단할 것인가의 결정<br>• 의도된 목적의 달성 정도 평가<br>예 : 사업추진 목적을 어느 정도 달성할 수 있는가? |

건설사업의 초기단계에서 이루어지는 의사결정에 소요되는 비용은 수명주기비용에 비해 극히 적지만 그 절감효과는 매우 크기 때문에 후속단계의 결정보다 훨씬 더 중요한 의미를 갖는다. 예를 들어, 초기시점에 결정되는 연면적, 용적률, 건폐율, 층수 등은 실시설계 단계에서 이루어지는 구성요소나 부위시스템의 선정보다 훨씬 더 중요한 의미를 갖는다. 같은 맥락에서 냉방기 유형의 선택은 냉방기 제조업체 선정보다 훨씬 더 중요하다.

최종선택이 이루어지는 단계에서 초기단계의 결정을 변경시키기 위한 소요비용은 기하급수적으로 증가된다. 따라서 수명주기비용 평가는 개략적인 자료 및 정보가 유용한 건설 초기의 투자의사결정단계부터 이루어져야 한다.

지금까지 언급한 사항을 종합하면 효과적인 수명주기비용 평가를 위해서는

1) 발주자의 핵심적 관심이 명확히 정의되어야 하고, 아울러
2) 수명주기비용 평가를 위한 구조적 틀이 설정되어야 하고
3) 건설과정에서 평가가 원활히 이루어질 수 있도록 각 단계별로 필요한 유형의 모델이 구체화되어야 하며
4) 평가모델들은 또한 각 단계에서 유용한 자료를 분석하여 그 다음 단계의 분석을 위해 활용될 수 있는 정보를 생성할 수 있어야 한다.

이제 특정유형의 모델과 건설과정 각 단계의 문제를 연관시키기 위해 활용될 수 있는 수명주기비용 평가의 구조적 틀을 설정해 보도록 하자.

**수명주기비용 평가의 구조적 틀** : 수명주기비용 평가는 투자자의 관심을 포함한 경제성 전반을 고려할 수 있어야 한다. 투자자의 관심사는 건설 자체는 물론 건설계획 및 운영까지도 포함하는 광범위한 것이기 때문이다. 수명주기비용 평가는 건설사업의 계획 및 관리에 대한 계량적 접근을 통해 기술적·재정적 조건을 예측할 수 있는 수단이라는 관점에서 필자는 수명주기투자 평가모델(LCIAM : Life Cycle Investment Appraisal Model)과 수명주기 비용평가모델(LCCAM : Life Cycle Cost Appraisal Model)을 구분하여 제시한다. (표 3.6)은 두 종류 모델의 차이점을 나타내고 있다.

표 3.6 LCIA모델과 LCCA모델의 비교

| 구 분 | LCIA모델 | LCCA모델 |
|---|---|---|
| 결정 유형 | 초기단계의 전략적(strategic), 전술적(tactical) 결정 | 설계단계 이후의 세부적(minor), 운용적(operational) 결정 |
| 모델의 목적 | 수명주기에 걸친 수익최대화 → 시장지향적(수요/공급의 상호작용 고려) | 최소수명주기비용의 실현을 위한 투자비, 유지관리비 등의 비용최소화 → 공급지향적 |
| 필요 자료 | 외부/내부자료 동시활용(소득/비용자료 처리) | 내부자료(비용자료)만 고려 |
| 해결안 유형 | 개략적 최적안(approximate optimal solution) 추구 : 위치 적정연면적, 최적 임대조건, 개보수/철거 후 신축을 위한 수익성 판단 | 하위최적안(suboptimal solutions) : 에너지비용을 최소로 하는 부품 및 부위 결정을 위해 적합한 수명 주기결정, 비용/품질의 최적관계를 유지하는 설계대안 선정 |

수익극대화(profit maximising)를 추구하는 수명주기투자 평가모델의 필요정보를 구체화하는 것은 매우 어려운 작업이지만 투자자에게는 필수적인 것이다.

수명주기비용 평가모델은 설계 진행과정에서 적용할 수 있는 절차로서 수명주기비용계획(life cycle cost planning), 수명주기비용분석(life

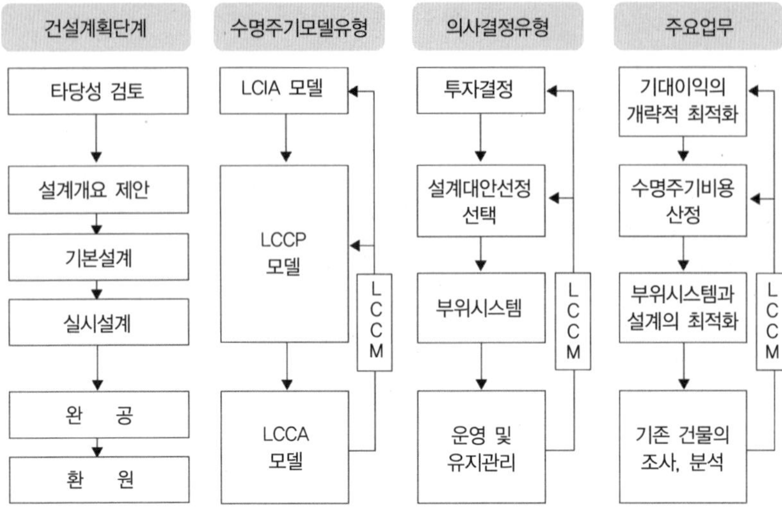


**그림 3.11** 건설과정의 LCI 모델과 LCC 모델

cycle cost analysis) 및 수명주기비용관리(life cycle cost management)로 구분할 수 있다.

LCCP(Life Cycle Cost Planning)는 설계단계에서 초기투자비와 운영유지비를 파악하는 것인 반면, LCCA(Life Cycle Cost Analysis)는 투입된 비용자료를 기존 건물(시설)로부터 체계적으로 수집하는 것으로, 설계특성, 운영유지비 실태, 성능자료 등에 관한 자료를 대상건물(시설)의 수명주기비용분석을 위해 활용할 수 있도록 데이터베이스를 구축하는 과정이다. LCCM(Life Cycle Cost Management)은 기존 건물(시설)의 성능과 비용에 관한 조사와 분석을 통해 건물(시설) 운용방식이나 시스템을 변경시켜 수명주기비용을 감소시킬 수 있는 영역을 파악하는 과정이다.

의뢰자(client)의 주요 관심사가 수명주기투자(LCI)에 있을 수도 있고 수명주기비용(LCC)에 있을 수도 있기 때문에 건설경영자는 이 두 가지 관점을 종합하여 건설 전과정을 포괄하는 구조적 틀을 설정해야 한다. (그림 3.11)은 건설과정에서 수명주기투자 평가모델과 수명주기비용 평가모델이 어떻게 연관될 수 있는지를 보여준다.

활용가능한 정보가 부족한 건설사업 초기단계에서는 통계적 예측기법의 활용이 바람직하다. 통계적 방법은 초기단계의 제한적인 정보와 자료를 효과적으로 활용하여 의사결정의 전반적인 범위를 설정할 수 있기 때문이다.

초기단계의 통계분석모델은 분석대상건물(시설)에 대한 정보의 부족으로 기존 건물(시설)에서 자료를 확보해야 하기 때문에 변화하는 상황을 평가에 반영할 수 없다. 통계분석모델은 시간적으로 정태적 특성을 갖기 때문이다. 그럼에도 이 모델은 제한적 자료를 활용하여 건설사업에 대한 개략적 최적화를 실현할 수 있다는 장점을 갖는다.

의사결정의 전반적인 범위를 설정해야 하는 건설사업의 초기단계에 이어서 설계개요 및 기본설계 단계로 접어들면 대안의 수명주기비용을 산정하기 위해 LCCP 모델을 사용할 수 있다.

설계과정에서는 시간의 경과에 따라 건물(시설)에 대한 정보가 점점 더 많아지고 설계도 지속적으로 세련되어 간다. 따라서 효과적으로 수명주기비용을 평가하기 위해서는 수명주기비용 평가모델 역시 시간의 경과에 따라 그 구조를 변화시키면서 점차적으로 증가하는 정보를 흡수할 수 있어야 한다. 이러한 기법을 개발하기 위해 활용되어야 할 원리는 계층구조적 접근(hierarchical approach)에 근거한 정보처리 방식이다.

실시설계단계에서는 이전단계에 비해 건설활동을 직접 지원할 수 있는 많은 정보를 활용할 수 있기 때문에 건물(시설) 자체 또는 부위시스템의 운영유지와 관련된 미래상황 예측이 상대적으로 용이하다. 이 단계에서는 설계변수와 수명주기비용의 인과관계를 설명할 수 있는 수학적 인과모델이 적용될 수 있다.

이제 언급된 각각의 평가모델에 대한 개별적 접근을 시도해 보자.

**수명주기투자 평가모델(건설초기단계의 투자분석수단)** : 상업용 건물의 필요조건은 수명주기에 걸쳐 최대수익(임대소득 등)을 확보하거나 최소비용을 지출하는 것이다. 투자의사결정의 핵심목표는 사용기간에 걸쳐 최대이익을 확보하는 것이다.

건설사업의 경제성을 분석하기 위해서는 초기투자비, 운영유지비, 소득의 상관관계를 파악해야 한다. 수명주기비용 평가모델은 소득인자(income factor)의 경제적 효과를 설명할 수 없다는 한계를 갖는다. 소득인자를 포함시킬 수 있다면 건설사업 초기단계에서 최적의 경제적 대안을 훨씬 더 용이하게 파악할 수 있다. 따라서 수명주기비용 평가를 확장시켜 소득요소를 반영하는 수명주기투자 평가모델의 개념을 정립해야 한다.

수명주기투자 평가의 핵심은 건설 및 운영을 통해 기대이익을 최대화하거나 예상손실을 최소화시키는 것이다. 구체적으로는 경제적 투자기간에 걸쳐 건물(시설)의 소유 및 운영에 필요한 비용 지출을 최소화하거나 기대수익을 최대화시킬 수 있는 조건을 추구하는 것이다. 이러한 조건을 파악하기 위해 상업용 건물의 경우는 연면적, 층수, 건폐율, 용적률, 점유율, 임대면적 같은 인자들을 충분히 검토해야 한다. 가장 중요한 과제 중 하나는 발주자의 요구조건을 주요인자들과 연관시켜 최적조건을 확보하는 것이다. 이를 위해 활용되는 수명주기투자 평가모델은 건설사업 초기단계에서 제한적인 정보와 비용자료를 효과적으로 활용하여 건설사업 전반의 업무영역을 효과적으로 설정할 수 있도록 단순하면서도 사용이 간편해야 한다.

초기투자비와 유지관리비, 그리고 소득은 서로 상관성을 가지면서 수익과 지출에 영향을 미친다. 특히 초기투자비의 상당 부분을 차지하는 지가(地價)는 연면적, 층수, 건폐율, 용적률 등에 영향을 미친다. 지가가 높을 경우는 지출비용을 상쇄하기 위해 층수를 증가시켜야 한다. 따라서 투자자는 초기투자비, 유지관리비, 임대소득 등을 포괄하는 수명주기투자의 관점에서 지가와 건물(시설) 규모의 관계를 최적화시켜서 수익최대화와 비용최소화를 실현할 수 있는 조건을 파악해야 한다.

설정된 설계대안 중에서 최적안을 선택하는 것에 중점을 두는 기존의 수명주기비용 평가는 개발·관리 분야에서 중시하는 소득인자 효과를 고려하지 못한다. 반면, 지가와 건물(시설) 규모의 최적관계를 규명할 수 있는 수명주기투자 평가기법은 의사결정자와 발주자 모두에게 건설사업의 초기단계에서 이루어지는 다양한 유형의 투자 의사결정에 탄력적으로 대처할 수 있는 수단으로 활용될 수 있다.

이러한 개념에 근거하여 수명주기투자 평가모델과 수명주기비용 평가모델을 수식으로 표현해 보면 (표 3.7)과 같다.

표 3.7 수명주기투자 평가모델과 수명주기비용 평가모델

| 구 분 | 평 가 모 델 |
|---|---|
| 수명주기투자 평가모델 | $\text{LCIA} = V - V' \cdot (1+r)^{-n} + \sum_{t=1}^{n} O_t \cdot (1+r)^{-t} - \sum_{t=1}^{n} I_t \cdot (1+r)^{-t}$ |
| 수명주기비용 평가모델 | $\text{LCCA} = V - \sum_{t=1}^{n} O_t \cdot (1+r)^{-t}$ |
| 범 례 | $V$ : 초기투자비<br>$V'$ : 잔존가치<br>$V' \cdot (1+r)^{-n}$ : 이자율 $r$인 경우의 잔존가치 현재가<br>$O_t$ : 유지관리비<br>$O_t \cdot (1+r)^{-t}$ : 이자율 $r$인 경우의 유지관리비 현재가<br>$I_t$ : 소득<br>$I_t \cdot (1+r)^{-t}$ : 이자율 $r$인 경우의 소득의 현재가 |

**수명주기투자 평가모델 설정을 위한 고려요소** : 건설사업의 초기단계에서 수명주기투자 평가를 하기 위해서는 연면적, 임대·분양수준, 부지면적, 지가, 법적 규제사항과 같은 수익성 관련 인자를 검토해야 한다. 이러한 요소의 고려를 통해 투자자(investor)의 개발이익과 투자수준을 평가할 수 있다. 따라서 수명주기투자 평가모델의 목적은 건설사업 초기단계에서 제한적인 정보를 효과적으로 활용하여 투자자의 관점에서 건물(시설)의 건설 및 운영을 통한 기대이익이나 예상비용을 개략적으로 최적화시키는 것이다. 이를 위한 고려요소는 다음과 같다.

■ **자료수집(표본조사/질문지 작성)** : 표본조사는 모집단(population)의 특성을 반영하는 표본(sample)으로 구성된 부분집합을 얻기 위해 이루어지는 것으로 주로 사용되는 방식은 무작위 확률표본추출과 편의표본추출(convenience sampling) 또는 할당표본추출(quota sampling)에 의한 비확률표본추출(nonprobability sampling)이다. 통계분석 이론은 표본처리 과정에서 겪는 수학적 어려움 때문에 주로 무작위 표본추출만을 다루는 경향이 있다. 그러나 건설사업의 특성에 부합하는 무작위 표본추출을 시도하는 것은 결코 쉬운 일이 아니다. 무작위 표본추출을 전제로 모집단을 일반화할 수 있을 만큼 광범위한 대상으로부터 특정자료를 추출하는 과정에서는 많은 어려움을 겪기 때문이다. 건물(시설)을 건설하고 운영하는 조직이나 기관으로부터 대외적인 공개를 원치 않는 구체적 정보와 자료를 얻는 것이 너무나 어려운 일이어서 몇몇 연구자가 대규모의 무작위 자료를 축적한다는 것은 불가능하다. 이러한 작업은 정부 차원에서 이루어져야 할 일이지, 개인이나 소규모 집단이 할 수 있는 일은 아니다.

무작위 표본추출이 제한적인 여건으로 인해 불가능하다면 비확률

표본추출, 즉 편의추출(convenience sampling) 또는 할당추출(quata sampling)에 의한 표본조사가 도입될 수 있다. 이러한 경우 통계적 원칙에 의존하지 않고도 대규모 모집단의 일반화가 이루어질 수 있다. 조사대상의 특성이 정확한 비율로 반영되도록 의도적으로 조정하면 표본의 대표성을 향상시킬 수 있다. 이에 대한 실례는 표본추출 목적을 위해 모집단을 특정 성격에 따라 분류하는 경우이다.

질문서(questionnaire)는 표본자료 수집자의 물리적 한계를 극복하기 위해 활용된다. (표 3.8)은 필자가 실제로 자료를 수집하기 위해 작성하여 활용한 질문서의 실례이다.

■ **평가모델의 요구조건** : 수명주기투자 평가모델은 건설사업의 초기단계에서 극히 제한적인 정보와 자료를 효과적으로 활용하여 기대수익을 개략적으로 최적화하기 위해 사용된다. 이러한 목적을 효과적으로 달성하기 위해 이 모델은 다음과 같은 조건을 갖추어야 한다.

1) 건설사업 초기단계에서 제한적 정보·자료를 쉽게 사용할 수 있도록 단순해야 한다.
2) 보다 구체적 후속절차의 출발점을 제공할 수 있도록 개략적인 최적치를 산출할 수 있어야 한다.
3) 투자자의 관심사를 반영할 수 있어야 한다.

모델의 변수도 상기 요구조건을 용이하게 달성하기 위해 다음 사항을 우선적으로 고려하여 선정되어야 한다.

1) 수명주기적인 관점에서 수익최대화 또는 비용최소화에 직접 영향을 미치는 것이어야 한다.
2) 후속적으로 출현하는 다른 변수들을 개념적으로 포괄하는 광범위성을 가져야 한다.

표 3.8 수명주기투자 평가를 위한 질문지 작성 예

| **1. 일반정보** | |
|---|---|
| 1.1 건물기능 : | |
| 1.2 위　치 : | |
| 1.3 착 공 일 : | 1.4 완 공 일 : |
| 1.5 구조형식 : 철근콘크리트조,　철골조,　철골철근콘크리트조,　조적조,　기타(　　) | |
| 1.6 점유시간 : (　　)시간/일　　　　(　　)日/1週日 | |
| 1.7 점유유형 : 임대용,　판매용,　사용자점유,　복합형 | |
| 1.8 주요마감재<br>1.8.1 바닥 :<br>1.8.2 내벽 :<br>1.6.3 외벽 :<br>1.6.4 천장 : | |
| **2. 측정자료** | |
| 2.1 부지면적 : $m^2$ | 2.2 총 층수 : |
| 2.3 연면적 : $m^2$ | 2.4 지하층수 : |
| 2.3.1 지하층 면적 : $m^2$ | 2.5 임대면적 : |
| 2.3.2 1층 면적 : $m^2$<br>2.3.3 기준층 면적 : $m^2$<br>2.3.4 기타층 면적 : $m^2$ | 2.6 평균층고<br>2.6.1 지하층 : m<br>2.6.2 1층 : m<br>2.6.3 기준층 : m<br>2.8.4 기타층 : m |
| 2.7 승강기수 : 대 | |
| **3. 비용자료** | |
| 3.1 초기투자비 | |
| 비 용 항 목 | 포 함 비 용 요 소 |
| 3.1.1 부지매입비 : (　　) 만원<br>(　　) 만원/$m^2$ | 취득비, 조사평가비, 철거 및 이설비, 세금, 기타 행정비 |
| 3.1.2 설계비 : (　　) 만원 | 컨설팅비, 조사비, 설계비, 시험비 |
| 3.1.3 건설비 : (　　) 만원<br>(　　) 만원/$m^2$ | 자재비, 노무비, 경비, 제잡비, 이익(설비비 포함) |
| 3.1.4 설비비 : (　　) 만원<br>(　　) 만원/$m^2$ | 기계설비비, 전기설비비(제잡비 및 이익 포함) |
| 3.1.5 기타비 : (　　) 만원<br>(　　) 만원/$m^2$ | 위의 비용요소에 포함되지 않은 비용 |
| 3.2 연간 운영유지관리비 | |
| 3.2.1 운영 및 유지비<br>'14 / '15 (　　) 만원<br>'16 / '17 (　　) 만원 | 건물의 운영비 및 유지비<br>(operation and maintenance costs) |
| 3.2.2 보수 및 교체비<br>'14 / '15 (　　) 만원<br>'16 / '17 (　　) 만원 | 건물의 성능을 원래상태로 되돌리기 위해 소요되는 비용(repair and replacement costs) |
| 3.2.3 개조비용<br>'14 / '15 (　　) 만원<br>'16 / '17 (　　) 만원 | 건물에 대한 계획적인 개조, 개선, 비용<br>(alteration and improvement costs) |
| 3.3 임대수익, 기타 | |
| 3.3.1 임대료 (　　) 만원/$m^2$ | 3.3.2 임대계약기간 (　　)년 |
| 3.3.3 공익비, 기타 (　　)만원/$m^2$ | |
| **4. 기타 의견, 문의처** | |

평가모델의 유형도 수명주기투자 의사결정의 특성을 고려하여 결정해야 한다. 통계분석(특히 회귀분석)은 다음과 같은 유익한 점을 갖기 때문에 개발평가(development appraisal)를 위해 주로 활용된다.

1) 건물(시설)의 규모와 가격 또는 임대수익과의 상관관계를 용이하게 설정하고 검증할 수 있다.
2) 변화하는 건물(시설) 가치의 추세를 분석할 수 있다.
3) 운용수익과 규모, 위치, 편의시설, 유지관리비 등의 상관관계를 반영한 회귀분석을 실시하여 함수로 표현할 수 있다.
4) 건물(시설) 운용을 통한 기대소득을 예측할 수 있다.
5) 건물(시설)의 유지관리 기록에 근거하여 적정 유지관리비를 결정할 수 있다.

이러한 장점은 통계적 회귀분석모델이 수명주기투자 평가를 위해 유익한 수단이 될 수 있다는 것을 시사해 준다. 분석도구로 통계분석 패키지인 SPSS(statistical package for social science)나 SAS(Statistical Analysis System) 등이 활용될 수 있다.

■ **모델변수 선정** : 선형관계로 표현될 수 있는 두 개의 변수를 사용하거나, 서로 다른 두 가지 이상의 변수를 조합하여 새로운 모델 변수를 도출할 수 있다. 일반적으로 건설사업에 가장 큰 영향을 미치는 변수는 건립 위치이다. 지역에 따라 사업비 편차가 매우 크기 때문에 표본수에 다소 제한을 받더라도 조사대상을 동일지역으로 고정시킬 필요가 있다. 건립 위치를 고정시키면 건설공사비, 유지관리비, 임대수익 등에 직접적으로 영향을 미치는 핵심변수는 연면적(gross floor area)과 층수(number of storeys)가 된다.

건설사업 초기단계에서는 개략적 계획안 이외의 다른 정보는 없기 때문에 주로 단위면적당 공사비(원/$m^2$)에 근거하여 투자비 규모를 판단한다. 이 단계에서는 층수와 평면형태를 개략적으로 정하여 여러 가지 변수와 연면적의 상관관계를 예비적으로 평가할 수 있어야 한다. 이러한 변수들이 건설비, 유지관리비, 임대수익 등에 상당한 영향을 미치기 때문이다.

건설사업비는 주로 **연면적**(gross floor area)을 기준으로 측정된다. 기능단위(예 : 병원의 경우, 사업비/bed)가 유용한 경우 외에는 단위면적당 비용이 소요예산을 판단하기 위해서 뿐만 아니라 질적 수준에 따른 비용한계를 설정하기 위해서도 효과적이다. 가장 용이한 방법은 단위면적당 비용(원/$m^2$)과 연면적 사이의 관계를 도출하는 것이다. 연면적은 사업비에 강력한 영향력을 미치는 변수이기 때문에 비용분석을 위해 우선적으로 고려되어야 한다. 또한 대부분의 경우 임대료도 임대가능면적에 근거하여 결정되기 때문에 연면적은 임대소득과도 어느 정도 상관성을 가질 수 있다.

**층수**(number of storeys)는 최하층의 지하실부터 지붕을 제외한 가장 높은 층까지 산정한다. 층수와 관련된 다음과 같은 원칙이 있다.

1) 일정 층수 이상이 되면 단위공사비(unit costs)는 상승한다. 추가 공사비는 토지의 효율적 이용을 통해 어느 정도 상쇄될 수 있다.
2) 고층건물은 시공과정에서 타워크레인(tower crane), 콘크리트펌프(concrete pump) 등이 사용되기 때문에 공사비가 상승된다.
3) 엘리베이터, 계단 등의 수직이동 수단은 설치비용이 비싸기 때문에 공사비 증가요인이 된다.
4) 건물이 고층화될수록 유지관리비가 상승한다. 고층 부분의 유지관리비가 더 많이 소요되기 때문이다.
5) 난방비는 층수의 증가에 따라 감소된다. 열손실이 가장 심한 지

붕의 면적이 감소되기 때문이다. 그러나 층수의 증가에 따라 더욱 정밀한 기계/전기설비가 필요하기 때문에 다소간의 비용상승은 불가피하다.

6) 건물이 고층화될수록 기초·골조, 기계·전기설비의 설계를 위한 전문가와 기술자의 수수료가 높아진다.
7) 층수가 증가할수록 구조부재(structural components)의 수가 많아지고 통로면적이 증가하기 때문에 순사용 면적이 줄어들고 비용효율도 감소된다. 일반사무실의 경우 4개 층의 증가에 따라 약 2%씩 단위공사비가 증가하는 경향이 있다.
8) 타워형(tower form) 고층건물의 공사비는 매우 비싸다. 그러나 층당 연면적이 약 1,000m²가 되면 임대수익을 통해 추가비용을 상쇄시킬 수 있다고 판단된다.

(표 3.9)는 냉난방설비를 갖춘 사무실 건물의 통로 및 설비시스템을 설치하기 위한 소요면적과 순수임대면적의 상대적 관계를 나타낸다.

표 3.9 층수의 변화에 따른 공사비 지수

| 층 수 | 통로 및 설비 면적 비율(%) | 순수임대면적 비율(%) | 연면적당 공사비 지수(index) | 순수임대면적당 공사비 평균지수(index) |
|---|---|---|---|---|
| 2~4 | 15~18 | 85~82 | 100 | 100 |
| 5~9 | 18~24 | 82~76 | 115 | 122 |
| 10~14 | 24~28 | 76~62 | 138 | 156 |
| 15~19 | 28~32 | 72~68 | 150 | 178 |
| 20~ | 32~35 | 68~65 | 169 | 197 |

(표 3.9)에 나타난 지수(index)는 층수의 증가에 따라 단위면적(연면적 및 임대면적)당 공사비용이 어떻게 증가되는지를 보여준다. 층

수의 증가에 따라 공사비가 증가하는 이유는 연면적에 대한 통로 및 설비면적의 비율이 상대적으로 증가하기 때문이다. 적정층수를 결정하기 위해 다음과 같은 관계식을 활용할 수 있다.

$$N^2 = \frac{X \cdot f}{2 \cdot S \cdot W}$$

여기서, $N$ = 적정층수

$$X = \frac{\text{지붕의 단위비용}}{\text{벽체의 단위비용}}$$

$f$ = 바닥연면적 ($m^2$)

$S$ = 층고 (m)

$W$ = 건물의 폭 (m)

이러한 사항은 층수가 건물의 초기공사비, 유지관리비, 임대수익 등의 비용을 설명하는 주요변수가 될 수 있음을 시사해 준다.

변수 사이의 상관관계를 입증하기 위해 **상관분석(correlation analysis)**을 활용할 수 있다. 무작위(random)로 변하는 한 쌍의 변수에서 한 변수와 다른 변수의 변화 사이에 관계성이 존재하면 상관성(correlation)이 있다고 한다. 상관의 정도는 상관계수(R)로 표현되고 그 의미는 다음과 같다.

| | | |
|---|---|---|
| R ≥ 0.7 | 강한 상관이 있다. | R ≤ −0.7 |
| 0.4 ≤ R ≤ 0.7 | 상당한 상관이 있다. | −0.7 ≤ R ≤ −0.4 |
| 0.2 ≤ R ≤ 0.4 | 조금 상관이 있다. | −0.4 ≤ R ≤ −0.2 |
| 0 ≤ R ≤ 0.2 | 상관이 있다고 할 수 없다. | −0.2 ≤ R ≤ 0 |

상관분석은 회귀분석의 변수를 설정하기 위한 단서를 제공한다.

서울 중심부의 주요건물을 대상으로 층수(Number of Storeys)와 연면적(Gross Floor Area), 초기투자비(Initial Capital Cost), 유지관리비(Running Cost), 임대수익(Rental Income)의 상관관계를 분석한 결과는 (표 3.10)과 같다.

표 3.10 층수와 연면적, 초기투자비, 유지관리비, 임대소득의 상관분석

SPSS/PC+ The Statistical Package for IBM PC
CORRELATIONS/VARIABLES GFA ICOST RCOST RENF TSTOREY

| Correlations | Gross Floor Area | Initial Capital Cost | Running Cost | Rental Income | Number of Storeys |
|---|---|---|---|---|---|
| Number of Storeys | ↓ | ↓ | ↓ | ↓ | ↓ |
| | 1.0000 | .6262** | .0574 | .6897** | .7606** |
| | .7606** | .9341** | -.0273 | .7777** | 1.0000 |

$N$ of cases : 23 1-tailed Signif : * - .01 ** - .001
" . " is printed if a coefficient cannot be computed

(표 3.10)에 따르면 층수에 대한 연면적, 초기공사비, 임대료의 상관성은 비교적 높은 반면 동일변수에 대한 유지관리비의 상관성은 미약한 것으로 나타난다. 이러한 상관관계를 구체적으로 확인하기 위해 층수에 대한 초기공사비와 임대수익의 관계를 산점도(scatter diagram)로 표시하면 (그림 3.12, 3.13)과 같다.

(그림 3.12)에서 층수와 초기공사비의 관계는 다음과 같이 선형회귀식(linear equation)으로 표현되며, $r^2$(r square)= 0.8726은 회귀식이 산점도에서 보이는 공사비 분포현상을 설명할 수 있는 정도, 즉 신뢰도가 87.26%라는 것을 의미한다.

$$\text{초기공사비 } Ini.C = 1.055 \cdot N + 70.503(\text{만 원}) \ (N : \text{층수})$$

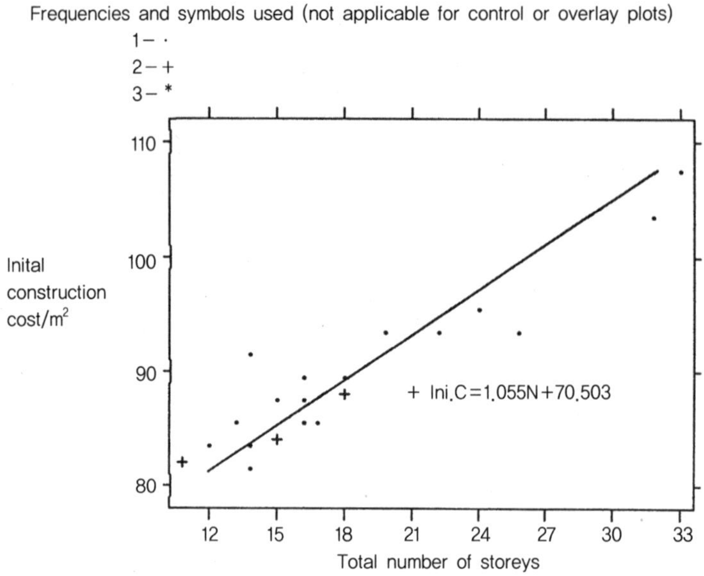


MULTIPLE REGRESSION

Equation Number 1.
Dependent Variable. Initial construction cost per $m^2$
Variable entered on Step Number. Total number of storeys

| | |
|---|---|
| Multiple R | .93411 |
| R Square | .87256 |
| Adjusted R Square | .86649 |
| Standard Error | 2.46913 |

Analysis of Variance

| | DF | Sum of Squares | Mean Square |
|---|---|---|---|
| Regression | 1 | 876.59769 | 876.59769 |
| Residual | 21 | 128.02839 | 6.09659 |

F = 143.78491 Signif F = .0000

Variables in the Equation

| Variable | B | SE B | Beta | T | Sig T |
|---|---|---|---|---|---|
| No.of Storeys | 1.05519 | .08800 | .93411 | 11.991 | .0000 |
| (Constant) | 70.50321 | 1.65099 | | 42.704 | .0000 |

**그림 3.12** 층수와 초기공사비의 산점도와 회귀분석

또한 (그림 3.13)에서 층수와 임대료의 관계는 다음과 같은 Log 함수식으로 표현되며, 신뢰도 $r^2 = 0.6464$가 된다.

$$임대료\ Ren.V = 0.1929 - 0.0093 \cdot N + 1.22 \cdot \log_{10} N$$

건물의 건설 · 운용에 따른 수익을 최적화하기 위해서는 토지사용의 지표인 **건물의 밀도(density of buildings)**를 고려해야 한다. 상업용 건물(특히 사무실)에서 가장 중요한 밀도지표는 건폐율과 용적률이다.

건폐율은 대지에서 건축물이 차지하는 비율이다. 건축법에서 건폐율을 제한하는 이유는 대지에 최소한의 공지(空地)를 제공하여 일조, 채광, 통풍의 문제를 해결하고 화재발생시 인접건물의 연소를 방지하여 소방활동을 용이하게 하는 한편, 재해발생시 효과적으로 대피도록 하기 위한 것이다.

용적률은 대지면적에 대한 연면적의 비율이다. 용적률을 규정하는 목적은 시가지에서 건물을 입체화 · 고층화하여 도시 전체의 여유공지를 확보하기 위한 것이다. 밀도지표는 건물운용에 따른 수익산정 기준이 되는 건축면적, 연면적, 층수, 층고 등을 제한하는 요인이 되기 때문에 제약조건 내에서 최대밀도를 얻을 수 있도록 계획하는 것이 중요하다. 이러한 상황에서 지가(地價)는 층수나 건물의 높이에 직접 영향을 미친다. 특히 상업용 건물의 경우 토지를 획득하기 위해 어느 정도 자본의 지출을 감수할 것인지에 대한 결정은 매우 중요하다. 일반적으로 지가는 지리적 위치의 적절성과 깊은 관련이 있기 때문에 지가가 높은 지역의 선정을 하는 것이 불가피하다면 건물을 고층화시켜서 비싼 토지를 효율적으로 이용해야 한다. (표 3.11)은 서울 중심부에서 임의로 수집된 사무실 표본건물들의 건폐율과 용적률 분포이다. 건폐율은 32%~69%이고 용적률은 370%~1558%로 다양한

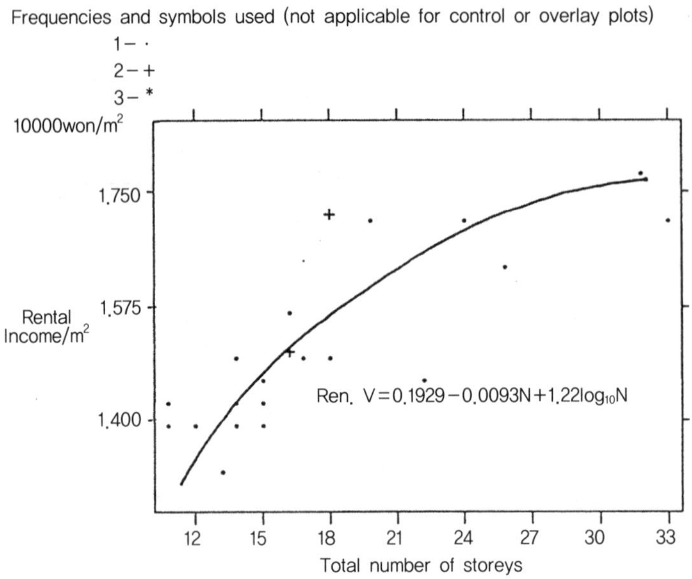


```
**** MULTIPLE REGRESSION ****

Equation Number 1    Dependent Variable..Rental incom/m2
Variable(s) Entered on Step Number
  1. Total number of storeys   2. Log(number of storeys)
Multiple R                .80398
R Square                  .64639
Adjusted R Square         .61103
Standard Error         817.45289

Analysis of Variance
                 DF        Sum of Squares          Mean Square
Regression        2        24430195.10892      122150977.55446
Residual         20        13364587.49977         668229.37499
F =       18.27980         Signif F =  .0000
                      Variables in the Equation
Variable           B            SE B          Beta        T      Sig T

TSTOREY        -92.68544     174.09424     -.42303    -.532    .6003
LSTOREY      12235.57789    7982.60613     1.21792    1.533    .1410
(Constant)    1929.19317    6789.07409                 .284    .7792
```

**그림 3.13** 층수와 임대수익의 산점도와 회귀분석

추세를 보인다.

표 3.11 도심지역 사무실 건물의 건폐율과 용적률 분포

| 구분 | 층 수 | 연면적($m^2$) | 1층면적($m^2$) | 부지면적($m^2$) | 건폐율(%) | 용적률(%) |
|---|---|---|---|---|---|---|
| 1 | 16 | 15,056 | 906 | 1,728 | 52.4 | 719 |
| 2 | 15 | 24,359 | 1,456 | 3,581 | 40.2 | 541 |
| 3 | 13 | 6,549 | 625 | 1,293 | 48.4 | 370 |
| 4 | 12 | 10,209 | 853 | 1,455 | 58.0 | 701 |
| 5 | 14 | 9,593 | 629 | 1,256 | 50.0 | 767 |
| 6 | 15 | 9,741 | 634 | 1,129 | 58.4 | 897 |
| 7 | 26 | 45,478 | 2,641 | 4,607 | 57.3 | 810 |
| 8 | 14 | 15,877 | 1,601 | 3,300 | 48.5 | 473 |
| 9 | 24 | 40,270 | 1,703 | 2,663 | 64.0 | 1,510 |
| 10 | 33 | 35,482 | 1,069 | 2,277 | 47.0 | 1,558 |
| 11 | 11 | 2,871 | 383 | 1,056 | 36.0 | 399 |
| 12 | 11 | 4,191 | 381 | 990 | 38.0 | 423 |
| 13 | 32 | 37,455 | 1,488 | 2,726 | 54.0 | 1,374 |
| 14 | 17 | 27,288 | 1,591 | 3,887 | 41.0 | 699 |
| 15 | 18 | 29,479 | 1,891 | 3,505 | 54.0 | 840 |
| 16 | 18 | 13,220 | 640 | 1,650 | 39.0 | 800 |
| 17 | 14 | 12,177 | 782 | 1,498 | 52.0 | 810 |
| 18 | 22 | 14,108 | 650 | 938 | 69.0 | 1,504 |
| 19 | 16 | 9,596 | 1,129 | 1,129 | 53.0 | 850 |
| 20 | 15 | 25,664 | 1,399 | 3,716 | 38.0 | 690 |
| 21 | 16 | 27,489 | 1,481 | 4,224 | 35.0 | 650 |
| 22 | 18 | 31,274 | 1,554 | 4,848 | 32.0 | 645 |
| 23 | 20 | 17,147 | 805 | 1,746 | 46.0 | 980 |

경제 · 사회적 여건과 자재비 · 노무비 수준, 시장조건이 지속적으로 변하기 때문에 수집된 비용자료는 **건설공사비지수**(construction cost indices)를 적용하여 건설시점의 수준으로 조정되어야 한다.

우리나라에서는 대한건설협회가 분기별로 제시하는 건설공사비지수가 건물(시설) 유형 및 건립년도에 따른 보정계수로 활용되고 있으나 지역여건, 구조형식 등의 추가요소를 반영하여 보완 · 발전시켜야 할 것으로 생각된다. 미국의 경우 Engineering News Record사에서 1913년부터 Construction Cost Index와 Building Cost Index를 제시하고 있다. 기타 여러 기관 및 단체도 Chemical Engineering Plant Index, Marshall and Swift Installed Equipment Cost Index, Nelson Refinery Construction Cost Index와 같은 특정목적의 비용지수를 발표하고 있다.

영국은 Building Cost Information Service 및 Directorate of Quantity Surveying Service 등의 기관에서 다양한 종류의 Cost Index를 제시하고 있다. 일본도 建設工業經營研究會, 不動産研究所 등의 기관에서 공사지역, 기능, 구조형식, 건립시기 등에 따라 세분화된 공사비지수를 작성하여 공표하고 있다.

공사비지수(construction cost index)와 입찰가격지수(tender price index)의 차이점을 이해할 필요가 있다. 공사비지수는 노무비, 자재비, 경비 등과 같은 시공자 입장의 비용을 반영하는 것인 반면, 입찰가격지수는 건설 당시 시장조건(market conditions)의 영향을 받는 것이다. 장기적으로는 입찰가격지수와 공사비지수는 서로 비슷한 추세를 보이겠지만, 단기적으로 크게 다를 수 있다. 따라서 입찰가격지수는 과거 추세의 단순한 조정에서 탈피하여 현재 및 미래의 전망을 고려하여 적용되어야 한다.

사무실 건물의 **설비공사비(service element costs)**는 전체 공사비의 약 20~40%에 이른다. 건물외피(building fabric elements) 구조의 유형에 따라 설비시스템의 질적 수준이 달라지기 때문에 설비공사비를 전체 공사비와 구분하여 생각할 수 없다. 설비시스템의 성능과 용량은 열원(heat source)의 종류, 습도, 냉난방 부하, 덕트규모 등에 따라 크게 달라진다. 예를 들어, 사무실 건물에 공조시스템을 도입할 경우 다음과 같은 사유로 공사비가 상승된다.

1) 공조시스템의 운용을 위한 전기설비가 추가된다.
2) 공조실의 설치를 위해 연면적이 3~4% 증가된다. 특히 중앙난방식의 경우 6~11% 정도의 연면적이 증가된다.
3) 덕트 설치 시 그 하부에 천장 설치가 필요하다.
4) 덕트 설치로 인해 층고가 높아진다.

공조시스템을 도입하는 건물에는 중앙난방식에 비해 더 높은 성능기준이 요구되기 때문에 각 요소별 비용효과를 충분히 검토해야 한다.

건물(시설)의 운용에 따른 수익은 **순임대 면적(net lettable area)**을 기준으로 산정된다. 순임대 면적은 연면적에서 계단실, 경사로, 엘리베이터 등의 통로공간과 공동화장실 같은 보조시설의 점유 부분을 제외한 것이다. 만약 임대건물(시설)이 1인 이상의 임차인을 포함한다면, 통행 및 대피의 목적으로 사용되는 중앙통로 부분도 순임대 면적에서 제외된다. 사무실의 임대가능 면적은 사용년수, 층고, 건물높이 등에 따라 다소 차이가 나지만 연면적의 17~20% 정도 감소된다. 오래된 건물에서는 두꺼운 내력벽, 넓은 복도면적, 다수의 소규모실 등으로 인해 연면적의 40% 이상이 순임대 면적에서 제외되기도 한다. 고층형 건물일수록 기둥이 굵고 엘리베이터 수가 증가하기 때문에 연면적의 25~40% 정도가 순임대 면적에서 제외된다. (표 3.13)은 서울 도심지역에 위치한 건물들의 순임대 면적이다.

표 3.13 건물 연면적에 대한 순임대 면적 비율

| 건물구분 | 층 수 | 연면적($m^2$) | 임대면적($m^2$) | 임대율(%) |
|---|---|---|---|---|
| 1 | 16 | 15,056 | 10,539 | 70.0 |
| 2 | 15 | 24,359 | 16,564 | 68.0 |
| 3 | 13 | 6,549 | 3,602 | 55.0 |
| 4 | 12 | 10,209 | 7,146 | 70.0 |
| 5 | 14 | 9,593 | 6,715 | 70.0 |
| 6 | 15 | 9,741 | 7,013 | 72.0 |
| 7 | 26 | 45,478 | 31,830 | 70.0 |
| 8 | 14 | 15,877 | 10,796 | 68.0 |
| 9 | 24 | 40,270 | 29,800 | 74.0 |
| 10 | 33 | 35,482 | 27,108 | 76.4 |
| 11 | 11 | 2,871 | 2,991 | 71.0 |
| 12 | 11 | 4,191 | 2,892 | 69.0 |
| 13 | 32 | 37,455 | 24,720 | 66.0 |
| 14 | 17 | 27,288 | 19,101 | 70.0 |
| 15 | 18 | 29,479 | 21,519 | 73.0 |
| 16 | 18 | 13,220 | 21,519 | 73.0 |
| 17 | 14 | 12,177 | 8,524 | 70.0 |
| 18 | 22 | 14,108 | 10,158 | 72.0 |
| 19 | 16 | 9,596 | 6,621 | 69.0 |
| 20 | 15 | 25,664 | 17,836 | 69.5 |
| 21 | 16 | 27,489 | 18,967 | 69.0 |
| 22 | 18 | 31,274 | 21,890 | 70.0 |
| 23 | 20 | 17,147 | 12,000 | 70.0 |

순임대 면적은 연면적의 68~73% 정도로 27~32% 정도가 임대면적에서 제외되는 것으로 나타난다. 따라서 건설과정에서 일률적으로 반영할 수 있는 순임대 면적의 비율을 결정하기는 어렵다.

임대가능면적의 일부가 상당기간 임대되지 못하여 수입 확보가 불가능한 기간을 고려해야 한다. 이 기간 동안 임대가능 부분에 대한 공실의 비율을 **공실률**(vacancy rate)이라고 한다. 수요보다 많은 건물의 공급이 이루어지면 공실률은 높아지기 때문에 이로 인해 회수가 불가능한 설비시스템 운영비, 방범비, 보험료, 세금 등을 고려하여 임대료를 산정해야 한다.

건물(시설) 운용을 통해 얻어지는 임대료 수입에서 다양한 항목의 지출비용을 충당해야 한다. 지출항목은 건물공용 부분에 대한 보수유지비, 보험료, 기타 운영비 등이다. 외부 공용 부분의 보수유지비를 충당하기 위해 임대수입의 10~12% 정도가 지출되고, 내부 공용 부분의 보수유지를 위해서도 임대료 수입의 10% 정도가 추가로 소요된다고 한다.

소유자가 건물을 직접 사용하는 경우에는 공용 부분의 비용을 모두 부담해야 한다. 그러나 한 건물(시설)이 다수 임차인에 의해 점유되는 경우는 공용 부분의 보수유지비를 특정 임차인에게 모두 부담시킬 수 없기 때문에 일정 비율에 따라 분배해야 한다. 이러한 경우 일정비율에 따라 임차인 각자에게 분담되는 비용을 **공익비**(service charge)라고 한다. 공익비 지출의 용도는 보험, 구조물 보수, 홀 · 계단실 · 공용화장실 등 공용 부분의 청소 · 조명 · 난방비용, 안내 · 청소 · 관리 · 방범을 위한 인력고용비용 등이다. 또한 건물의 정상적 운영을 위해 소요되는 엘리베이터, 냉난방설비 등의 교체비도 공익비 사용영역에 포함하는 경향이 있다. 즉 건물의 관리 · 운영을 위해 소요되는 비용의 대부분을 공익비 항목에 포함하는 경향이 있다. 공익비는 설비시스템의 교체와 같은 대규모 보수를 위해 소요되는 추가 비용을 임차인들이 특정 시기에 일시적으로 부담하지 않도록, 장기간에 걸쳐 균등하게 배분하는 것이 바람직하다.

공익비 분담은 임차인이 점유하는 면적을 기준으로 하거나 점유부분의 가격을 기준으로 하는 방식을 도입할 수 있다. 다만, 공익비 산정의 원칙은 임대료 수입이 공용 부분의 보수유지비로 지출되는 일이 없도록 하여 임대료 수입이 순수익으로 고려될 수 있도록 한다는 것이다.

지금까지 건설사업의 초기단계에서 고려해야 할 주요요소를 개략적으로 언급하였다. 상기 요소 이외에도 보험료, 차입금리, 조사설계비, 세금공제액 등의 다양한 요소도 고려되어야 한다. 이에 대한 구체적 내용을 이 책에 모두 포함시키기에는 한계가 있기 때문에 해당 분야의 전문가로부터 확보하는 것이 바람직한 것으로 사료된다.

## 수명주기비용 산정모델—
## 설계단계의 비용평가수단

**설계대안 선정을 위한 수명주기비용 산정모델** : 설계관련 정보와 자료는 설계진행과정에서 점증적으로 증가하기 때문에 최종적인 설계안을 한 번에 생성해 낼 수는 없다. 설계관련 의사결정과정에서 필요한 기법, 경험, 전문지식, 직관은 설계자 개인 지식의 범주를 훨씬 초과하기 때문에 분야별 전문가의 주기적인 검토가 필요하고, 이러한 상황에서의 수명주기비용 평가 역시 결코 쉬운 일이 아니다.

설계단계에서 수명주기비용을 산정하기 위해서는 '비용의 상관관계(CERs : Cost Estimating Relationship)'를 근거로 과거비용실적, 입찰자료, 발주자 제안, 유사 시스템의 실적자료에서 확보된 자료는 물론 통계분석 결과도 활용해야 한다. 그러나 자료를 획득하기 위해서는 많은 시간이 소요되고, 자료가 유용하다고 해도 자료준비와 적용시점 사이의 시간차로 인해 획득정보의 가치가 무의미해질 수도 있다. 또한 건설과정의 '구매비용(construction trade costs)'은 수명주기비용 분석요소에 포함시키기 어렵다.

이러한 문제를 해결하기 위해 체크리스트(check list) 형태의 비용분류 방식이나 정형화된 비용분류 구조(fixed cost breakdown structure)를 사용하여 수명주기비용 요소를 정의한다. 그러나 이러한 고정적 형식의 비용분류로는 건설과정의 의사결정 상황에 대처하기 어렵다. 건물(시설)에 관한 정보는 건설사업 진행과정에서 점차 증가하면서 의사결정도 점차 구체화된 시스템을 대상으로 이루어진다.

건설사업 초기단계에서 의사결정자는 건물형태(building shape), 공간배치(spatial layout), 구조유형(structural type)과 같은 다소 추상적 문제를 다루지만 시간의 경과에 따라 특정 설계에 관련된 보다 구체적 문제를 해결해야 한다. 논리적으로는 정보가 증가할수록 더 세련된 수명주기비용 산정이 이루어질 수 있다고 생각할 수 있지만 추가적 정보가 보다 세련된 결과 도출에 어느 정도 기여할 수 있는지의 문제는 심층적으로 검토되어야 할 사안이다.

예를 들어 초기단계에서는 건물 부위시스템에 대한 구체적 지식이 없어도 대상 건물의 수명주기비용을 개략적으로 산정할 수 있다. 그러나 진행경과에 따라 주요 부위시스템의 구체적 정보가 제시되면서 수명주기비용 산정이 얼마나 더 세련되게 이루어질 수 있느냐 하는 것을 정의하는 것은 결코 쉽지 않다. 따라서 점차 증가하는 지식, 정보, 자료를 어떻게 다루어야 하는지의 문제는 매우 중요한 사항이다. 설계과정의 지식과 정보는 겉으로 드러나지 않는 음성적 측면을 내포하고 있는 반면, 어떤 내용은 너무 복잡해서 개인 차원에서는 다루어질 수 없다. 이러한 음성적인 사고과정(implicit thought process)을 양성적(explicit) 지식체계로 전환시킬 수 있다면 더 바람직한 결과를 얻을 수 있을 것이다.

전문가의 수명주기비용 산정절차를 정형화시킬 수 있다면 전문지식과 정보 · 자료를 일관성 있게 사용할 수 있을 뿐만 아니라 설계단계에 부합하도록 수명주기비용 분석절차를 체계화할 수도 있을 것이다. 이러한 방식은 설계진행과정에서 점차 증가하는 정보 · 자료를 처리하기 위해 반복적으로 많은 시간을 소모하는 기존 방법에 비해 훨씬 더 효과적이다.

**수명주기비용 산정모델의 기본개념** : 공사비의 예비견적이 정당화될 수 있는 것처럼, 건설사업 초기단계의 수명주기비용 산정은 비록 정확하지는 않더라도 중요한 출발점이 된다. 이 단계에서 대상시스템이 적절히 표현될 수 있다면 다양한 출처의 비용자료를 활용하여 비교적 정확하게 수명주기비용을 산정할 수 있다.

사업초기단계의 추상적 수준에서는 총괄적 척도에 근거한 주관적 판단도 포함시킬 수 있다. 주관적 판단은 전문가에 따라 각기 다른 추론과정을 포함하기 때문에 이 단계에서의 수명주기비용 산정은 비용산정을 위한 전문가의 음성적 추론과정을 양성화하는 것에 중점을 두어야 한다. 이러한 과정에서 비용산정 결과의 정확도는 당장 중요한 문제가 아니다. 왜냐하면 일단 방법론이 명확히 정립되면 건설과정에서 확보되는 추가지식을 활용하여 정확도를 지속적으로 향상시킬 수 있기 때문이다.

필요한 접근법은 관련지식을 수명주기비용 산정절차(LCC estimating procedure)와 수명주기비용 산정기준(LCC estimating standards)로 구분하여 활용하는 것이다. 수명주기비용 산정절차는 대상 시스템의 유

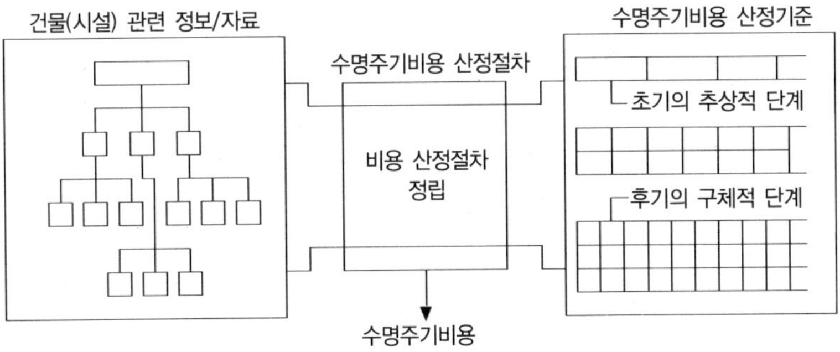


**그림 3.14** 수명주기비용 산정절차와 기준의 상호연관성

형에 관계없이 적용할 수 있는 일반규칙(rule)인 반면, 수명주기비용 산정기준은 특정단계에서 대상 시스템의 비용을 산정하기 위한 지식이다. 이 두 가지 기본요소의 상호연관성은 (그림 3.14)에서 보여진다.

수명주기비용 산정절차 : 수명주기비용 산정절차는 대상 시스템의 수명주기비용을 산정하기 위해 보편적으로 적용될 수 있는 과정적 지식(procedural knowledge)이다. 그러나 어느 한 가지의 산정방법에만 의존하는 것은 바람직하지 않다.

예를 들어, 건물의 단위면적당/단위체적당 비용, 학생 1인당 비용(학교), 1베드당 비용(병원) 등의 다양한 척도가 효과적으로 활용될 수 있다. 수명주기비용을 산정하기 위해 활용될 수 있는 일반절차를 제시하면 다음과 같다.

1) 대상시스템의 수명주기비용 산정에 적합한 척도(연면적, 기능단위, 설비용량 등)를 결정한다.
2) 대상시스템의 수명주기비용 요소(초기투자비, 유지관리비, 에너지비 등)를 결정한다.
3) 초기투자비를 결정한다.
4) 수명주기와 가정사항(할인율, 이자율 등)을 결정한다.

5) 초기투자비를 제외한 다른 수명주기비용을 산정한다.

6) 각 비용요소를 합하여 전체 수명주기비용을 파악한다.

상기 방법을 준용하는 과정에서 대상시스템의 수명주기비용 요소별 단위단가를 결정하기 위해 과거의 실적자료, 시스템 운용과 관련된 정보 등을 참고해야 하고, 이들을 현실에 맞도록 조정하는 과정에서 분야별 전문가의 주관적 판단도 도입되어야 한다.

**수명주기비용 산정기준(LCC estimating standards)** : 수명주기비용 산정기준은 특정시스템의 수명주기비용을 판단하기 위해 필요한 자료이다. 예를 들면, 대상시스템의 수량에 적용하여 수명주기비용을 산정하기 위해 필요한 단가기준을 생각할 수 있다. 단가기준 적용방법이 더 이상 유효하지 못하다면 과거실적자료, 경험, 전문가 판단 등 그 출처가 무엇이든 획득 가능한 자료를 활용할 수 있다.

이러한 방법의 한계는 건물(시설)의 수명주기비용이 많은 변수에 근거하고 있고, 변수들 사이의 상관관계 또한 산정방법에 따라 다양하게 표현되기 때문에 엄청난 분량의 변수를 다루어야 한다는 것이다. 또 부위시스템의 상관성에 대한 이해 정도와 표현능력이 불완전하다는 것이다.

예를 들어 창호시스템의 수명주기비용을 산정하는 경우 에너지 사용량은 창호면적에 의해서만 결정되는 것이 아니라 실내·외 온도차, 유리 종류, 방향, 건물 위치 및 용도 등 다양한 요소의 영향을 받는다. 그리고 1일 24시간 사용하는 건물과 1일 8~10시간의 점유주기를 갖는 건물에서 얻어진 자료를 일관성 있게 비교할 수는 없다. 마찬가지로 고도의 보안(security)과 높은 수준의 건물관리를 위해 많은 인력을 고용해야 하는 건물은 별도로 고려되어야 한다.

이러한 문제를 해소하기 위해 체계적인 수명주기비용 산정기준이 마련될 수 있다면 다음 목적을 위해 유용하게 활용될 수 있다.

1) 건물의 물리적 및 질적 기준 또는 성능의 특성에 따라 대상 시스템의 특징을 정의할 수 있다.
2) 일반적 조건하에서 산정된 표준 수명주기비용을 주어진 여건과 특성에 맞게 조정할 수 있다.

이러한 기준의 작성 및 활용 방법에 관한 예를 제시하면 다음 (표 3.13)과 같다. 물론 다양한 건물 및 구성요소 유형에 따라 유연하게 적용할 수 있는 수명주기비용 산정기준을 체계적으로 설정하는 것은 방대한 작업을 요하는 복잡한 절차의 준용을 전제로 한다. 또한 건설사업 추진과정에서 전문가나 기술자가 보유하고 있는 다양한 지식의 사용절차를 투명화하기 위해서는 지식베이스 접근법(knowledge-base approach)의 적용이 필요하다.

이는 또 다른 분야의 학문영역과 접목해야 하는 사항으로 별도의 연구가 필요하다. 그럼에도 수명주기비용 산정을 위한 규칙 설정과 자료의 구성은 이 책에서 언급된 방향으로 이루어질 수 있을 것이다.

## 수명주기비용 최적화 모델—
## 실시설계단계의 비용평가수단

**건물 부위시스템 선정과 수명주기비용 :** 건설사업이 보다 구체화되어 실시설계단계에 이르면 건물(시설) 부위시스템(element system) 선택이 최적화의 중요문제로 대두된다. 부위는 건물(시설) 구성요소로서 기하학적 형태를 결정하는 주요인자이다. 기존 수명주기비용 평가기법은 미리 설정된 대안 중에서 최소 수명주기비용 대안을 선택하는 것에 중점을 두고 있기 때문에 건물(시설) 부위시스템이 수명주기비용의 관점에서 최적설계에 어떻게 영향을 미치는가를 파악할 수 없다.

표 3.13 수명주기비용 산정기준

| 수명주기비용 적용기준 (예시) | | |
|---|---|---|
| 구분 \ 적용항목 | 항목별 적용 예 | 의의 |
| 대상시스템 | 사무실 | 기준적용 대상 시스템으로 특정건물 전체뿐만 아니라 외벽, 기초, 바닥 등 건물의 하위시스템도 될 수 있다. |
| 적용 범위 | • 연면적 : 4,000~6,000$m^2$<br>• 층 수 : 5~7층 | 대상시스템의 적용범위 또는 적용상 한계 |
| 수명주기 비용요소 | • 에너지비 | 대상시스템이 포함하는 수명주기비용 요소 |
| 측정 단위 | • 연면적 ($m^2$) | 수명주기비용 산정 척도로 건물의 경우 연면적, 외벽의 경우 외벽면적 등으로 대상 시스템의 유형에 따라 달라진다. |
| 비용산정 기본조건 | • 창호종류 : 이중창<br>• 단열재두께 : 50mm<br>• 난방방식 : 중앙난방식<br>• 위 치 : 서울<br>• 점유시간 : 8시간/일, 5일/1주일 | 비용산정시 적용된 기본가정 또는 조건 |
| 비용산정 기본정보 | • 연면적 기준<br>4000$m^2$ 40,000원/$m^2$<br>4,001~5,000$m^2$ 35,000원/$m^2$<br>5,001~6,000$m^2$ 30,000원/$m^2$ | 비용산정 기본조건 하에서 산정되는 비용 |
| 비용조정계수 | (창호종류) 단창 : ×1.4<br>(단열재두께)<br>60mm : ×0.9<br>70mm : ×0.85<br>(난방방식) 지역난방 : +1,000원/$m^2$<br>4구획난방 : +2,000원/$m^2$<br>(위치) 서울 : ×1<br>부산 : ×0.7<br>(점유시간) 24시간/일,<br>7일/1주일 : ×2.5 | 대상시스템의 수명주기비용 산정 여건에 따라 비용산정 기본정보의 활용에 의해 결정된 결과를 조정하기 위해 필요한 지식 |

벽, 바닥, 창호, 지붕 등의 각 부위가 개별적으로 수명주기비용과 성능 면에서 최선의 것이라고 해서 이들의 조합을 통해 형성되는 전체 시스템이 항상 최적일 수는 없다. 특정시스템이 강조되면 오히려 종합적 효과성은 저하될 수도 있기 때문이다. 부위시스템의 최적개념은 개별적 부위의 관점에서는 다소 불만족스러워도, 이들의 조합인 건물(시설)의 평면, 형태, 성능 등을 포함하는 종합적 관점에서 가장 효과적인 것으로 이해되어야 한다.

건물부위론적 사고(thought process based on building elements) : 부위(elements)는 전체에 대한 부분의 점유 위치 또는 지위를 말한다. 생물학, 해부학, 의학 분야에서는 동일한 기능을 갖는 기관 또는 조직 계통이라는 의미로 사용된다. 건물도 많은 부품으로 구성되어 있고, 동일기능을 갖는 부품군으로 분류할 수 있기 때문에 건물부위(building elements)로 표현할 수 있다. 부위의 관점에서 바닥은 바닥의 주구조체와 상하부 마감을 포함하고, 벽은 벽의 주구조체와 양면 마감, 개구부와 벽의 부속물을 포함한다. 부위의 관점에서 건물형성에 대한 사고과정을 정리하면 다음과 같다.

1) 건물은 사람에게 공간을 제공한다.
2) 건물의 공간은 바닥과 벽으로 구성된다.
3) 바닥과 벽을 지지하기 위해 골조가 필요하다.
4) 골조를 토지에 구축하기 위해 기초가 필요하다.
5) 구성공간에 전기, 물, 안전, 운송기능을 제공하기 위해 설비를 필요로 한다.
6) 이상 요소를 생산하고 지원하기 위해 생산설비와 관리체계와 같은 간접요소가 필요하다.

부위에 근거한 사고방식은 (그림 3.15)와 (그림 3.16)과 같이 표현될 수 있다. 또한 부위가 결합하여 건물을 구성하는 과정을 설명하면 (그림 3.17)과 같다. (그림 3.17)은 부위론적 사고에 동태성을 부여하여 과정적인 관점으로 표현한 것이다.

특정부위가 변수로 입력되어 출력된 결과에 새로운 부위가 부가되면서 또 다시 새로운 변수가 생성되는 과정이 반복된다. 창호, 벽체, 지붕 등의 부위는 초기단계에서 개별적으로 선정되어 후기시점에서 결합된다. 이렇게 생성된 결과에 새로운 부위가 추가되어 최종 형태에 접근한다. 이와 같이 상호 인과성을 갖고 변화하는 부위는 인과관계모델의 상태변수(state variables)와 과정변수(process variables)로 구분될 수 있다.

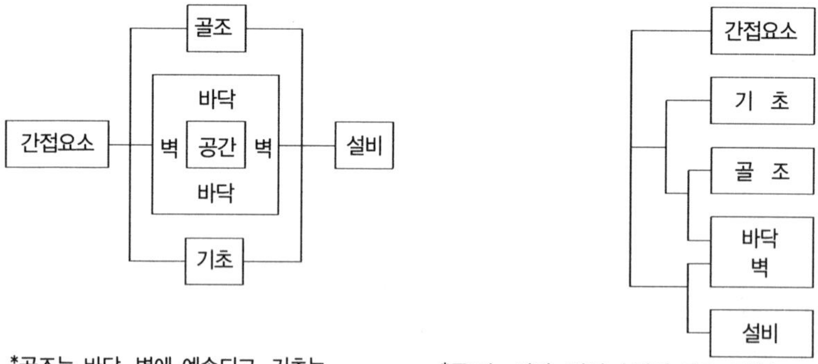


*골조는 바닥, 벽에 예속되고, 기초는 골조, 바닥, 벽에 예속되며, 간접요소는 모든 것에 관련된다.

*골조는 바닥, 벽의 수단이 되고, 기초는 골조, 바닥, 벽의 수단이 되며, 간접요소는 모든 것의 수단이 된다.

**그림 3.15** 건물부위의 예속관계

이러한 과정의 각 단계에서 최소 3개의 대안만을 고려해도 검토대안의 수는 기하급수적으로 증가된다. 따라서 다양한 변수를 하나의 방정식에 응축시켜 종합적으로 고려하기 위해서는 최적화 모델(optimisation model)을 설정해야 한다.

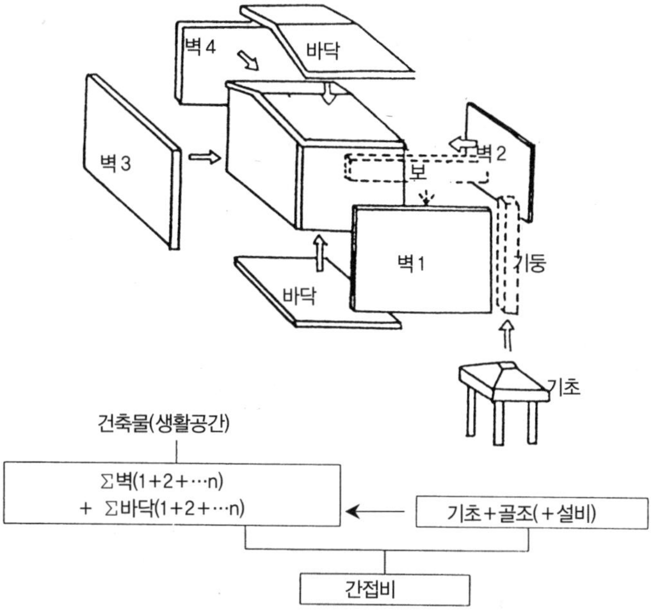


**그림 3.16** 부위에 근거한 건물의 구성방식

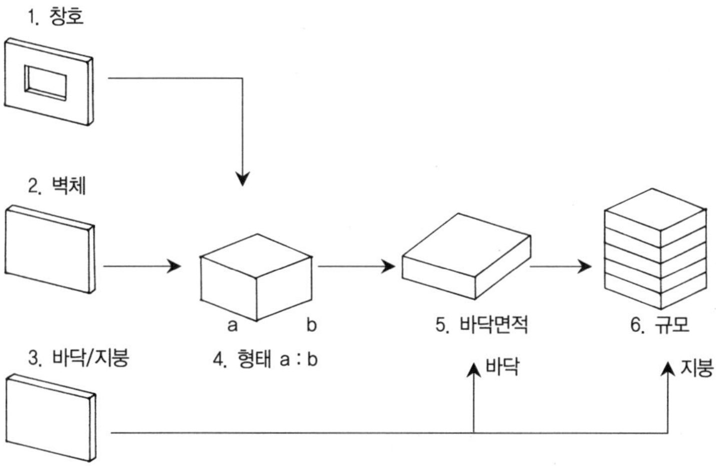


**그림 3.17** 부위의 동태적 결합

건물 부위론적 사고에 근거한 비용계획/조정 : 부위론적 사고로 건설과정을 조명하기 위해서는 비용의 계획 및 조정도 동일한 방식으로 이루어져야 한다. 설계단계에서 비용을 효과적으로 계획하고 조정하기 위해서는 부위를 성능등급에 따라 체계적으로 조합한 부위별 합성단가가 필요하다. 이에 대한 예를 들면 다음 (표 3.14) 및 그림 (3.18)과 같다.

표 3.14 외벽자재의 성능별 단가

| 등급 | 구 조 체 | 벽 체 | 외부마감 | 내부마감 | 개 구 부 |
|---|---|---|---|---|---|
| I | 두께 300mm RC<br>벽체 D16 @150 | AL 커튼월 | 화강석<br>두께 30mm | 쿼리타일 | 85,000원/m²<br>~<br>95,000원/m² |
| | 86,000원/m² | 112,000원/m² | 137,000원/m² | 66,000원/m² | |
| II | 두께 300mm RC<br>벽체 D13 @150 | PC 커튼월 | 외장타일<br>두께 15mm | 세라믹타일<br>두께 9mm | |
| | 83,000원/m² | 103,000원/m² | 72,000원/m² | 14,500원/m² | |
| III | 두께 250mm RC<br>벽체 D13 @200 | 벽돌<br>두께 100mm | 에폭시 페인트 | 수성페인트 | |
| | 66,000원/m² | 80,000원/m² | 65,000원/m² | 15,000원/m² | |

*상기 수치는 가정된 것임

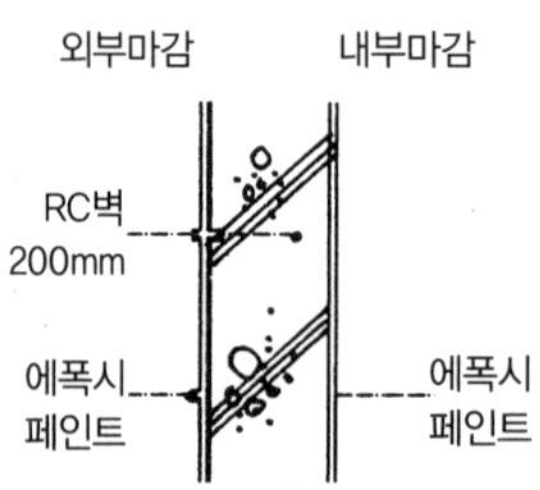


(구조체III)+(외부마감II)+(내부마감III)}×(1−WF)+(개구부)×WF
=(66,000+72,000원+15,000원)×0.7+(85,000원)×0.3
=132,600원/m²

* WF(window factor) : 벽체면적에 대한 창호면적의 비율로 상기 계산에서 30%로 가정되었음

**그림 3.18** 부위별 합성단가의 산정

이러한 방식으로 부위별 합성단가를 산정하여 적용하면 비용과 성능을 균형적으로 고려할 수 있다. 그러나 수명주기비용에는 초기공사비와 보수교체비는 물론 건물부위를 통해 소모되는 에너지 비용도 포함되기 때문에 상기 방법만으로는 충분하지 않다. 따라서 초기공사비와 함께 에너지비용 관련 정보도 포함시킨 합성단가표를 (그림 3.19)와 같이 작성하여 활용할 수 있다.

| pattern no. | 1 | | | 사용부위 | | | 외벽 | |
|---|---|---|---|---|---|---|---|---|
| 부위상세 | 재료 | 두께(mm) | 비용(원/m²) | | | 열전도율(W/m℃) | 열저항(m²℃/w) | U-value(W/m²℃) |
| | | | 자재비 | 노무비 | 계 | | | |
| | o. 외표면저항 | | | | | 28.8 | 0.035 | |
| 01234567i | 1. 수성페인트 | 0.5 | 5,000 | 7,500 | 12,500 | - | - | |
| 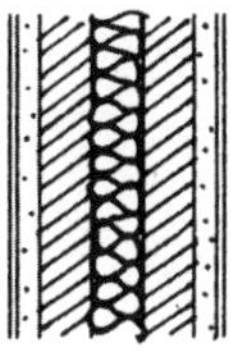 | 2. 모르타르 | 24 | 7,000 | 17,500 | 24,500 | 1.2 | 0.020 | |
| | 3. 벽돌 | 90 | 17,000 | 16,000 | 33,000 | 1.2 | 0.075 | |
| | 4. 단열재 | 50 | 13,000 | 3,000 | 35,500 | 0.033 | 1.515 | 1/1.942 =0.515 |
| | 5. 벽돌 | 90 | 17,000 | 16,000 | 33,000 | 1.2 | 0.075 | |
| | 6. 집섬보드 | 9 | 19,000 | 16,500 | 35,500 | 0.11 | 0.081 | |
| | 7. 벽지 | 0.5 | 9,000 | 4,500 | 8,500 | 0.18 | 0.0027 | |
| | i. 내표면저항 | | | | | 7.2 | 0.139 | |
| | 계 | | 87,000 | 38,100 | 125,100 | | | 0.515 |

*상기 비용은 가정된 것임

**그림 3.19** 부위별 합성단가표

부위시스템(building element system)의 비용은 공사비의 대부분을 점유한다. 특히 내외벽, 창호, 바닥/지붕은 건물의 형태를 결정하는 요소이다. 비용계획(cost planning) 이론에 따르면 벽체의 길이나 수량은 전체 공사비에 지대한 영향을 미친다고 한다. 특히 사무실, 공동주택, 학교와 같이 동일한 유형의 부위시스템이 반복적으로 사용되는 경우 특정 부위의 수명주기비용을 최소화하면 전체적으로 상당한 수준의 비용을 절감할 수 있다. 또한 설계이전에 각 실의 면적이 결정되기 때문에 수평부위(horizontal elements)인 바닥의 수량이 고정된 상태에서 벽체, 창호 등과 같은 수직부위(vertical elements) 수량의 변화만으로 총비용이 결정된다. 따라서 수직부위를 중심으로 비용과 부위시스템의 상관관계를 검토하는 것이 바람직하다.

**건물 부위인과모델(building element causal model)** : 부위시스템의 인과관계를 설정하기 위해서는 부위시스템의 수명주기비용과 건물(시설) 형태의 결정에 지배적 역할을 하는 부위시스템의 수량, 그리고 건물(시설)의 수명주기비용을 고려할 수 있다.

부위시스템의 구성요소가 변경되면 단위 수명주기비용도 변하고, 설계변수가 달라지면 부위별 수량도 변동되면서 수명주기비용도 변하게 된다. 여기서 부위별 단위수명주기비용은 할인율(discount rate), 리스크 인자 등과 같은 변수들의 영향을 받는다.

**건물 부위시스템의 수명주기비용 구성요소** : 부위시스템의 수명주기비용에서 주요인자로 고려될 수 있는 것은 초기공사비, 보수교체비, 그리고 부위를 통해 실내·외로 이동하는 에너지로 인해 소요되는 비용이다. 물론 부위별 유형에 따라 이러한 비용요소 외에도 고려할 사항이 많을 수 있으나 실시설계단계에서의 수명주기비용 평가에 대한 기본원리를 제공한다는 관점에서 이러한 세 가지 비용요소만을 고려하도록 한다. 비용요소에 대한 구체적인 설명은 다음 〈표 3.15〉에서 제시된다.

표 3.15 건물의 수평/수직 부위시스템 수명주기비용 요소

| 수명주기비용 요소 | 내 용 |
|---|---|
| 초기공사비(Ic) | • 단열재 및 마감재를 포함하는 벽/바닥의 공사비용<br>• 창문의 설치 공사비용<br>• 출입문의 설치 공사비용 |
| 보수교체비(On) | • 벽 및 바닥의 주기적 보수 및 교체비용<br>• 창문 및 출입문의 주기적 보수 및 교체비용 |
| 에너지비 (En) | • 외벽을 통한 에너지이동에 의해 발생되는 비용<br>• 창문/출입문을 통한 에너지이동으로 발생되는 비용 |

최적화 모델(optimisation model)의 설정 : 인과관계에 근거한 최적화 모델을 설정하기 위한 첫 단계는 상태 및 과정 변수의 상호작용 과정인 부위의 동태적 결합과정(그림 3.17)을 재점검하는 것이다. 이는 문제를 다단계 과정(multi-stage process)으로 표현한 (그림 3.20)에 의해 이루어질 수 있다. 다단계 과정이란 한 가지 이상의 변화를 포함하는 일련의 사안들이 연속적으로 일어나는 것을 말한다.

(그림 3.20)은 각 부위시스템의 선정에서부터 전체시스템의 효과를 파악하는 단계까지 8단계의 과정을 거친다는 것을 보여준다. 8단계는 전체적인 관점에서 각 부위의 수명주기비용을 최적화하기 위해 그 성격에 따라 다시 3단계의 주요절차, 즉 단위수명주기비용 모델(unit LCC model), 부위 수량모델(quantity model of building elements), 그리고 수명주기비용 기하학(LCC geometry)으로 구분된다.

■ 단위수명주기비용 모델(models of unit LCC) : 이 모델은 건물 부위를 구성요소(building components)로 구분하여 설정된다. (그림 3.20)은 부위시스템의 단위수명주기비용을 산정하기 위한 입출력 상태변수를 보여준다. 부위시스템의 대안을 선택하기 위해 의사결정자는 비용뿐만 아니라 질적인 성능인자도 고려해야 한다. 예를 들어, 건축

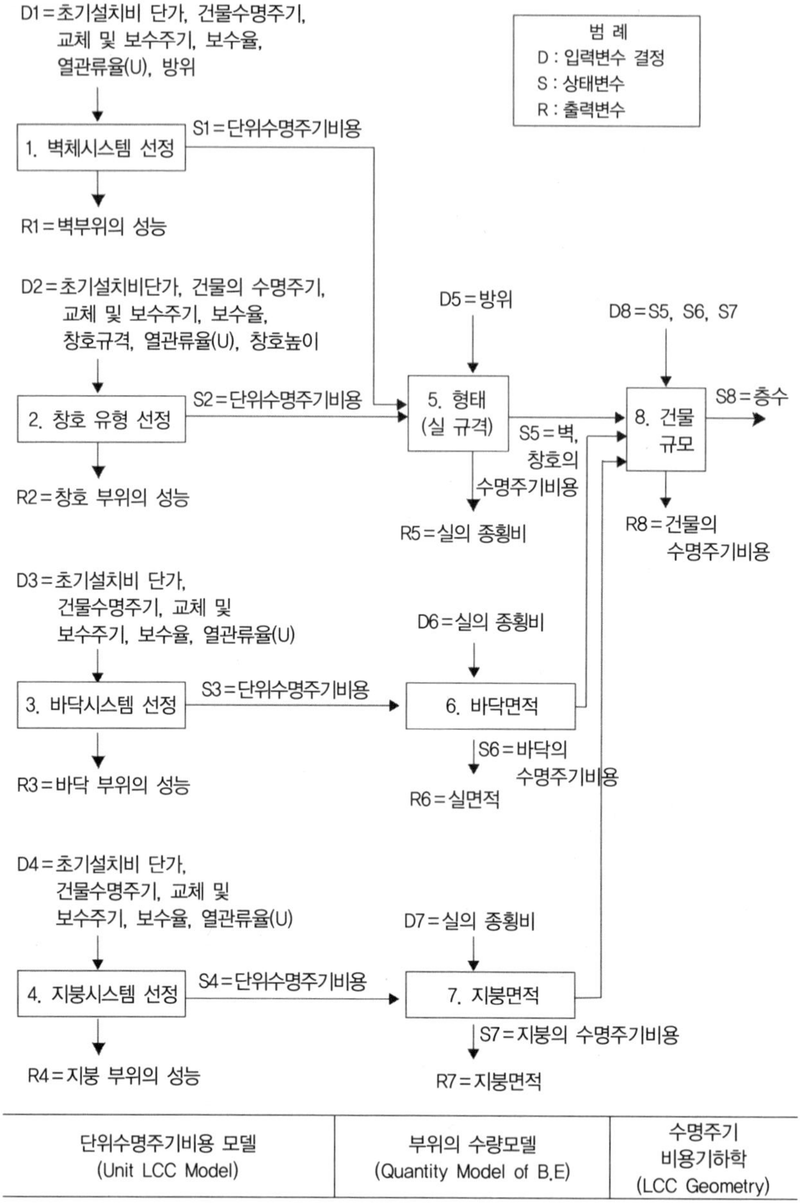


그림 3.20 최적화를 위한 문제의 8단계 구성

적인 고려사항인 미적인 요구조건은 계량적으로 표현할 수 없기 때문에 설계자의 상상력과 직관력에 의존할 수밖에 없다. 그럼에도 색감(colors), 질감(texture), 척도(scale), 형태(pattern) 등 여러 가지 유형의 미적 특성은 대안선정을 위해 비교 · 검토되어야 할 중요요소들이다. 이러한 질적 요소의 체계적 평가방법론은 다음 장(성능평가)에서 제시된다.

■ **부위수량모델**(quantity models of building elements) : 이 모델에서 부위는 형태에 영향을 미치는 주요인자로 고려된다. 건물형태는 외벽, 내벽, 창호 등과 같은 건물 수직부위(vertical elements) 수량에 직접적인 영향을 미친다. Ferry와 Brandon(1984)은 건물의 체적과 면적에 근거하여 건물형태의 비용효용성을 측정할 수 있는 몇 가지 지표를 제시한다.[12] 이러한 시도는 사실상 건설과정에서 대지경계(site boundary), 지형(topography), 방위(orientation) 등의 제한적 요소 때문에 그 효용가치에 의문이 제기되기도 한다. 그러나 분명한 사실은 형태에 대한 건물 부위의 영향도가 매우 크다는 것이다. (그림 3.21)은 부위의 조합으로 결정되는 건물의 평면형태가 공사비에 영향을 미치는 정도를 보여준다.

(그림 3.21)은 건물형태가 복잡한 경우 단순한 모양의 건물보다 공사비가 10% 이상 더 소요된다는 것을 보여준다. 따라서 수명주기비용의 경제성을 추구하기 위해서는 건물형태별 부위수량의 변화효과를 고려할 필요가 있다.

---

12) Ferry와 Brandon은 공저 「Cost Planning of Buildings」에서 건물형태의 비용효용성을 측정할 수 있는 다양한 지표를 소개한다. 가장 일반적으로 쓰이는 것은 '바닥면적에 대한 벽체면적의 비율'인 QF(quantity factor)이다.

| 평면유형 | 벽체 길이 | 지표 | 공사비에 대한 영향도 |
|---|---|---|---|
| 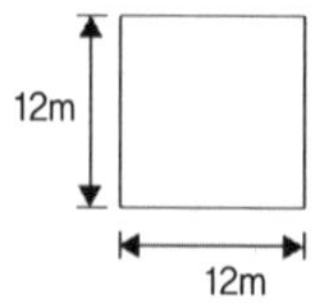 면적 : 144$m^2$ | 48m | 100% | 20%* |
| 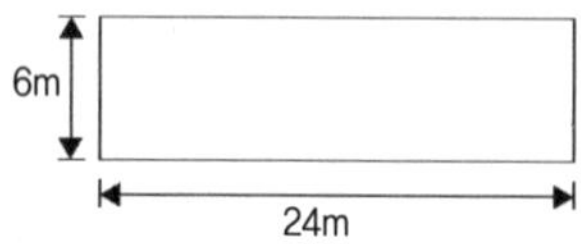 면적 : 144$m^2$ | 60m | 125% | 25% |
| 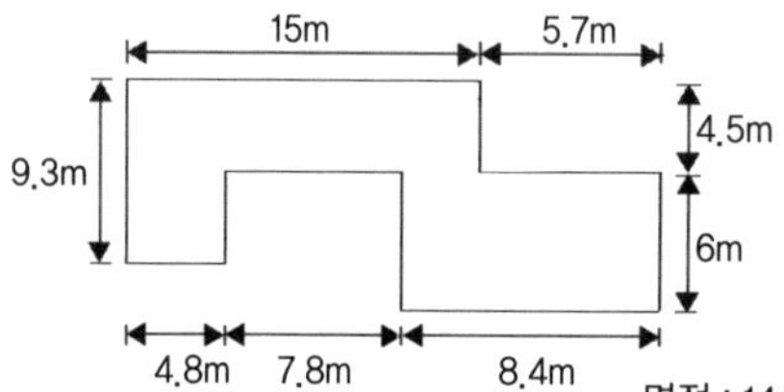 면적 : 144$m^2$ | 72m | 150% | 30% |

* 외벽공사비는 전체 건물공사비의 20%로 가정되었음.

**그림 3.21** 건물 평면형에 다른 벽체길이의 변화

■ 수명주기비용의 기하학(LCC geometry) : 부위수량의 상대적인 비율에 따른 비용효과를 검토하기 위해 필요한 것이 '원가기하학(cost geometry)'의 개념이다. 이 개념을 확장시켜 초기공사비에 유지관리비와 에너지비용도 부가하여 '수명주기비용기하학(LCC Geometry)'을 고려할 수 있다. 수명주기비용의 기하학을 통해 부위와 건물형태의 상관관계를 파악하면 수명주기비용 관점에서 최적의 평면유형을 결정할 수 있다. 다음 (그림 3.22)의 예는 부위수량의 변화가 전체 수명주기비용의 변화에 어떻게 영향을 미치는가를 보여준다.

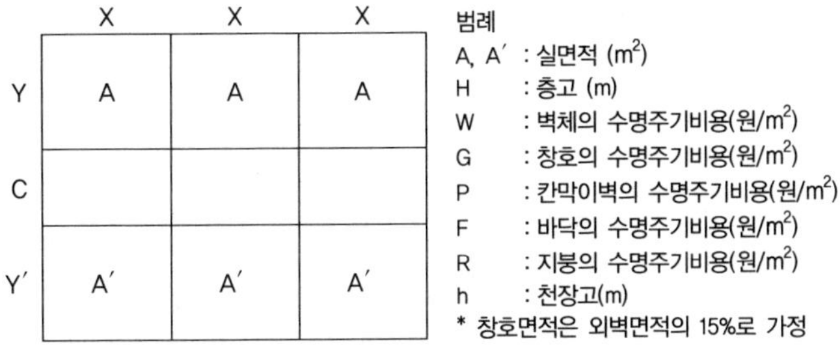


**그림 3.22** 건물평면형의 예와 범례

(그림 3.22)의 평면형을 근거로 상기 범례를 이용하여 수명주기비용을 산정하면 다음과 같다.

$$\begin{aligned} LCC = & [2\times 3X + 2(Y + Y' + C)\cdot H - 3(A + A')\times 0.15]\cdot W \\ & + (2\times 3X + 2Y + 2Y')\cdot h\cdot P + 3(A + A')\times 0.15G \\ & + 3(A + A')\cdot (F + R) \end{aligned}$$

이 된다. 이 식에 $Y = A\cdot X^{-1}$과 $Y' = A'\cdot X^{-1}$을 대입하면(왜냐하면 $XY = A$, $XY' = A'$이므로),

$$\begin{aligned} LCC = & 6(WH + HP)\cdot X + 2(AWH + A'WH + AhP + A'hP)\cdot \\ & (1/X) + 2CHW - 0.45(A + A')\cdot W + 0.45(A + A')\cdot \\ & G + 3(A + A')\cdot (F + R) \end{aligned}$$

이 된다.

여기서 $A = 30㎡$, $A' = 25㎡$, $C = 2m$, $H = 3m$, $h = 2.7m$, $W = 120$(천원/m²), $G = 180$(천원/m²), $P = 80$(천원/m²), $F = 70$(천원/m²), $R = 150$(천원/m²)이라고 가정하면

$$LCC = 3600\cdot X + 31680\cdot (1/X) + 33834.75(\text{천원})$$ 이 된다.

이 식을 함수로 처리하면 (그림 3.23)과 같이 X = 2.96m인 지점에서 최소수명주기비용을 갖는 그래프를 그릴 수 있다. 즉 상기의 LCC 방정식을 실치수 X 로 1차 미분한 결과를 0(Zero)으로 하는 X 값을 구하면 $dLCC/dX = 3600 - 31680/X^2 = 0$ 에서 $X = (31680/3600)^{\frac{1}{2}} = 2.96m$ 가 된다.

이 값을 다시 LCC 방정식에 대입하여 극소값을 구하면 최소 LCC 값은 5,510만 원이 된다. (표 3.16)은 실치수 X 의 변화에 따른 수명주기비용의 변화를 나타낸다.

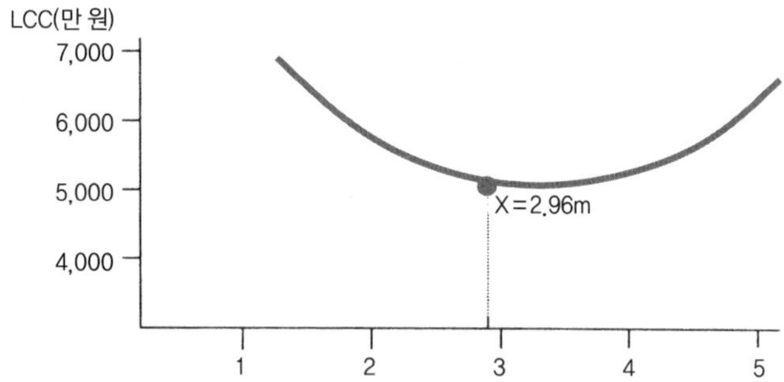


**그림 3.23** LCC 방정식의 함수 표현

표 3.16 실치수 변화에 따른 LCC의 변화

| X(m) | 1 | 2 | 2.96 | 3 | 4 | 5 |
|---|---|---|---|---|---|---|
| LCC(만 원) | 6,910 | 5,690 | 5,510 | 5,520 | 5,610 | 5,820 |

■ 감도분석(sensitivity analysis) : 모델을 설정하기 위해 가정된 주요변수의 값이 특정범위 내에서 변화하는 경우에 모델운용 결과치가 어떻게 변화하는가를 파악하기 위해 감도분석을 실시한다. 감도분석은 다음의 목적을 위해 효과적으로 활용될 수 있다.

1) 입력자료의 정확도를 검토한다.
2) 최적의 대안을 선정하기 위해 가정 또는 예측된 주요변수의 변화에 대한 한계치를 설정한다.
3) 제한된 재원 모두를 투입했을 때 산출되는 결과를 파악한다.

여기서 감도분석은 최적대안을 선정하기 위해 주요인자의 변화에 따른 수명주기비용 변동효과를 파악하기 위해 활용된다. 수명주기비용 최적화 모델을 설정하기 위해 사용된 변수의 종류는 매우 다양하다. 따라서 모든 변수를 감도분석 대상으로 고려할 수는 없기 때문에 기준이나 법령 등에 의해 확정된 사항은 상수로 간주하여 제외시키고, 변화효과가 수명주기비용에 직접적으로 영향을 미치는 주요예측 인자를 선정하여 변동범위를 설정하면 (표 3.17)과 같다.

표 3.17 감도분석 대상변수 및 변동범위

| 주요변수 | 분석범위 |
|---|---|
| 건물의 수명주기(life cycle of building) | 15~50년 |
| 이자율 (interest rate) | 0~20% |
| 물가상승률 | 0~20% |
| 에너지비 상승률 | 0~20% |
| 난방기기의 열효율 | 70~90% |
| 난방도일 (degree-days) | 2,000~3,000℃.Days |
| 1일 난방시간 | 2~10시간 |
| 실내온도 | 12~24℃ |

■ 모델운용절차 : 수명주기비용 최적화 모델의 운용절차를 도시하면 (그림 3.24)와 같다.

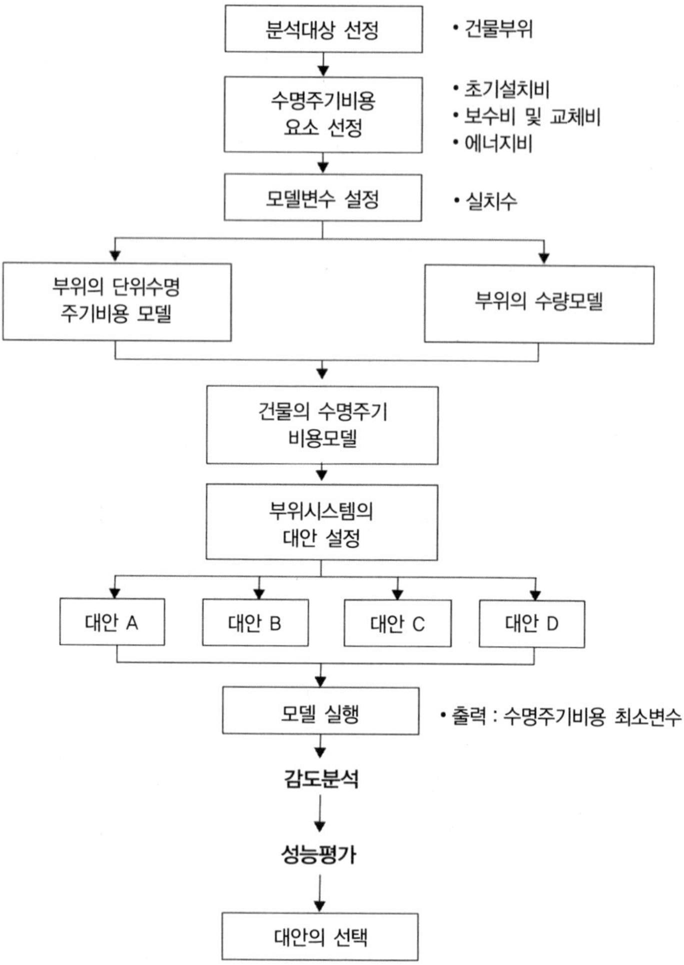


**그림 3.24** 수명주기 최적화 모델의 운용절차

# 4 성능 평가

/ 정량적 · 정성적 인자의 종합평가

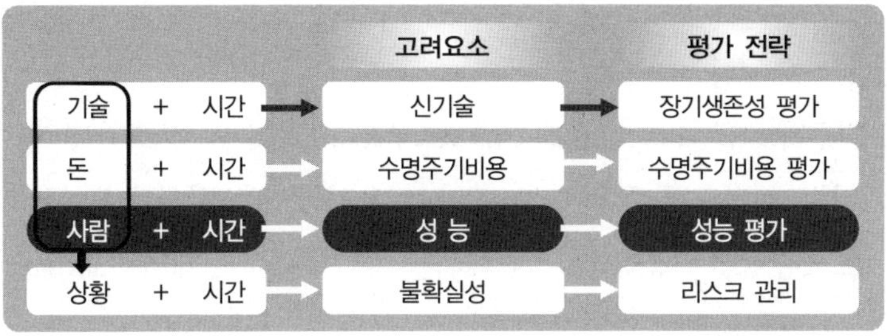


## 대안의 우선순위 평가방법론

건설과정에서 경합관계에 있는 여러 가지 대안을 평가하여 우선순위를 결정하는 것은 불가피하게 개입되는 사람의 주관적 판단과 정보 · 자료의 부족, 그리고 건설목적에 대안이 기여하는 정도의 불확실성을 고려해야 하는 복잡 · 다난한 작업이다.

대안의 우선순위를 결정하기 위한 평가방법은 주로 연구개발 프로젝트 선정(project selection)과 자원배분(resource allocation)을 위해 사용되어 왔다. 평가방법에는 비용편익분석, OR모델, 통계분석 모델 등의 규범적 모델(normative model)뿐만 아니라 정책분석(policy analysis)과 같은 기술적(記述的 : descriptive model) 모델도 포함된다.

그러나 건설과정의 문제를 해결하기 위해 제시되는 대안의 유형과 평가기준은 연구개발 프로젝트보다 훨씬 더 광범위하고 복잡하다. 그동안 기술평가(technical assessment), 수명주기비용분석(life cycle cost analysis) 및 리스크 평가(risk assessment)를 포함하는 대안의 종합적 효용(utility)을 측정하기 위해 가중치법(weight scoring method)이 사용되었다. 이러한 기존 모델은 다음과 같은 요건을 충족시키기 어렵다.

1) **변수의 독립성(separability of variables) :** 변수들 상호간에 영향을 미치지 않도록 독립적인 조건이 유지되어야 한다. 변수들의 상호의존성을 배제하기 위해서는 각 속성의 개별비교(pairwise comparison)가 필수적이다.
2) **시간의존적인 평가(time-dependent appraisal) :** 변화하는 사람의 기호(preferences)와 기대감(expectations)을 평가과정에 반영해야 한다.

따라서 평가기준의 가중치를 결정하기 위해 직접적 평가(direct rating)에 의존해야 하는 모델의 정태적 특성(static characteristics)은 건설과정의 성능평가를 위해 극복되어야 할 중요사항이다.

정태성의 한계 외에도 고려해야 할 또 하나의 문제는 평가기준의 복합성이다. 건설과정에서는 건설목적뿐만 아니라 집단(조직) 목표와 사회적 · 기술적 · 경제적 제한요소도 고려해야 한다. 이를 위한 평가기준은 계량적 측정이 가능한 인자와 함께 계량화가 불가능한 질적 요소(qualitative factors)도 포함한다.

정량적 요소와 정성적 인자를 함께 고려할 수 있는 평가모델로서 다음과 같은 4가지를 고려할 수 있다.

1) 정량적 · 정성적 모델 중 하나만을 고려하고 다른 모델은 무시한다.
2) 정량적 모델(quantitative model)만을 설정하고 정성적 요소에 대해서는 임의값을 부여한다.
3) 정성적 모델(qualitative model)만을 설정하고 정량적 · 정성적 인자 모두를 정성적으로 취급한다.
4) 정량적 · 정성적 인자 모두를 적정모델을 사용하여 별도로 분석하고 수학적 모델(mathematical model)을 활용하여 평가결과를 하나로 통합한다.

이러한 4가지 대안은 (그림 3.25)와 같이 표현될 수 있다. 각 대안을 평가해 보면 (표 3.18)과 같다.

표 3.18 각 대안의 분석 및 평가

| 대안 | 분 석 | 평 가 |
|---|---|---|
| 1 | 정량적 · 정성적 요소 모두가 중요하기 때문에 어느 한 쪽을 무시하는 것은 바람직하지 못하다. | 부적합 |
| 2 | 정성적 인자에 임의적 값을 부여하는 과정에서 오류 발생의 가능성이 높다. | 부적합 |
| 3 | 의사결정자에게 지나칠 정도로 의존한다. 리스크 분석 · 평가에 적용될 수 있을 것으로 판단된다. 리스크의 정량적 분석모델(예 : 감도분석)이 사용되어도 분석결과를 해석하고 평가하기 위해서는 불가피하게 주관적 판단에 의존해야 하기 때문이다. | 리스크 분석 및 평가에 적합 |
| 4 | 각 대안의 성능척도를 산출하여 의사결정자에게 종합적인 관점을 제공할 수 있다. | 적합 |

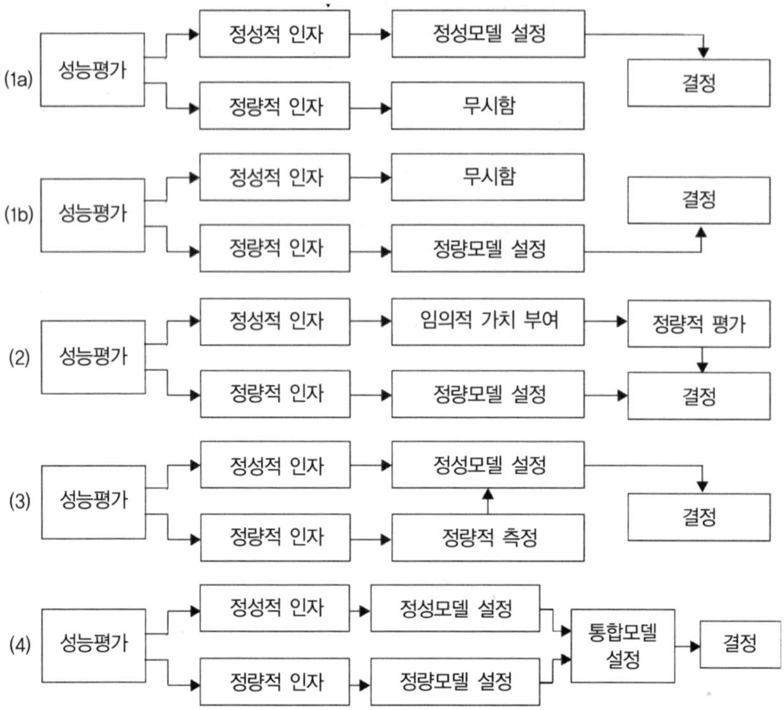


**그림 3.25** 정성적 · 정량적 요소의 처리 방법론

## 정성적 인자의 계량화 방법

정성적 평가기준의 상대적 가중치를 결정하기 위해 Saaty가 제시한 AHP(Analytic Hierarchy Process)기법의 일부인 개별비교(pairwise comparison)를 사용할 수 있다.[13] 아울러 계층구조에서 한 가지 이상의 평가기준을 사용해야 할 필요성이 있기 때문에 여러 단계의 평가기준 및 대안의 계층구조(hierarchical structure)를 설정할 수 있다.

13) Saaty, T.L., The Analytic Hierarchy Process, New York : McGraw-Hill, 1980.

건설경영의 맥락에서 판단모델은 다음 목적을 위해 필수적이다.

1) **계량화 불가능한(intangible) 정성적 · 질적 요소의 반영** : 의사결정에 영향을 주지만 계량화할 수 없어서 생략된 정성적 · 질적 인자로 인해 모델의 효용이 떨어지는 경우가 있다. 의사결정자는 계량화 가능한 인자이든 불가능한 요소이든 중요한 모든 사항을 고려해야 한다.

2) **평가기준 사이의 타협** : 최적의 대안을 선택하기 위해 특정기준의 지나친 강조를 지양하고 다양한 유형의 평가기준 사이에서 적절한 타협을 추구해야 한다.

3) **대안의 우선순위 설정** : 의사결정상황에서 중요한 과제 중의 하나는 하위 수준의 각 평가기준이 상위목표 달성에 어느 정도 기여하는지를 파악하는 것이다. 각 기준의 기여 정도가 균일하지 않기 때문에 의사결정자는 중요 요소를 우선적으로 고려하여 그 영향도(intensity)에 따라 대안의 우선순위를 설정해야 한다.

4) **주관적 판단의 반영** : 자료를 모델에 입력하고 처리 결과를 해석하는 과정에서 의사결정자는 다양한 이해관계를 갖는 사람들의 주관적 관점을 적절히 반영해야 한다. 각 참여자는 가장 중요한 것이 무엇인지를 이해하고, 설정된 우선순위가 자신의 관심사와 잘 부합하는지의 여부도 파악할 수 있어야 한다. 이러한 연유로 의사결정자는 문제를 인식하고 평가하여 대안의 우선순위를 설정하는 과정에서 각 개인의 주관적인 관점을 합리적으로 반영할 수 있는 다기준 평가모델을 필요로 한다.

5) **복잡성의 처리** : 복잡한 문제를 체계적으로 재구성하여 효과적으로 처리할 수 있는 강력한 접근법이 필요하다.

## 개별비교법과 AHP기법

개별비교법(pairwise comparison method)은 동시에 여러 가지의 대안을 고려하는 과정에서 일관성이 결여될 수 있는 문제를 배제하기 위해 한번에 두 개의 대상 또는 기준만을 비교하도록 하여 결과적으로 전체를 평가할 수 있도록 하는 방법이다. 따라서 n가지의 대상을 비교하기 위해서는 n(n-1)/2회의 비교를 시행해야 한다.

대상 A와 B를 비교할 경우 의사결정자는 'A와 B 중 어느 것이 더 중요한가?'라는 질문에 답한 다음 '어느 것이 얼마만큼 더 중요한가?'라는 후속 질문에 대응하게 된다. 이러한 과정에서 (표 3.19)와 같은 평가척도를 사용한다.

표 3.19 상대적 중요도의 평가척도

| 상대적 중요도 | 내용 |
|---|---|
| 1 | 똑같은 정도로 중요하다. |
| 3 | 약간 중요하다. |
| 5 | 꽤 중요하다. |
| 7 | 상당히 중요하다. |
| 9 | 절대적으로 중요하다. |

* 위의 수치 사이의 중간값 2, 4, 6, 8의 사용도 가능함.

많은 것을 동시에 비교하는 서열법에 비해 개별비교법은 한번에 두 개의 대상만을 비교하기 때문에 사람의 인식능력상 한계를 초과하지 않는 범위 내에서 비교가 이루어질 수 있다. 개별비교법의 평가척도는 Saaty(1980)가 제시한 AHP기법의 일부이다. AHP기법은 개별비교법을 사용하여 전문가가 주관적으로 산출한 결과의 일관성을 검증할 수 있는 수단을 제공해 줄 뿐만 아니라 정성적 평가를 용이하게 정량화할 수 있도록 해준다.

AHP(Analytic Hierarchy Process)기법은 강력하고도 유연한 다기준 결정분석 방법론(multicriteria decision analysis methodology)으로, 대안의 우선순위를 설정하기 위해 효과적인 역할을 할 수 있다. 특히 평가기준이 계량적 측정이 불가능한 정성적 성격을 띠는 경우에 유용하게 활용할 수 있다.

AHP기법의 원리 : AHP기법은 세분화(decomposition), 비교판단(comparative judgment), 그리고 우선순위종합(synthesis of priorities)이라는 세 가지 기본원리에 근거하고 있다.

세분화(decomposition)는 문제의 계층구조를 설정하기 위해 필요하다. 문제에 대한 계층구조 구성이 AHP기법의 출발점이다. 계층구조의 최상위는 평가목표이고 가장 낮은 수준은 대안이며, 목표와 대안 사이는 평가기준이 제시된다. 계층구조는 의사결정에 영향을 미치는 모든 인자들의 상호관계를 일반적이고 개념적인 수준에서 보다 특정적·구체적으로 구체화하여 복잡한 문제를 쉽게 이해할 수 있도록 하는 수단이다. (그림 3.26)은 계층구조적 표현의 예시이다.

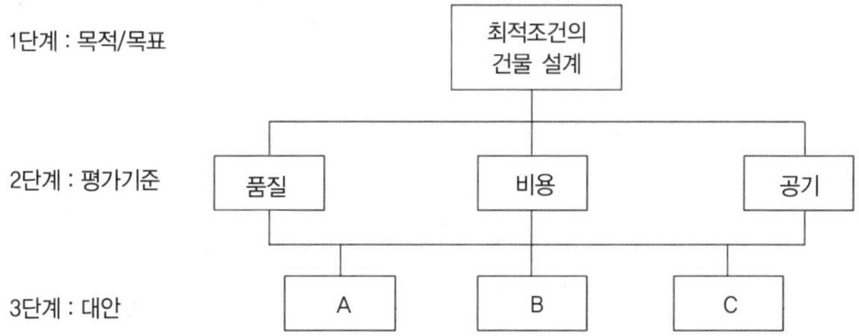


**그림 3.26** 최적조건의 건물설계에 관한 계층 구조적 표현의 예

계층구조적 표현의 장점을 다음과 같다.

1) 상위수준의 우선순위 변화가 하위수준 결정요소의 우선순위에 어떻게 영향을 미치는가를 설명할 수 있다.
2) 의사결정구조와 하위수준 시스템의 기능에 관한 구체적 정보를 제공해 줄 뿐만 아니라 보다 상위수준 의사결정자의 유형 및 목적까지도 보여준다. 또한 특정수준의 제약조건이 상위단계의 조건을 만족시킬 수 있을지 여부를 나타내준다.
3) 계층구조는 안정적이면서도 유연하다. 적은 변경은 적은 변화를 유도한다는 점에서 안정적이고, 새로운 요소를 추가해도 전체 의사결정의 성능에 손상을 주지 않는다는 점에서 유연하다.

계층구조가 설정되면 각 단계별 구성요소의 상대적 중요도를 결정하기 위해 비교·판단을 시작한다. 비교·판단은 상위단계 목표에 근거하여 하위수준의 상대적 중요도를 결정하기 위한 것으로 개별비교법을 적용한다. 개별비교를 위해 비교 매트릭스(matrix)가 구성되고, (표 3.19)의 평가척도에 따른 평가를 실시한다. 평가척도를 통해 의사결정자는 주관적인 판단, 경험, 지식 등을 의사결정에 체계적으로 반영할 수 있다.

비교·판단이 끝나면 각 구성요소의 상대적 가중치를 도출한다. 상위수준의 요소에 대한 각 단계별 구성요소의 상대적 가중치는 비교 매트릭스의 값을 벡터(vector) 요소로 처리하여 계산한다. 대안별 가중치의 합은 계층구조의 최상위 수준에서부터 가장 하위단계까지의 경로(path)를 통해 그 대안과 관련된 각 가중치를 합산하여 산정한다. 최종적으로 각 대안의 우선순위는 계층구조를 통해 결정된 가중치(local weights)를 상위수준 평가기준의 가중치와 곱하여 구한다. 가중치 결정의 수학적 근거를 이해하기 위해서는 Saaty(1980)의 저서

'The Analytic Hierarchy Process'를 참고하는 것이 바람직하다.

AHP기법에 대한 몇 가지 우려사항 : AHP기법은 사용이 간편하고, 평가결과의 일관성을 쉽게 점검할 수 있으며, 정성적 요소를 어렵지 않게 정량화시킬 수 있다는 장점을 갖기 때문에 계량적 모델의 운용결과를 주관적으로 조정하기 위한 수단으로 AHP기법을 제안한다. 그럼에도 몇 가지 우려사항을 조명하고, 그 해결방안을 강구할 필요가 있다.

**문제점 1** : 의사결정의 계층구조를 설정하고, 상황에 따라 수정하는 과정에서 많은 시간이 소요되고 가중치 결정을 위해서는 복잡한 수학적 원리를 이해해야 한다.

문제해결이 요구될 때마다 복잡한 수학적 이론의 전개과정을 거쳐야 한다면 수학적 지식이 풍부하다고 보기 어려운 각 부문의 전문가들이 용이하게 사용할 수 없을 것이다. 이러한 점을 고려하여 Forman과 Saaty(1985)는 복잡한 계산과정 없이 간편하게 사용할 수 있는 소프트웨어(software)를 개발하였다.[14] 이를 활용하면 계층구조의 설정은 물론 평가요소들 사이의 개별비교(pairwise comparison)도 쉽게 할 수 있다.

**문제점 2** : Miller(1956)의 심리학적 실험결과에 따르면 비교대상이 (7±2)개를 초과하면 비교의 일관성을 유지하기 어렵다고 한다. 실제 상황에서 평가기준이나 대안의 수는 이 수치를 초과할 수 있다.

이러한 지적은 '구성요소의 수가 9개를 초과하면 어떻게 해야 하는가?'라는 문제를 제기한다. 구성요소의 수가 많아지면 성격이 유사

14) Forman, E., and Saaty, T.L., Expert Choice, Decision Sopport Software, McLean, VA, 1985.

한 것들을 모아, 몇 개의 군(cluster)이 형성되도록 하여 각 단계의 구성요소 수를 (7±2) 이하로 줄일 수 있다.

문제점 3 : 상대적인 우선순위를 도출하기 위해 반복적으로 이루어지는 판단의 일관성을 확신할 수 없다.

개별비교를 여러 번 수행하는 과정에서 일관성이 결여될 가능성이 있다. 예를 들어 A보다 B가 2배 중요하고 B보다 C가 3배 중요하다면 A와 C의 비교결과는 C가 A보다 6배 중요한 것이어야 한다. 그러나 반복적인 다수의 개별비교 과정에서 인식능력상 한계로 인해 정확한 고려가 어렵다. 이러한 문제를 해결하기 위해 Saaty(1980)는 행렬을 이용한 수학적 방법을 활용하여 비교의 일관성을 검증할 수 있는 방법을 고안하였다. 이에 따라 개별비교의 비정합도(非整合度)를 나타내는 계수가 0.1을 초과하면 일관성이 결여된 것으로 보고 비교를 다시 하도록 하고 있다. 이에 대한 자세한 설명은 매우 복잡한 수학적 이론의 전개과정을 통해 입증될 수 있는 것으로 Saaty(1980)의 저서 「The Analytic Hierarchy Process」를 참조하는 것이 바람직하다. 그러나 Foreman과 Saaty(1985)가 개발한 소프트웨어 패키지인 'Expert Choice'를 이용하면 복잡한 원리의 이해 없이도 개별비교의 비정합도를 쉽게 구할 수 있다.

문제점 4 : 비교판단 과정에서 의견차로 인한 갈등이 유발되어 개별비교의 진행에 차질을 빚을 수가 있다.

한 가지 문제에 대한 답변을 얻기 위해 다양한 전문가들의 의견을 구해야 한다. 이러한 경우 분야별 전문가의 서로 다른 의견을 조정해 나가는 과정에서 계층구조를 설정하고 개별비교를 이행하기 위한 주관적 판단에 많은 시간이 소요된다.

이에 대하여 필자는 단일의 결과를 얻을 수 있는 두 가지 방법을 제안한다. 첫째는 참여자들이 단일합의에 이를 때까지 지속적으로 토론하도록 하는 만장일치적(behavioural aggregation) 방법이고, 둘째는 참여자 각자의 주관적 산정치를 수학적으로 처리하여 단일 값을 얻어내는 방법이다.

만장일치적 접근은 설득 또는 합의를 통해 전문가들이 일치된 결과에 이르게 하는 방법이다. 결과적 산정치는 전체적 노력의 결실로서 익명으로 처리된다. 이 방법은 전문가의 의견에 포함되어 있는 다양한 종류의 편견(bias)을 제거하기 위해 충분한 사전계획이 필요하다. 그렇지 않으면 어느 누구도 신중하게 생각하지 않고 무의식적으로 동의하는 집단사고의 상황(group-think situation)을 야기할 수 있는 반면, 합의에 이르지 않으려고 할 경우에는 단일결과를 얻기 위해서 많은 시간이 소요된다. 만장일치적인 접근은 의견차의 발생을 억제하는 효과를 낼 수 있다는 점에서 정확한 답을 찾을 수 있는 경우가 많다. 그러나 한편으로는 이해와 분석, 그리고 자료의 사용에 중대한 영향을 미치는 의견 차의 발생 이유를 명확히 설명할 수 없다는 단점을 갖는다.

수학적 접근법(mathematical aggregation)은 단일 결과를 얻기 위해 다수 전문가의 산출결과를 수학적으로 처리하여 평균치를 계산하는 방법이다. 평균치의 산출과정에서 각 전문가의 의견에 동일한 가중치를 부여할 수 있는 반면, 특정상황에서는 보다 영향력 있는 전문가나 자료에 더 높은 가중치를 부여할 수도 있다. 수학적 접근법은 만장일치적 접근법과 달리 주관적 판단을 도출하는 상황에 대비하여 사전계획을 수립할 필요가 없다. 그러나 만장일치적 접근법과 마찬가지로 수학적 접근법 역시 전문가들의 의견차를 명확히 설명할 수 없다. 또한 서로 다른 가정에 근거하여 산정된 결과를 단순하게 조합하는 오류를 범하기도 한다. 아울러 의사결정에 참여한 어느 누구도 만족시키지 못하는 값을 산출하기도 한다.

만장일치적 접근방법에 비해 그다지 바람직하지는 않을지라도 참여자들이 토론을 원치 않는다면 각 전문가의 판단결과에 대한 산술평균치나 기하평균치를 사용할 수도 있다.

**AHP기법의 적용 사례 :** 그동안 AHP기법은 마케팅, 신상품 개발, 전력배분, 연구개발 프로젝트 선정 등 다양한 분야에서 우선순위 설정과 자원배분을 위해 활용되어 왔다. 또한 제조시스템(manufacturing system)의 성능평가, 기술선정(technology selection), 연구개발 프로젝트의 성능평가, 입찰 평가(evaluation of biddings) 등의 분야에서도 적용되었다.

AHP기법은 건설과정의 의사결정과 같이 평가기준 및 선정대상의 범위가 광범위하여 고려 중에 있는 모든 대안을 동일한 정도의 신뢰성에 따라 평가할 수 없는 경우에 특히 위력을 발휘할 수 있다.

### 성능평가 방법론— 개념의 구체화

(표 3.18)에서 언급된 것과 같이 필자는 각 대안의 종합적인 성능척도를 산출하기 위해 정성적·정량적 인자 모두를 하나로 통합할 수 있는 모델을 설정하고자 한다.

평가기준은 주관적인 것과 객관적인 것으로 구분된다. 각 대안의 주관적 판단기준에 대한 정성적 판단을 실시하고 객관적 평가기준에 대해서는 다양한 출처에서 얻어진 계량적 자료를 활용하여 서열평가를 시행한다. 그리고 주관적 · 객관적 평가기준을 통합하기 위해 수학적 모델을 개발하고, 이 모델을 통해 정성적 · 정량적 평가결과에 대한 각각의 가중치를 통합하여 종합적 성능지수를 산출한다.

방법론 적용의 실례를 구체적으로 보여주기 위해 필자는 모델 개발과 적용으로 구분하여 상기 개념을 전개해 나가고자 한다.

대안의 우선순위 결정모델은 다음 3단계를 거쳐 개발된다.

1) 대안의 평가기준을 식별 · 분류한다.
2) 대안의 성능척도를 결정하기 위해 수학적 모델을 설정한다.
3) 성능척도를 산출하기 위해 가중치를 결정하는 방법론을 개발한다.

**성능평가기준의 식별** : 대안의 우선순위는 여러 가지 평가기준을 복합적으로 고려하여 결정해야 한다. 평가기준은 수명주기비용절감, 유지관리의 용이성, 미적 경관 등 다양한 인자를 포함한다.

평가기준은 각 집단을 대표하는 3인의 의사결정자(DM1, DM2, DM3)에 의해 식별된다. 의사결정자에게 4가지 대안과 11가지 평가기준이 제시되었다. 그리고 계량적 모델을 통해 4가지 대안의 수명주기비용이 분석되었다. 한편 11가지 평가기준의 타당성을 검토하기 위해 다음과 같은 원칙이 적용되었다.

1) **평가기준의 독립성** : 각 평가기준은 상관 · 중복관계에 있지 않고 상호 독립성을 유지해야 한다.
2) **평가기준의 광범위성** : 각 집단의 목표와 관련된 모든 기준이 고려되어야 한다.
3) **비교적 적은 수의 평가기준** : 평가기준의 수는 일관성 있는 개별비교가 가능하도록 비교적 적어야 한다. (7±2)개 이상을 동시에 비교하는 경우 일관성이 결여된다는 Miller(1956)의 심리학적 관

찰결과에 근거하여 7가지 평가기준을 최대수로 제안한다.[15)]

첫 번째 원칙을 준수하기 위해 중복되거나 상관성이 높은 기준을 합쳐서 평가기준의 수를 줄일 수 있었다. 6가지 평가기준이 합쳐졌고 2가지 평가기준이 삭제되었으며 새로운 1가지 기준이 추가되었다. 그 결과 평가기준의 수는 5가지로 줄어들었기 때문에 3번째 원칙은 자연스럽게 지켜질 수 있었다.

각 기준의 개념 정의와 함께 최종적으로 결정된 평가기준의 강도는 (표 3.20)과 같다. 이러한 기준들은 각 집단의 이해관계를 잘 반영하는 것으로 검토되었다.

표 3.20 평가기준의 정의와 강도

| 평가기준 | 정 의 | 기준강도의 정의 |
|---|---|---|
| 1. 부위시스템의 필요조건(SNBE) | 각 대안이 시스템의 문제를 해결할 수 있는 가능성의 척도 | 객관적 기준으로 기준강도 표현이 안 됨 |
| 2. 의사결정자의 관심(DMI) | 의사결정자가 각 대안에 대하여 갖는 관심의 정도 | 1. 전적인 관심을 갖고 있다.<br>2. 다른 것과 바꿀 수 없다.<br>3. 다른 것과 바꿀 수 있다.<br>4. 다른 것과 확실히 바꿀 수 있다. |
| 3. 공간요구 조건(SR) | 각 부위시스템에 의해 형성되는 형태에 대한 만족 정도 | 1. 매우 만족(major satisfaction)<br>2. 중간 정도 만족(medium satisfaction)<br>3. 최소한의 만족(minor satisfaction)<br>4. 불만족(unsatisfactory) |
| 4. 미적 경관(AV) | 각 부위시스템의 외관에 대한 만족 정도 | 1. 최우수(excellent)<br>2. 우수(above average)<br>3. 보통(average)<br>4. 보통 이하(below average) |
| 5. 장기생존성(LV) | 새로운 기술대안으로 각 대안이 미래상황에서 경쟁우위를 점유할 수 있는 정도 | 1. 현저함(outstanding)<br>2. 보통 이상(above average)<br>3. 보통(average)<br>4. 후진적임(backward looking) |

15) Miller, G.A., The Magic Number Seven Plus or Minus Two : Some Limits on Our Capacity for Processing Information, The Psychological Review, Vol.63, 1956, pp.81-97.

성능평가기준 분류 : 미적 경관(AE : aesthetic view)과 같은 주관적 평가기준을 계량적으로 표현하기는 어렵다. 그러나 부위별 시스템의 요구조건(SNBE : system needs of building elements)에 대한 각 대안의 기여도는 구체적인 것으로 대안의 선택을 통해 얻을 수 있는 혜택의 정도에 따라 객관적으로 측정될 수 있다.

'부위시스템 요구조건'을 제외한 모든 평가기준은 주관적인 것으로 분류된다. 주관적 평가기준을 설정하기 위해 필요한 자료는 모델, 데이터베이스, 전문가 등 여러 출처로부터 얻어질 수 있다.

각 의사결정자는 부위시스템에 대한 17가지의 문제영역을 식별하고, 그 영역 내에서 대안이 문제해결에 기여할 수 있는 가능성을 제시하였다. '부위시스템의 요구조건'에서 문제영역과 그에 대응하는 개선사항의 수는 (표 3.21)의 시스템 속성 매트릭스에서 보여진다.

표 3.21 시스템 개선의 상대적 중요도 ($r_k$)

| 시스템의 속성 | 문제영역 ($k$) | 대 안 ($j$) | | | | | | | |
|---|---|---|---|---|---|---|---|---|---|
| | | 외벽 | | | | 내벽 | | | |
| | | 1 | 2 | 3 | 4 | 1 | 2 | 3 | 4 |
| 수명주기비용 절감 | 1. 초기공사비 | 1 | 2 | 3 | 4 | 1 | 2 | 3 | 4 |
| | 2. 유지관리비 | 2 | 1 | 3 | 2 | 2 | 1 | 3 | 2 |
| | 3. 에너지비 | 2 | 2 | 2 | 1 | – | – | – | – |
| 내구성 | 4. 강도 | 2 | 3 | 2 | 3 | 3 | 2 | 2 | 2 |
| | 5. 내습성 | 3 | 2 | 2 | 4 | – | – | – | – |
| | 6. 온도변화저항 | 2 | 2 | 2 | 3 | – | – | – | – |
| | 7. 내침식성 | 4 | 2 | 2 | 3 | – | – | – | – |
| | 8. 내화학성 | 1 | 3 | 3 | 3 | – | – | – | – |
| | 9. 기상저항 | 3 | 3 | 3 | 3 | – | – | – | – |
| 안전성 | 10. 내화성 | 2 | 3 | 3 | 1 | 1 | 3 | 3 | 1 |
| | 11. 내연성 | 2 | 2 | 2 | 2 | 1 | 3 | 3 | 1 |
| | 12. 독성저항 | – | – | – | – | – | – | – | – |
| | 13. 방사능저항 | – | – | – | – | – | – | – | – |
| | 14. 물리적 위험성 | – | – | – | – | – | – | – | – |
| 운용성 | 15. 보수용이성 | 3 | 1 | 1 | 3 | 2 | 1 | 1 | 2 |
| | 16. 교체용이성 | 2 | 1 | 1 | 2 | 2 | 1 | 1 | 2 |
| | 17. 청소용이성 | 2 | 2 | 3 | 3 | – | – | – | – |

예를 들면 위의 표에서 '외벽대안 3'은 17가지의 문제영역 중에서 14개의 문제 해결에 기여하는 것으로 판단되었다.

**수학모델(mathematical model) 설정** : 주관적 · 객관적 평가기준, 그리고 이들 기준에 대한 대안의 기여도를 고려한 복합적인 성능척도(composite performance measure)를 산출하기 위해 단순선형부가모델(simple additive linear model)을 설정한다.

대안$j$(alt.j)의 성능척도($PM_j$ : performance measure)는 객관적 · 주관적 평가기준과 각 대안의 가중평가치 관점에서 다음과 같이 수학적으로 표현된다.

$$PM_j = \sum_{i=1}^{n} ws_i \cdot x_{ij} + w_o \cdot xo_j, \quad j = 1, 2, \ldots, m \cdots\cdots \text{(식 1)}$$

여기서 $ws_i$ : $i$번째 주관적 평가기준에 대한 가중치

$x_{ij}$ : $i$번째 주관적 평가기준에 대한 $j$번째 대안의 평가결과

$w_o$ : 객관적 평가기준의 가중치

$x_{oj}$ : 객관적 평가기준에 대한 $j$번째 대안의 평가결과

주관적 · 객관적 평가기준 사이의 균형(parity)이 유지될 수 있도록 $x_{ij}$와 $x_{oj}$ 각각의 합은 1이 되어야 한다. 즉

$$\sum_{j=1}^{m} x_{ij} = 1 \quad i = 1, 2, \ldots, n \cdots\cdots \text{(식 2)}$$

$$\sum_{j=1}^{m} x_{oj} = 1 \cdots\cdots \text{(식 3)}$$

이와 같이 각 평가기준에 대한 대안평가 결과의 합이 1이 되어야

한다는 조건을 지정하는 이유는 객관적 평가기준과 주관적 평가기준이 대등하게 양립되어야 하기 때문이다. 같은 맥락에서 객관적 평가기준과 주관적 평가기준의 합도 다음과 같이 1이 되어야 한다.

$$\sum_{i=1}^{n} w_{si} + w_o = 1 \quad \text{(식 4)}$$

**평가기준의 가중치 결정과 대안의 평가**: 주관적 평가기준의 가중치($ws_i$), 문제영역($k$), 평가기준강도(criteria intensities)는 AHP(analytic hierarchy process)기법의 일부인 개별비교에 의해 결정된다.

주관적 평가기준의 가중치 $ws_i(i = 1, 2, ..., n)$와 객관적 평가기준의 가중치 $w_o$는 '부위시스템과 설계대안의 최적선택'이라는 목적에 근거하여 개별비교 매트릭스를 사용하여 결정된다.(부록 3 참조)

주관적 평가기준에 따라 각 대안을 평가하기 위해 4단계의 성능평가 척도가 설정된다. '평가기준강도'로 표현된 이러한 평가척도는 (표 3.20)의 3번째 칸(column)에서 보여지는 것과 같고, 각 집단을 대표하는 의사결정자에 의해 결정된다. 주관적 평가기준 $i$에 대한 4단계 척도인 $v_{i1},\ v_{i2},\ v_{i3},\ v_{i4}$의 가중치는 개별비교 매트릭스에 의해 결정된다. 이러한 가중치는 대안의 평가를 위해 사용된다. 예를 들어 대안$j$(alt.j)가 주관적 평가기준 $i$에 대하여 척도 1로 평가되면 평가결과가 평가척도와 동일해지는 관계, 즉 $x_{ij} = v_{ij}$이 성립된다.

여기서 대안의 수가 7 이하이면 주관적 평가기준에 대하여 직접적인 개별비교가 이루어질 수 있다. 이 경우 평가기준강도와 대안의 평가는 불필요하다. 그러나 필자는 가능한 방법을 모두 나열한다는 관점에서 이 방법 전부를 사용한다.

객관적 평가기준인 '부위시스템 요구조건'에 대한 대안의 평가결과

($x_{oj}$)에 따라 대안을 검토하기 위해 '수명주기비용절감' 기준은 수명주기비용 평가모델과 문헌[16][17]을 통해 수집되었다. 객관적 평가기준에 의한 평가결과 $x_{oj}$는 대안$j$(alt.j)이 문제영역($k$)을 해결하는 정도와 문제영역($k$)의 상대적 중요도 $rk_j$에 따라 결정된다.

대안은 주어진 수의 시스템을 개선하기 위해 보다 높은 상대적 중요도를 가질수록, 그리고 보다 많은 문제영역의 해결이 가능할수록 우월한 위치를 갖는다. '부위시스템 요구조건'에 대한 대안 $j$(alt.j)의 평가는 모든 문제영역에 걸친 상대적 중요도($rk_j$)에 대한 가중치의 합으로 얻어진다. 이는 다음과 같이 수학적으로 표현될 수 있다.

$$x_{oj} = \sum_{k=1}^{P} u_k \cdot rk_j \ (j = 1, 2, ..., m) \cdots\cdots\cdots \text{(식 5)}$$

여기서 $x_{oj}$ : 객관적 평가기준에 대한 $j$번째 대안 평가결과

$u_k$ : 문제영역($k$)의 가중치($k = 1, 2, ..., p$)

$rk_j$ : $j$번째 대안에 대한 시스템 개선의 상대적 중요도

문제영역의 가중치($u_k$) 수는 개별비교 대상수의 한계 이하($p \leq 7$)인 경우 개별비교 매트릭스를 사용하여 직접 구할 수 있다. 그러나 여기에서는 문제영역의 수 $p = 17$이기 때문에 문제영역은 7개 미만으로 구성된 몇 개의 군으로 묶어졌다(표 3.21 참조).

그 결과 문제영역의 수는 6개 이하로 되었고, 속성의 수는 또한 4개가 되었기 때문에 문제영역에 대한 가중치를 얻기 위해 특별한 수정 없이 AHP방법이 적용될 수 있게 되었다.

---

16) Dell'Isola, A.J., and Kirk, S.J., Life Cycle Costing for Design Professionals, New York : McGraw-Hill, 1981.

17) Dell'Isola, A.J., and Kirk, S.J., Life Cycle Cost Data, New York : McGraw-Hill, 1983.

'부위시스템 요구조건'에 관한 속성의 개별비교는 각 속성의 가중치를 얻기 위해 필요하다. 객관적 평가기준에 대한 문제영역($k$)의 전반적 가중치($u_k$)는 $k$번째 문제영역이 속하는 속성과 그 속성에 대한 가중치의 곱으로 얻어진다. 대안의 우선순위 설정모델의 계층구조적 표현은 (그림 3.27) 및 (그림 3.28)과 같다.

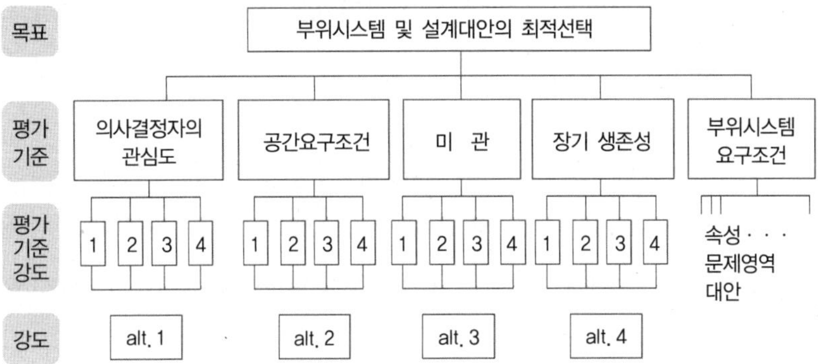


**그림 3.27** 평가기준의 계층구조적 표현

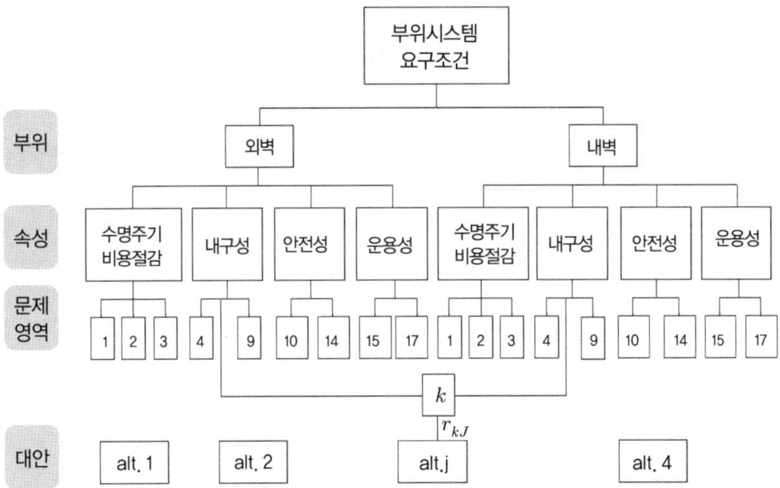


**그림 3.28** 객관적 평가기준의 계층구조적 표현

이제 설정된 수학적 모델을 활용해 보자. 모델의 목적은 부문별 의사결정자의 의견을 수렴하여 대안의 우선순위를 설정하는 것이다. 의사결정자를 평가주체로 선정한 이유는 다음 2가지이다.

1) 의사결정자는 평가결과에 더 큰 책임감을 느낀다.
2) 해당 분야 의사결정자만이 실질적으로 타당한 대안을 검토할 수 있다.

소프트웨어 패키지 Expert Choice가 가중치 결정을 위해 사용된다.[18] Expert Choice는 개별비교 매트릭스로부터 평가기준의 가중치를 계산하는 대화형 소프트웨어 패키지(user-friendly interactive software package)이다. 평가기준 $ws_i(i=1,\ ...,\ 4)$와 $w_o$에 대한 가중치, 평가기준강도 $v_{i1}$, $v_{i2}$, $v_{i3}$, $v_{i4}$, $(i=1,\ 2,\ 3,\ 4)$, 시스템 속성과 문제영역 $u_k(k=1,\ ...,\ 17)$는 (표 3.22)에 나타나 있다.(산출과정은 부록 3 참조) 최종단계는 주관적인 평가기준에 근거하여 각 대안을 평가하는 것이다. 의사결정자는 4가지 대안을 포함하는 표와 평가기준 및 각 기준에 대한 평가기준강도의 개요를 제시받는다(표 3.20 참조). 합의가 이루어진 평가결과는 (표 3.23)과 같다.

18) Foreman, E., and Saaty, T.L., Expert Choice, Decision Support Software, McLean, VA, 1985.

표 3.22 개별비교 matrix에서 얻어진 가중치

| 주관적 평가기준(i) | 가중치 | 평가기준의 강도 | | | |
|---|---|---|---|---|---|
| | $ws_i$ | $v_{i1}$ | $v_{i2}$ | $v_{i3}$ | $v_{i4}$ |
| 의사결정자 관심도(DM) | 0.082 | .533 | .272 | .139 | .056 |
| 공간 요구조건(SR) | 0.324 | .534 | .310 | .113 | .043 |
| 미관(AV) | 0.072 | .586 | .272 | .094 | .048 |
| 장기 생존성(LV) | 0.104 | .614 | .248 | .101 | .037 |
| 객관적 평가기준 | $wo$ | | | | |
| 부위시스템 요구조건 | 0.418 | | | | |

| | LCC절감(.467) | | | 내구성(.095) | | | | | | 안전성(.16) | | | | |
|---|---|---|---|---|---|---|---|---|---|---|---|---|---|---|
| $k$ | 1 | 2 | 3 | 4 | 5 | 6 | 7 | 8 | 9 | 10 | 11 | 12 | 13 | 14 |
| $uk$ | .120 | .049 | .298 | .010 | .031 | .020 | .008 | .008 | .018 | .038 | .072 | .017 | .016 | .016 |
| $k$ | 운용성(.277) | | | | | | | | | | | | | |
| $uk$ | .016 | .067 | .152 | | | | | | | | | | | |

표 3.23 주관적 평가기준에 대한 합의결과

| 대안 | 의사결정자의 관심사 (DMI) | 공간요구조건 (SR) | 미관 (AV) | 장기생존성 (LV) |
|---|---|---|---|---|
| alt.1 | 2 | 2 | 1 | 1 |
| alt.2 | 3 | 1 | 2 | 2 |
| alt.3 | 4 | 3 | 2 | 2 |
| alt.4 | 2 | 3 | 1 | 2 |

각자의 다른 평가결과치는 두 가지 이유 때문에 수학적 평균치를 채택하지 않았다. 첫째, 평가기준강도는 불연속적 정수값으로 표현되기 때문에 평균치 계산결과가 정수값으로 표현되지 못할 경우 의사결정자들은 이에 대응하는 입력치를 찾기 위해 결과치를 조정해야 한다. 이러한 조정은 불합리한 의사결정결과를 낳을 우려가 있다. 둘째, 의사결정자들이 단순평균치를 받아들이는 것보다는 만장일치적인 접근방법을 취하는 것이 더 바람직하다고 판단되었다. 단순평

균값을 취할 경우 각 의사결정자 입장에서 볼 때 어느 누구도 만족시킬 수 없는 결과를 받아들여야 하는 경우가 생기는 반면, 만장일치적 방법은 의사결정자 모두를 충족시키는 값이 얻어지도록 할 수 있다.

주관적 기준에 대한 평가결과의 편차는 상당히 낮다. 이는 합의과정에서 의견차를 좁힐 수 있었기 때문이다. 물론 각 의사결정자 입장에 따라 '1' 또는 '4'와 같은 극단적 평가치를 선택할 수도 있지만 합의과정에서 이는 어느 정도 조정되는 경향을 보인다. 너무 낮거나 높은 수치의 점유비율이 많지 않다는 사실이 합의과정에서 의견들이 생략되었다는 사실을 의미하는 것은 아니다.

미적 경관의 평가에서 각 의사결정자는 대안 모두가 어느 정도의 미관을 확보할 수 있다고 판단하였다. 따라서 평가결과치는 모두 1 또는 2로 제시되었다.

장기생존성 평가에서 각 의사결정자는 첨단기술 분야에서 사람들의 관심을 지속적으로 유지할 수 있는 가능성 측면에서 대안을 평가하도록 요청받았다. 각 대안은 오랜 기간에 걸쳐 보편적으로 사용되어 온 것일 뿐만 아니라 향후에도 거의 공통적으로 사용될 것으로 인식되었기 때문에 평가기준에 대한 기여도가 비교적 높게 나타났다.

의사결정자의 관심도 평가에서 각 결과치는 2~4의 범위에 있다. 여기서 중요한 것은 어느 대안도 특정건물의 요구조건을 충족시키기 위해 제각기 활용될 수 있다는 이유 때문에 최저치 '1'을 부여받지는 않았다는 것이다. 건설과정의 의사결정에서 선정되는 설계대안은 특정 의사결정자에게만 독점적인 것이 되어서는 안 된다. 따라서 대안 선정에 대한 의견 사이에서 다소 차이가 발생할 수 있다는 것을 이해해야 한다.

공간요구조건에 대한 평가에서 결과치는 1~3으로 다양하게 나타나고 있다. 이는 서로 다른 부위를 가지는 건물이 공간요구조건 면에서 매우 다른 효과를 나타낸다는 사실에 기인한다. 시스템 개선사항수(표 3.21 참조)와 주관적인 평가기준(표 3.23 참조)에 근거한 대안의 평가와 이를 근거로 결과치(표 3.22 참조)를 도출하기 위한 계산은 Spreadsheet 프로그램에 의해 이루어졌다.

'부위시스템의 요구조건'에 대한 대안의 평가치 xoj는 (식 5)에 따라 spreadsheet상에서 벡터(vector)의 곱에 의해 얻어진다. (표 3.24)는 '대안 1'의 $x_{oj}$계산 예를 보여준다.(다른 대안의 $x_{oj}$ 계산은 본 장의 부록 4 참조)

표 3.24 시스템 요구조건에 대한 "대안 1"의 평가결과치

| $K$ | $r_k$ | | $u_k$ | $r_k \cdot u_k$ | $x_{oj} = \sum r_k \cdot u_k$ |
|---|---|---|---|---|---|
| | 외벽(0.630) | 내벽(0.370) | | | |
| 1 | 1 | 1 | 0.120 | 0.1200 | |
| 2 | 2 | 2 | 0.049 | 0.0980 | |
| 3 | 2 | – | 0.298 | 0.3755 | |
| 4 | 2 | 3 | 0.010 | 0.0237 | |
| 5 | 3 | – | 0.031 | 0.0589 | |
| 6 | 2 | – | 0.020 | 0.0252 | |
| 7 | 4 | – | 0.008 | 0.0202 | |
| 8 | 1 | – | 0.008 | 0.0050 | |
| 9 | 3 | – | 0.018 | 0.0340 | 1.4232 |
| 10 | 2 | 1 | 0.038 | 0.0619 | |
| 11 | 2 | 1 | 0.072 | 0.1174 | |
| 12 | – | – | 0.017 | – | |
| 13 | – | – | 0.016 | – | |
| 14 | – | – | 0.016 | – | |
| 15 | 3 | 2 | 0.067 | – | |
| 16 | 2 | 2 | 0.058 | 0.1160 | |
| 17 | 2 | – | 0.152 | 0.1915 | |

평가기준강도는 (표 3.20)에서 각 대안의 평가(1, 2, 3, 4)를 그에 부응하는 기준강도($v_{i1}$, $v_{i2}$, $v_{i3}$, $v_{i4}$)로 대체하여 얻어진다. '부위시스템 요구조건'을 포함해서 이는 (표 3.25)에 나타나 있다. 각 대안의 평가는 다른 spreadsheet 데이터베이스로 처리되어 (식 2) 및 (식 3)에 따라 '1'에 대한 비율이 계산된다. 이는 (표 3.26)에 나타나 있다.

표 3.25 주관적 평가기준에 대한 기준강도표

| 대 안 | 의사결정자의 관심도 ($ws_1 = .082$) | 공간요구조건 ($ws_2 = .324$) | 미 관 ($ws_3 = .072$) | 장기생존성 ($ws_4 = .104$) | 부위시스템 요구조건 ($w_o = .418$) |
|---|---|---|---|---|---|
| 대안 1 | 0.272 | 0.310 | 0.586 | 0.614 | 1.42322 |
| 대안 2 | 0.139 | 0.534 | 0.272 | 0.248 | 1.41542 |
| 대안 3 | 0.056 | 0.113 | 0.272 | 0.248 | 1.72288 |
| 대안 4 | 0.272 | 0.113 | 0.534 | 0.248 | 1.70707 |

표 3.26 기준강도의 '1'에 대한 비율

| 대 안 | 의사결정자의 관심도 ($ws_1 = .082$) | 공간요구 조건 ($ws_2 = .324$) | 미 관 ($ws_3 = .072$) | 장기생존성 ($ws_4 = .104$) | 부위시스템 요구조건 ($w_o = .418$) | 성능 척도 ($PM_j$) |
|---|---|---|---|---|---|---|
| 대안 1 | 0.3681 | 0.2897 | 0.3522 | 0.4521 | 0.2270 | 0.2913 |
| 대안 2 | 0.1881 | 0.4991 | 0.1635 | 0.1826 | 0.2258 | 0.3023 |
| 대안 3 | 0.0758 | 0.1056 | 0.1635 | 0.1826 | 0.2748 | 0.1861 |
| 대안 4 | 0.3681 | 0.1056 | 0.3209 | 0.1826 | 0.2723 | 0.2203 |

최종적으로 (식 1)이 성능척도 $PM_j(j = 1, 2, 3, 4)$를 산출하기 위해서 사용되었다. 이는 (표 3.26)의 7번째 칸에 표시된다. "대안 3"의 성능척도 계산 예는 다음과 같다.

$$PM_3 = \sum_{i=1}^{4} ws_i \cdot x_{i3} + w_o \cdot x_{o3}$$

$$= (.082)(.0758) + (.324)(.1056) + (.072)(.1635) + (.104)(.1826) + (.418)(.2748) = 0.1861$$

이러한 과정은 나머지 두 의사결정자의 평가를 위해서도 반복된다. 그 결과는 (표 3.27)에 나타나 있다.

표 3.27 성능척도의 종합결과

| 대안 $PM_1$ | | 대안 $PM_2$ | | 대안 $PM_3$ | | 대안 $PM_j$ (종합) | |
|---|---|---|---|---|---|---|---|
| 1 : alt.2 | 0.3023 | 1 : alt.2 | 0.3119 | 1 : alt.2 | 0.3056 | 1 : alt.2 | 0.3065 |
| 2 : alt.1 | 0.2913 | 2 : alt.1 | 0.2879 | 2 : alt.1 | 0.2735 | 2 : alt.1 | 0.2841 |
| 3 : alt.4 | 0.2203 | 3 : alt.3 | 0.1988 | 3 : alt.3 | 0.2305 | 3 : alt.4 | 0.2052 |
| 4 : alt.3 | 0.1861 | 4 : alt.4 | 0.1785 | 4 : alt.4 | 0.2119 | 4 : alt.3 | 0.2043 |

의사결정자의 평가결과를 종합하는 과정에서 만장일치를 위한 합의적 접근은 시도되지 않았다. 이는 세 의사결정자의 평가결과를 비교해 보면 많은 교훈이 얻어질 수 있다고 생각한 반면, 거의 불가능해 보이는 합의에 도달하기 위해 노력하는 것은 무의미하다고 생각되었기 때문이다.

이 모델은 각 의사결정자가 자료를 독립적으로 제공받도록 했기 때문에 어느 특정대안에 치우치는 경향은 모델 처리결과를 통해 쉽게 파악될 수 있다. 의도적으로 객관적이기 위해 노력해도 자신의 업무영역을 포함하는 대안을 선호하는 경향이 있다는 것은 지극히 당연한 것이다. 그럼에도 최종평가 결과치는 상당한 유사성이 있다. 이는 사용된 모델이 의사결정자들에게 객관적 입장에서 자료를 입력하도록 독려하는 효과를 제공했기 때문이라고 생각된다.

'대안 2'가 각 집단의 의사결정자에 의해 가장 높은 평가치를 받았다. '대안 1'과 '대안 2'는 각 의사결정자 모두에게 공통적으로 우선순위를 얻었다.(표 3.27 참조) 이는 각 의사결정자가 객관적 평가기준인 '부위시스템 요구조건'에 가장 높은 가중치를 주었기 때문이라고 판단된다.

평가기준의 개별비교에서 다소의 비일관성은 사람이기 때문에 어쩔 수 없이 나타나는 자연스러운 현상이다. Expert Choice와 AHP는 이러한 문제를 예상하고 비정합도지수(inconsistency index)를 통해 이를 설명한다. 비정합도지수가 0.1 이상이 되면 개별비교 판단이 다시 이루어져야 한다. 여기에서 이 지수는 모두 0.1 이하이기 때문에 재판단 과정은 필요 없는 것으로 생각되었다(부록 3 참조).

종합적 성능척도를 산출하기 위해 각 의사결정자가 평가치를 조합하는 방법에는 여러 가지가 있다. 첫 번째 방법은 각 의사결정자에게 상대적으로 다른 가중치를 제공하고, 이에 근거하여 각각의 결과를 조합하는 것이다(예 : 건설비 부담비율에 따른 가중치 등). 두 번째 방법은 각 의사결정자에게 동일한 가중치를 부여하여 산출된 성능척도를 조합하는 것이다.

여기에서는 기하평균(geometric average)을 사용하였다. 즉 각 대안의 성능척도를 곱한 것에 대한 세제곱근 값이 취해졌다. 최종적으로 산정된 종합성능척도는 (표 3.27)의 마지막 칸에 나타나 있다. 이와 관련된 다른 방법은 산술평균값을 취하는 것이다.[19] 그러나 이 방법에 의해 얻어진 결과는 기하평균 방법에 의해 얻어진 것과 대동소이하게 나타난다.

19) Harsanyi, Cardinal Welfare, Individualistic Ethics and Interpersonal Comparison of Utility, Journal of Political Economy, Vol.63, pp.309-321, 1955.

# 부록 1

# 부위시스템 대안별 LCC 산정결과

부록 1.1 부위시스템의 대안

| 구 분 | 외 벽 | 내 벽 |
|---|---|---|
| 대안 1 | 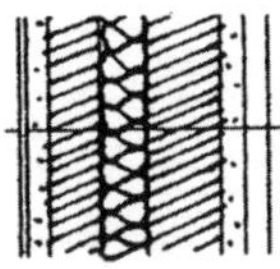 타일 8mm<br>모르타르 20mm<br>시멘트벽돌 90mm<br>단열재 70mm<br>방수필름 0.2mm<br>시멘트벽돌 90mm<br>모르타르 20mm<br>벽지 0.5mm | 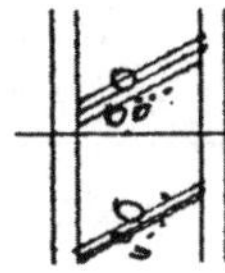 벽지 0.5mm<br>집섬보드 9mm<br>콘크리트 120mm<br>집섬보드 9mm<br>벽지 0.5mm |
| 대안 2 | 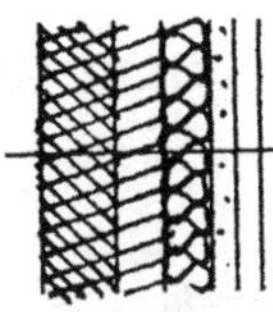 붉은벽돌 90mm<br>시멘트벽돌 90mm<br>단열재 70mm<br>방수필름 0.2mm<br>모르타르 20mm<br>벽지 0.5mm | 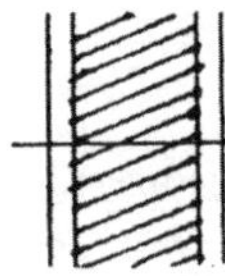 수성페인트<br>모르타르 20mm<br>시멘트벽돌 190mm<br>모르타르 9mm<br>수성페인트 |
| 대안 3 | 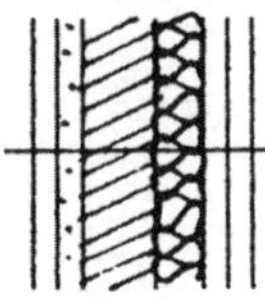 화강석 25mm<br>모르타르 25mm<br>시멘트벽돌 190mm<br>단열재 70mm<br>방수필름 0.2mm<br>집섬보드 9mm<br>벽지 0.5mm | 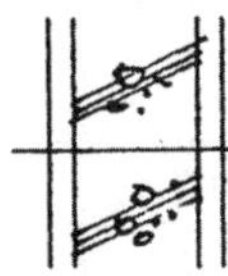 벽지 0.5mm<br>집섬보드 9mm<br>콘크리트 120mm<br>집섬보드 9mm<br>벽지 0.5mm |
| 대안 4 | 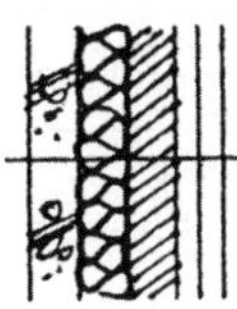 PC 패널 150mm<br>단열재 70mm<br>방수필름 0.2mm<br>시멘트벽돌 90mm<br>모르타르 20mm<br>벽지 0.5mm | 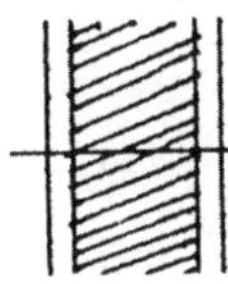 벽지 0.5mm<br>모르타르 20mm<br>시멘트벽돌 190mm<br>모르타르 20mm<br>벽지 0.5mm |

부록 1.2 부위시스템의 수명주기비용

| 구 분 | 대 안 1 | 대 안 2 | 대 안 3 | 대 안 4 |
|---|---|---|---|---|
| LCC (원) | 41,738,173 | 41,012,205 | 38,187,385 | 42,948,535 |
| 초기비용에 대한 LCC비율 | LCC/IC=2.17 | LCC/IC=2.16 | LCC/IC=2.36 | LCC/IC=2.02 |

# 부록 2
# 개별비교를 위해 사용된 평가척도

| 상대적 중요도 | 내용 |
|---|---|
| 1 | 똑같은 정도로 중요하다. |
| 3 | 약간 중요하다. |
| 5 | 꽤 중요하다. |
| 7 | 상당히 중요하다. |
| 9 | 절대적으로 중요하다. |

* 위의 수치 사이의 중간값 2, 4, 6, 8의 사용도 가능함.

# 부록 3
# 개별비교 matrices

부록 3.1 부위시스템/설계대안선택에 대한 각 기준의 중요도 (Goal)

| | DMI | SR | AV | LV | SNBE | weights |
|---|---|---|---|---|---|---|
| DMI | 1 | 1/4 | 1 | 1 | 1/5 | 0.082 |
| SR | 4 | 1 | 5 | 4 | 1/2 | 0.324 |
| AV | 1 | 1/5 | 1 | 1/2 | 1/5 | 0.072 |
| LV | 3 | 1/3 | 2 | 1 | 1/3 | 0.104 |
| SNBE | 5 | 2/1 | 5/1 | 3/1 | 1 | 0.418 |

** inconsistency index=0.033

DM : decision-maker's interests
SR : spacial requirements
AV : aesthetic view
LV : long-term viability
SNBE : system needs of building elements

부록 3.2 부위시스템 요구조건에 대한 객관적 평가기준의 중요도 (Goal > SNBE)

| | LCC | durability | safety | service | weights |
|---|---|---|---|---|---|
| LCC | 1 | 4 | 3 | 2 | 0.467 |
| Durability | 1/4 | 1 | 1/2 | 1/3 | 0.095 |
| Safety | 1/5 | 2 | 1 | 1/2 | 0.160 |
| Service | 1/2 | 3 | 2 | 1 | 0.277 |

** inconsistency index=0.012

부록 3.3 수명주기비용에 대한 각 기준의 중요도 (Goal > SNBE > LCC)

| | initial cost | maintenance cost | energy cost | weights |
|---|---|---|---|---|
| initial cost | 1 | 3 | 1/3 | 0.258 |
| maintenance cost | 1/3 | 1 | 1/5 | 0.105 |
| energy cost | 3/1 | 5/1 | 1 | 0.637 |

** inconsistency index=0.037

부록 3.4 내구성에 대한 각 기준의 중요도 (Goal > SNBE > Durability)

| | strengrh | moisture resist. | thermal resist. | weather resist. | corrosion resist. | chemical resist. | weights |
|---|---|---|---|---|---|---|---|
| strength | 1 | 1/2 | 1/2 | 1/2 | 1 | 1 | 0.102 |
| moisture resistance | 2 | 1 | 3 | 2 | 3 | 3 | 0.329 |
| thermal resistance | 2 | 1/3 | 1 | 2 | 2 | 3 | 0.212 |
| weather resistance | 2 | 1/2 | 1/2 | 1 | 3 | 3 | 0.188 |
| corrosion resistance | 1 | 1/3 | 1/2 | 1/3 | 1 | 1 | 0.088 |
| chemical resistance | 1 | 1/3 | 1/3 | 1/3 | 1 | 1 | 0.082 |

** inconsistency index=0.040

부록 3.5 안전성에 대한 각 기준의 중요도 (Goal > SNBE > Safety)

| | fire resist. | smoke preven. | toxicity | radiation | hazardousness | weights |
|---|---|---|---|---|---|---|
| fire resistance | 1 | 1/2 | 2/1 | 3/1 | 2/1 | 0.236 |
| smoke prevention | 2/1 | 1 | 4/1 | 4/1 | 5/1 | 0.453 |
| toxicity | 1/2 | 1/4 | 1 | 1 | 1 | 0.108 |
| radiation | 1/3 | 1/4 | 1 | 1 | 1 | 0.100 |
| hazardousness | 1/2 | 1/5 | 1 | 1 | 1 | 0.103 |

** inconsistency index=0.017

부록 3.6 운용성에 대한 각 기준의 중요도 (Goal > SNBE > Service)

| | repairability | replaceablity | cleanability | weights |
|---|---|---|---|---|
| repairability | 1 | 1 | 1/2 | 0.240 |
| replaceablity | 1 | 1 | 1/3 | 0.210 |
| cleanability | 2/1 | 3/1 | 1 | 0.550 |
| ** inconsistency index=0.017 | | | | |

# 부록 4
# SNBE에 대한 대안평가

부록 4.1 부위시스템 요구조건에 대한 "대안 2"의 평가결과치 계산

| $K$ | $r_k$ | | $u_k$ | $r_k \cdot u_k$ | $x_{oj} = \sum r_k \cdot u_k$ |
|---|---|---|---|---|---|
| | 외벽(0.630) | 내벽(0.370) | | | |
| 1 | 2 | 2 | 0.120 | 0.2400 | 1.41542 |
| 2 | 1 | 1 | 0.049 | 0.0490 | |
| 3 | 2 | – | 0.298 | 0.3755 | |
| 4 | 3 | 2 | 0.010 | 0.0263 | |
| 5 | 2 | – | 0.031 | 0.0391 | |
| 6 | 2 | – | 0.020 | 0.0252 | |
| 7 | 2 | – | 0.008 | 0.0101 | |
| 8 | 3 | – | 0.008 | 0.0151 | |
| 9 | 3 | – | 0.018 | 0.0340 | |
| 10 | 3 | 3 | 0.038 | 0.1140 | |
| 11 | 2 | 3 | 0.072 | 0.1706 | |
| 12 | – | – | 0.017 | – | |
| 13 | – | – | 0.016 | – | |
| 14 | – | – | 0.016 | – | |
| 15 | 1 | 1 | 0.067 | 0.0670 | |
| 16 | 1 | 1 | 0.058 | 0.0580 | |
| 17 | 2 | – | 0.152 | 0.1915 | |

부록 4.2 부위시스템 요구조건에 대한 "대안 3"의 평가결과치 계산

| $K$ | $r_k$ | | $u_k$ | $r_k \cdot u_k$ | $x_{oj} = \sum r_k \cdot u_k$ |
|---|---|---|---|---|---|
| | 외벽(0.630) | 내벽(0.370) | | | |
| 1 | 3 | 3 | 0.120 | 0.3600 | 1.72288 |
| 2 | 3 | 3 | 0.049 | 0.1470 | |
| 3 | 2 | – | 0.298 | 0.3755 | |
| 4 | 2 | 2 | 0.010 | 0.0200 | |
| 5 | 2 | – | 0.031 | 0.0391 | |
| 6 | 2 | – | 0.020 | 0.0252 | |
| 7 | 2 | – | 0.008 | 0.0108 | |
| 8 | 3 | – | 0.008 | 0.0151 | |
| 9 | 3 | – | 0.018 | 0.0340 | |
| 10 | 3 | 3 | 0.038 | 0.1140 | |
| 11 | 2 | 3 | 0.072 | 0.1706 | |
| 12 | – | – | 0.017 | – | |
| 13 | – | – | 0.016 | – | |
| 14 | – | – | 0.016 | – | |
| 15 | 1 | 1 | 0.067 | 0.0670 | |
| 16 | 1 | 1 | 0.058 | 0.0580 | |
| 17 | 3 | – | 0.152 | 0.2873 | |

부록 4.3 부위시스템 요구조건에 대한 "대안 4"의 평가결과치 계산

| $K$ | $k$ | | $u_k$ | $r_k \cdot u_k$ | $x_{oj} = \sum r_k \cdot u_k$ |
|---|---|---|---|---|---|
| | 외벽(0.630) | 내벽(0.370) | | | |
| 1 | 4 | 4 | 0.120 | 0.4800 | 1.70707 |
| 2 | 2 | 2 | 0.049 | 0.0980 | |
| 3 | 1 | – | 0.298 | 0.2980 | |
| 4 | 3 | 2 | 0.010 | 0.0263 | |
| 5 | 4 | – | 0.031 | 0.0781 | |
| 6 | 3 | – | 0.020 | 0.0378 | |
| 7 | 3 | – | 0.008 | 0.0151 | |
| 8 | 3 | – | 0.008 | 0.0151 | |
| 9 | 3 | – | 0.018 | 0.0340 | |
| 10 | 1 | 1 | 0.038 | 0.0380 | |
| 11 | 2 | 1 | 0.072 | 0.1174 | |
| 12 | – | – | 0.017 | – | |
| 13 | – | – | 0.016 | – | |
| 14 | – | – | 0.016 | – | |
| 15 | 3 | 2 | 0.067 | 0.1762 | |
| 16 | 2 | 2 | 0.058 | 0.1160 | |
| 17 | 3 | – | 0.152 | 0.2873 | |

4
CHAPTER

# 리스크 관리

## – 미래의 불확실성 관리

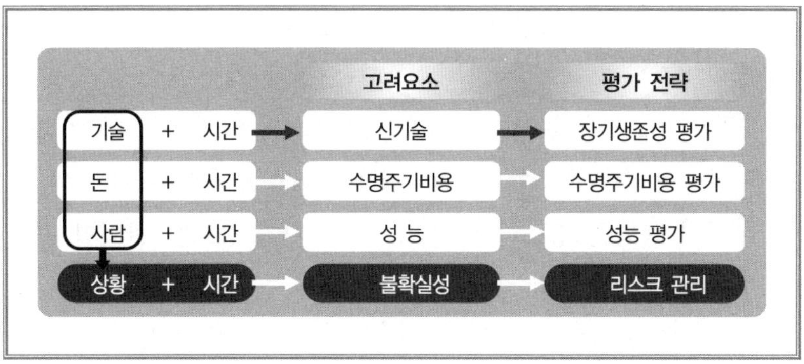

# 1 | 리스크 관리 개요

/ 리스크 개념의 전반적 이해

## 리스크와 리스크 관리의 의미

리스크는 손해(loss), 손상(injury), 불이익(disadvantage), 파괴(destruction) 등의 가능성을 말한다. 리스크는 또한 기대한 것을 얻지 못할 가능성, 기대와 현실 사이의 격차, 불확실성 자체 또는 불확실성의 결과이기도 하다. 따라서 '리스크는 결과 예측 가능성의 결여'라는 의미로 요약될 수 있다. 이러한 리스크는 결과 예측의 어려움 때문에 발생할 수 있는 손실(loss), 피해(damage), 결여(lack) 등과 관련된 부정적 측면을 강조한 나머지, 또 한 가지 중요한 관점인 수익(profit), 획득(gain), 기회(opportunity) 등과 같은 긍정적인 면을 등한시한 결과 리스크 관리의 목적을 손실 또는 비손실 중의 하나와 관련된 경제적 보험관리의 조건을 찾아내는 것으로 간주한다.

보험관리 측면의 리스크는 순수 리스크(pure risk), 정태적 리스크(static risk), 비시장 리스크(non-market risk), 체계화되지 않은 리스크(unsystematic risk) 등으로도 언급된다.

반면 건설사업의 리스크는 손실과 피해는 물론 획득과 기회도 포함하는 포괄적인 개념을 갖는다. 소극적 관점의 보험 리스크와 대비되는 이러한 리스크는 투기성 리스크(speculative risk), 동태적 리스크(dynamic risk), 시장 리스크(market risk), 체계적 리스크(systematic risk) 등의 용어로 표현되기도 한다.

필자는 건설사업의 리스크 관리를 '획득과 손실 가능성 모두를 대상으로 하는 투기적인 리스크를 최적 조건 또는 수용가능한 정도로 조정하기 위해 건설사업 추진과정에서 불가피하게 직면할 수밖에 없는 불확실성 인자를 체계적으로 식별·분석하여 전략적으로 대응할 수 있는 방법론'으로 정의한다.

## 리스크, 불확실성, 기회 그리고 위기

리스크(risk)와 불확실성(uncertainty)의 의미는 확률분포(probability distribution)의 존재 여부에 따라 구분되기도 한다. 결과에 대한 확률분포가 알려져 있거나 직관적 또는 합리적 방법으로 산정될 수 있다면 리스크가 존재하는 것이고, 그렇지 못할 경우에는 불확실성이 따르는 것으로 본다. 경험이나 합리적 방식으로 특정사안의 발생 가능성을 평가할 수 있는 경우의 의사결정은 리스크 상황에서 이루어진다. 예를 들어 신축건물의 공사비를 예측하는 작업은 리스크가 따르는 것으로 본다. 과거자료나 경험을 활용하여 어느 정도 확실성이 있는 공사비를 예측할 수 있기 때문이다. 불확실성은 실적자료나 경험이 없는 상황에서 비롯된다. 예를 들어 첨단기술을 보유한 건물의 신축공사비를 예측하는 것은 불확실한 상황에서 이루어진다고 볼 수 있다. 공사비 예측에 활용할 수 있는 실적자료의 확보가 거의 불가능하기 때문이다.

통계분석(statistical analysis)의 가능 여부에 따라 리스크와 불확실성을 구분하기도 한다. 특정 업무영역에서 반복적으로 발생되어 통계적 접근이 가능한 사안에 대해서는 리스크 분석이 이루어지는 것이고, 본질적으로 고유한 것이어서 통계처리가 불가능한 경우에는 불확실성이 내재된 것으로 본다. 즉 리스크는 '계량화 가능한 불확실성'으로 이해될 수 있다.

건설사업의 리스크는 비반복적인 고유상황의 인자, 즉 사회적 추세(social trends), 기술발전(technology developments), 경제적 변화(economic change) 등과 같이 통계처리가 불가능한 불확실성을 다수 포함한다. 따라서 건설사업의 리스크를 관리하기 위해 리스크와 불확실성의 개념을 명확히 구분하는 것은 그다지 큰 의미를 갖지 못한다. 이러한 이유로 필자는 리스크와 불확실성의 의미를 호환적으로 사용한다. 즉 리스크를 계량적 측면의 리스크는 물론 주관적 판단이 개입되는 불확실성도 포함하는 포괄적인 것으로 보고자 한다.

리스크와 불확실성, 그리고 기회(opportunity)의 관련성도 살펴볼 필요가 있다. 불확실성은 미래상황에 대한 지식의 부족에서 비롯된다. 불확실성이 바람직한 결과로 이어질 가능성은 기회가 되는 반면, 그렇지 못한 결과의 발생 가능성은 리스크로 인식된다. 기회 역시 리스크와 관련되어 있다. 기회가 많을수록 불확실성에 대한 노출이 심해져서 리스크 관련성도 더 높아진다.

이러한 관점에서 불확실성 · 기회 · 리스크의 상관관계는 다음 (그림 4.1)과 같이 표현될 수 있다.

결국 리스크 상황의 본질적인 구성요소는 특정사안의 발생에 따른 불확실성과 잠재적 손실 또는 획득으로 볼 수 있다. 따라서 리스크는 다음과 같이 불확실성 · 손실 · 획득을 변수로 갖는 함수로 표현된다.

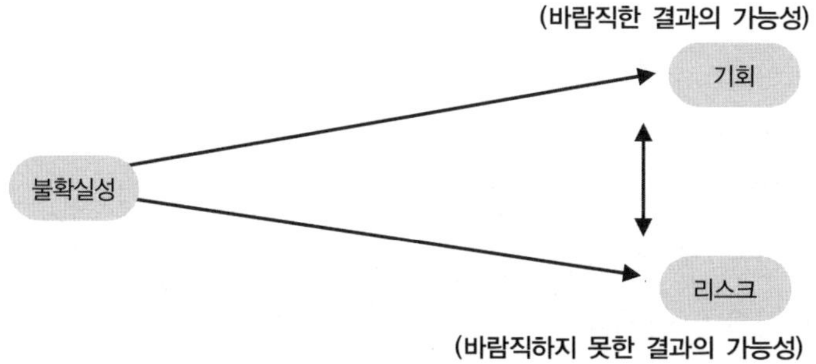


**그림 4.1** 불확실성 · 기회 · 리스크의 상관관계

$$\text{리스크(Risk)} = f(u,\ c)$$

여기서 $u$ : 특정사안의 발생에 대한 불확실성

$c$ : 특정사안의 발생에 따르는 잠재적 손실/획득

상기 함수에서 기회로 연결될 수 있는 잠재적 획득 가능성을 리스크로 간주하는 것에 개념적으로 무리가 따른다고 생각할 수도 있다. 그러나 획득 가능성이라도 불확실성은 바람직한 것이 아니라는 것에 유념해야 한다. 왜냐하면 특정 상황의 불확실성이 과연 획득 기회로 연결될 수 있을지 여부를 정확히 판단할 수 있는 지식체계가 확보되지 않은 상태에서 건설경영자는 불안감을 느낄 수밖에 없기 때문이다.

리스크 관리에서 용어상의 혼란을 피하기 위해 리스크와 위기(crisis)의 개념도 구분할 필요가 있다. 이는 리스크 관리와 위기관리(crisis management)가 각각 대상으로 하는 불확실성 인자와 그에 대한 접근방식의 차이점을 파악해 봄으로써 명확해질 수 있다.

리스크 관리가 불확실한 미래상황에 대응하기 위한 사전 준비작업에 중점을 두고 건설사업의 목적을 성공적으로 달성하기 위해 여러 가지 대안의 행동계획(alternative action plan)을 수립하여 시행하는 과정이라면, 위기관리는 과거사안의 미숙한 처리가 원인이 되어 불리해진 현재 상황에 대처하기 위해 노력을 기울이는 것이다.

보다 명확한 이해를 도모하기 위해 우리가 적이 쏘는 총탄에 일방적으로 저격당할 수밖에 없는 상황에 놓여 있다고 가정해 보자. 당장 취할 수 있는 조치로는 몸을 재빨리 움직여 총탄을 피하는 것, 장애물로 총탄을 막아내는 것, 총탄에 맞아 부상당한 부위를 치료하는 것 등을 생각할 수 있다. 이는 사후대응(reactive) 조치에 해당하는 것들로 위기관리에 해당한다.

반면, 무장한 저격범과 마주치지 않기 위해 위험지역을 회피하거나 적극적으로 더 강력한 무기로 무장하여 적을 사살하는 방법을 고려하는 것은 사전대응적(proactive)인 조치인 리스크 관리라고 볼 수 있다.

결국 위기(crisis)가, 사전준비가 안 된 상태에서 갑자기 당하는 불리한 사안이라면 리스크는 사전에 예측하여 회피하거나 계획적으로 대응할 수 있는 사안이다.[20)]

---

20) 사후대응에 중점을 두는 위기관리와 대비, 리스크 관리의 사전준비적인 측면을 강조하기 위해 리스크 대응의 몇 가지 기본원칙을 살펴보면 다음과 같다.
- 작은 것을 위해 많은 리스크를 감수하지 마라.
- 항상 미리 계획을 세워 두라.
- 항상 리스크의 근원과 결과를 함께 분석하라.
- 우발적인 상황에 대한 대응조치(contingency measure)를 강구하라.
- 나태함(inaction)을 변명하기 위해 다른 사람을 탓하지 마라.
- 체면손상을 우려하여 리스크를 감수하지 마라.
- 감당할 수 있는 만큼 이상의 손실을 유발하는 리스크는 감수하지 마라.
- 전문가의 조언을 중시하라.
- 리스크의 통제 가능한 측면과 통제 불가능한 측면을 동시에 고려하라.

# 2 | 리스크 관리 시스템

/ 건설사업 리스크에 대한 접근방법의 틀

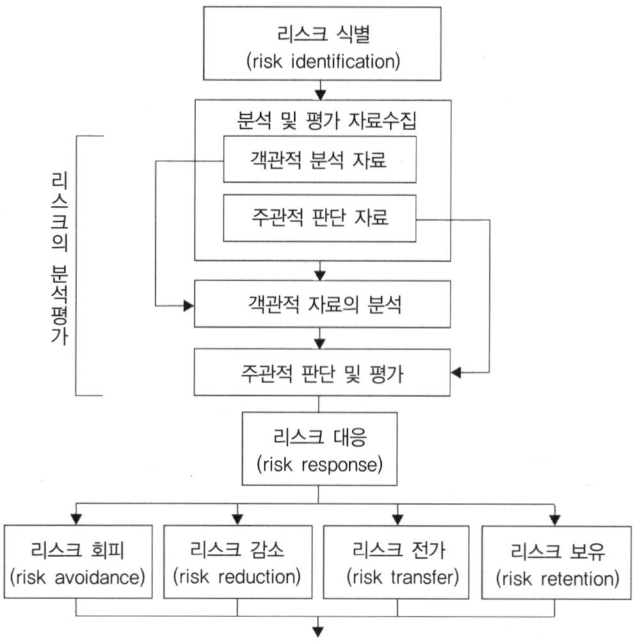


### 리스크 관리 절차

리스크 관리는 특정 상황과 관련된 리스크의 근원을 파악하여 관련 인자를 식별하고, 리스크의 발생에 따른 결과를 측정·분석하여 리스크의 부정적인 영향을 감소시키거나 리스크의 유발인자 자체를 제거하기 위한 전략을 수립하여 시행하는 연속적인 과정이다.

리스크 관리는 (그림 4.2)와 같이 리스크 식별(risk identification), 리스크 분석(risk analysis), 그리고 리스크 대응(risk response)의 3단계 절차를 통해 이루어진다.

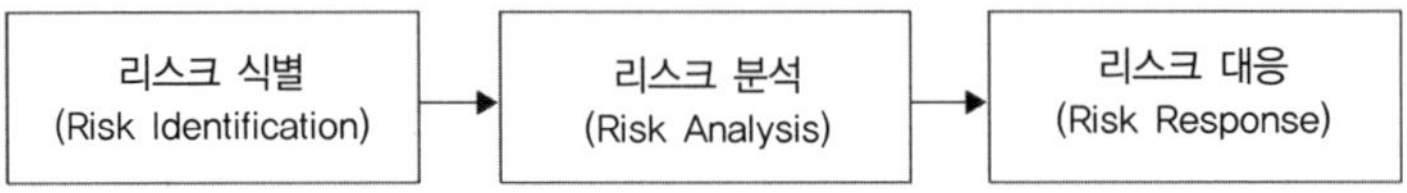


**그림 4.2** 리스크 관리 절차

리스크 식별(risk identification)은 리스크의 근원을 인식하고 리스크 인자의 유형과 특성을 파악하여 발생가능한 리스크의 성격을 이해하는 과정이다. 후속적인 리스크 분석과 대응은 리스크 식별단계에서 인식된 인자만을 대상으로 이루어진다. 따라서 리스크 식별단계에서 발생가능성이 있는 모든 리스크의 근원 인자를 철저하게 파악해야 한다.

리스크 분석(risk analysis)은 다양한 기법을 사용하여 리스크 식별단계에서 식별된 인자의 결과적 중요도를 계량적으로 파악하는 과정이다. 분석단계에서는 리스크의 발생규모, 리스크 변수의 개별적인 영향이나 종합적인 파급효과를 측정하고 평가해야 한다. 이 과정에서 유념해야 할 사항은 리스크 분석의 목적이 리스크 인자를 제거하거나 감소시키는 것이 아니라 리스크를 보다 명확하게 이해하고 대응하기 위한 대안 설정이나 전략수립 가능성 여부를 판단하는 것이라는 것이다.

리스크 대응(risk response)은 식별 · 분석된 리스크 인자의 처리방안을 강구하는 과정이다. 리스크 대응을 위해 건설경영자는 특정 리

스크를

1) 투자나 사업을 철회하여 회피(risk avoidance)할 수 있고
2) 다양한 대책을 수립하여 리스크를 감소(risk reduction)시킬 수도 있고
3) 경우에 따라서는 다른 집단(조직)에 전가(risk transfer)시킬 수도 있다.
4) 또한 투기적인 효과(혜택/기회)를 기대하며 다소의 위험을 무릅쓰고 리스크를 보유(risk retention)한 채 사업을 진행시킬 수 있다.

이러한 대응전략은 의사결정자의 리스크에 대한 취향에 따라 선택적 또는 종합적으로 활용될 수 있다.

리스크의 전가 및 보유와 대비시켜 리스크 분담(risk sharing)을 이해할 필요가 있다. 리스크 분담은 리스크 전가의 특정 경우이면서 동시에 리스크 보유의 한 가지 형태이다. 리스크가 분담되면 그로 인한 피해 가능성은 개인에서 집단이나 조직으로 전가된다. 분담된 리스크는 전가된 집단이나 조직이 보유하는 리스크가 된다.

리스크는 개인·집단·조직과 다양한 방법으로 분담할 수 있다. 분담하는 한 가지 두드러진 방식은 기업에 대한 투자이다. 많은 사람이 투자한 기업이 파산하면 투자자는 투자분에 대한 리스크를 분담한다. 보험도 분담을 통한 리스크 관리 방식이다. 보험의 기본적인 특징 중 하나가 다수의 구성원이 리스크를 분담하도록 하는 것이기 때문이다.

## 리스크의 주관적 인식과 평가

리스크의 개념은 사람에 따라 제각기 달리 인식된다. 왜냐하면 이미 발생된 적이 있거나 향후 발생될 것으로 예상되는 리스크를 인식하는 과정에서 불가피하게 주관적인 판단이 개입되기 때문이다.

여행을 위한 교통수단을 선택하는 과정에서 제기되는 리스크를 고려해 보자. 어떤 사람은 자동차 사고의 통계적 확률이 높다는 이유 때문에 항공기를 선택하는 반면, 다른 사람은 항공기 사고에 따르는 피해의 심각성을 우려하여 자동차 여행을 선호하기도 한다.

건설과정에서도 경영자는 발생 가능성이 높고 피해범위가 큰 리스크에 관심을 집중시키는 경향이 있다. 그러나 피해범위가 적지만 발생빈도가 높은 리스크도 있다는 사실에 유념해야 한다.

건설사업의 리스크를 보다 정확히 파악하기 위해서는 사람에 따라 제각기 다르게 나타나는 리스크의 주관적 인식 측면도 고려해야 한다. 주관적 리스크의 분류기준으로 우선 리스크의 발생 가능성(probability)이나 빈도(likelihood)를 생각할 수 있다. 예를 들면 '공사비가 책정예산의 범위를 초과할 가능성'을 들 수 있다. 다른 관점에서 리스크 발생 결과의 심각성(severity)을 고려할 수 있다. 예로서 '공사비가 책정예산을 초과할 경우 수익성에 미치는 영향'을 생각할 수 있다. 또 다른 기준은 특정 리스크의 발생으로 유발되는 파급효과 범위이다. 그 예는 '공사비가 책정예산을 초과할 때 공기, 품질, 기타 후속공사에 미치는 직·간접적 영향'을 생각할 수 있다.

리스크의 주관적 인식과 평가는 리스크의 식별·분석·대응에 이르는 모든 과정에 개입되어 의사결정에 영향을 미친다.

리스크 식별과정에서 사람들은 경험에 비추어 마음속에 쉽게 떠오르는 사안에 더 높은 발생가능성을 부여하는 경향이 있다. 특히 최근에 보다 생생하게 경험한 사안일수록 발생 가능성이 더 높은 것으로 고려된다. 리스크 상황은 객관적으로 존재하지만 그 상황의 인식은 판단의 주체인 사람의 성장과정, 교육배경, 가치체계, 경험, 직관 등에 따라 제각기 달라지기 때문이다.

리스크 분석단계에서도 주관적인 측면을 완전히 배제할 수는 없다. 리스크의 분석결과는 객관적·계량적으로 표현될 수 있지만, 분석결과를 해석하고 평가하는 과정에서 판단의 주체가 누구인가에 따라, 그리고 개별적 리스크와 집합적 리스크 중 어느 쪽에 더 많은 관심을 갖는가에 따라 리스크 수준과 발생 결과에 대한 인식이 달라진다. 따라서 어떤 사람에게 부정적인 리스크는 다른 사람에게 긍정적인 것이 될 수도 있다.

리스크 대응도 사람에 따라 달리 나타난다. 더 많은 이익을 기대하며 리스크를 감수하는 경향이 있는 사람(risk seeker)이 있는 반면, 기대이익에 무관심한 반응을 보이며 중립적인 자세를 유지하는 유형(risk neural type)도 있다. 한편 기대이익 자체를 포기하면서 리스크에 대한 혐오적 경향을 보이는 사람(risk averse type)도 있다. 따라서 어떠한 경향의 건설경영자가 상황을 더 강력하게 지배하는가에 따라 리스크 대응전략도 달라진다.

주관적 판단은 상황을 인식하고 평가하는 사람의 가치, 경험, 직관에 상당 부분 의존할 수밖에 없기 때문에 불가피하게 편견(bias)과 오류(error)를 내포한다. 따라서 건설사업이 포함하는 다양한 리스크 인자를 식별·분석하여 대응전략을 수립해야 하는 건설경영자는 편견과 오류를 최대한 배제할 수 있는 체계적인 방법을 활용해야 한다. 필자는 주관적인 판단이 갖는 편견과 오류를 최대한 배제하고 긍정적인 면을 체계적으로 수렴하여 계량적인 분석결과와 주관적인 판단을 종합적으로 고려할 수 있는 방법론을 강구하고자 한다.

## 리스크 관리 시스템

지금까지 리스크 관리의 일반적인 개념을 파악하고 아울러, 주관적인 판단의 중요성을 강조하였다. 리스크 관리를 위해 고려해야 할 주관적 · 객관적 인자를 체계적으로 다루기 위해 필자가 정립한 건설사업의 리스크 관리 시스템은 (그림 4.3)과 같다.

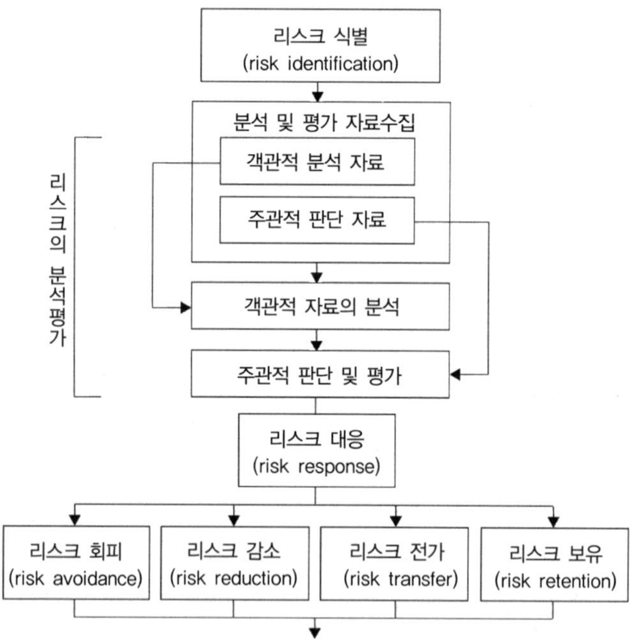


**그림 4.3** 리스크 관리 시스템

리스크 관리 시스템의 운용을 통해 건설과정에서 직면하는 리스크를 완전히 제거할 수는 없다. 건설환경을 더 친근하게 바꿀 수도 없고, 경쟁자, 제품·장비공급자, 근로자의 태도나 취향을 호의적으로 바꿀 수 있는 것도 아니다. 리스크 관리의 효용은 건설사업의 특성상 불가피하게 존재하는 리스크 인자를 체계적으로 식별하고, 특정 리스크와 관련된 현실적인 정보를 획득·분석하여 리스크 상황에 효과적으로 대처할 수 있는 방법론을 제공하는 것에 있다.

이제 리스크 관리 시스템의 각 구성요소에 관한 내용을 순차적으로 언급하여 건설사업의 리스크 관리 방법론을 완성하고자 한다.

# 3 | 리스크 인자의 식별

/ 리스크 근원인자 파악과 분석대상변수 선정

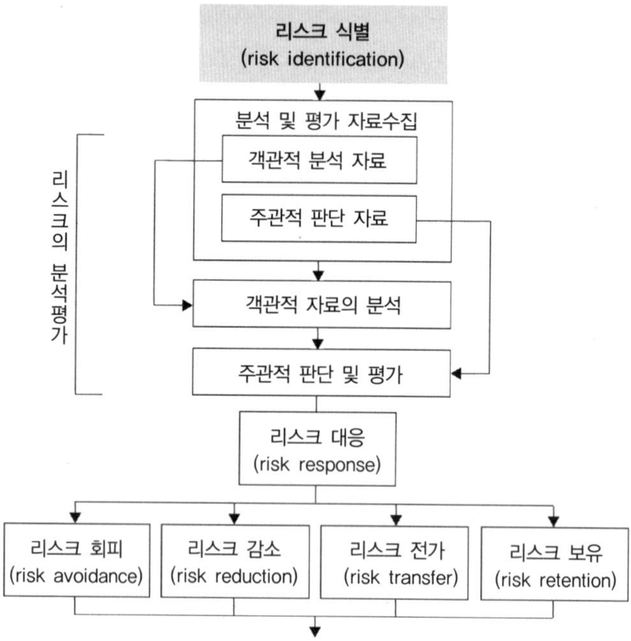


## 건설사업의 특성과 리스크

건설사업은 일반 제조업 분야의 사업과 확연히 구분되는 여러 가지 특성 때문에 훨씬 더 많은 리스크에 직·간접적으로 노출된다. 건설사업의 특성을 리스크 관점에서 조명해 보도록 하자.

1) 건물(시설)은 토지에 고착될 수밖에 없는 실체이다. 건물(시설)을 생산하는 건설사업 역시 특정지역의 현장을 중심으로 형성된 수동적인 환경에서 이루어지기 때문에 불가피하게 인위적인 통제가 불가능한 자연적·물리적 영향을 직접 받는다. 지역적 한계를 갖는 건설사업은 규모, 형태, 입지, 재원, 품질 등의 제반 조건과 관련된 수요자(의뢰자)의 다양한 요구를 개별적으로 수용해야 하는 일품생산형 주문사업이다. 따라서 어떠한 경우에도 완벽하게 같은 건물(시설)이 존재하는 경우를 생각할 수 없다. 두 개 이상의 건물(시설)을 같은 설계도에 따라 동일한 시공자가 같은 지역에서 같은 방식으로 시공한다 할지라도 엄격한 의미에서 이들을 동일한 건물(시설)로 볼 수는 없다. 적어도 점유공간과 지하구조는 다를 수밖에 없기 때문이다.

   이러한 특성으로 인해 최근의 첨단화·자동화된 기술로도 건물(시설)을 전면 표준화·규격화한다는 것은 불가능하다. 아직도 생산과정의 대부분이 노동의존적이어서 양질의 저렴한 노동력 확보는 사업의 성공적인 수행을 위해 필수적이다. 그러나 노동력의 확보 여건은 사업의 규모와 성격, 건설경기 등에 따라 극히 유동적이기 때문에 수급불안정에 의한 공사 차질이 발생하기도 한다.

   따라서 자연적·지리적인 환경에서 비롯되는 **물리적인 리스크**(physical risk)는 물론 건설사업 추진 시점의 **사회·경제적인 여건에서 비롯되는 리스크**(social and economic risk)도 심층적으로 고려해야 한다.

2) 단일사업에 대한 투입자본의 규모가 매우 크다. 특히 초기에 막대한 자본이 소요되기 때문에 견실한 자본능력이 없으면 사업 완료시까지 만성적인 재정 부담에 시달리게 된다. 또한 특정 건설사업에서의 손실 발생 여부가 기업경영에 직접적인 영향을 미친다.

건설사업은 결과적 실체인 건물(시설)의 직접적인 구성요소가 아니면서도 건설과정에서 불가피하게 요구되는 가설물의 구축 · 철거를 필요로 한다. 또한 전체 공사비에 대한 운반비의 비중이 매우 높다. 건설공사비의 약 25%가 운반비인 것으로 알려져 있다. 따라서 효율적 원가관리의 중요성이 강조된다. 그러나 건설사업은 제조 분야 사업과 같은 수준의 정밀한 생산관리를 할 수 없기 때문에 관리불충분, 작업비능률, 재시공, 여분의 가설물 설치로 인한 추가운반 소요, 과잉설계 · 시방 등으로 인한 비용손실의 가능성이 매우 높다.

이러한 사항에 유념하여 자본의 동원 · 운용 및 원가 상승과 관련된 **재정 · 경제적 리스크 인자**(financial and economic risk)를 체계적으로 식별 · 분석하여 전략적으로 대응하지 않으면 안 된다.

3) 생산활동이 사업건수에 따라 단속적으로 이루어지기 때문에 수요와 공급의 균형을 고려한 계획생산이 불가능하다. 각 사업별로 재원, 생산수단(기자재, 장비 등)과 노동 · 기술 인력을 새롭게 조달해야 한다. 건설사업 추진을 위한 조직도 특정사업관리 위주로 형성된 불안정한 구조를 갖는다.

따라서 **특정사업의 특성을 반영하는 리스크**(construction project risk)를 다루어야 함은 물론, 다수 사업의 수행주체인 **건설기업 차원의 리스크**(construction company risk)도 고려해야 한다.

4) 전체적으로 개별 수주사업이면서 부분적으로는 조립생산업이다. 따라서 수많은 관련 산업이 도급 · 하도급에 의한 분업생산체제를 전제로 분야별 전문화 및 계열화가 이루어진다. 이러한 경우 어느 한 산업의 문제는 곧 건설사업의 애로와 직결된다.
따라서 건설기업이나 개별사업 단위의 리스크 차원을 넘어 건설업 **전체를 하나의 분석단위로 생각하는 리스크**(construction industry risk)의 관점도 필요하다.

5) 건설사업의 결과적 산물인 건물(시설)은 주택을 제외한 그 어느 것도 최종소비재가 아니고 경제활동을 위한 중간투입재 또는 생산재로서의 성격을 갖는다. 따라서 건설사업의 산물은 최종수요가 아니라 다른 생산재의 유발수요로서 고용 및 산업 연관 효과를 창출한다. 이러한 관점에서 건설사업은 국가경제의 안정적 성장을 지원하는 전략적 수단이 될 수 있다.
건설시장은 대형업체와 소규모 기업이 병존하는 중층적인 구조로 형성된다. 낮은 수준의 기술과 적은 자본으로도 건설업에 비교적 쉽게 진입할 수 있는 반면, 경기 동향과 수요자(발주자) 여건에 매우 민감한 반응을 보인다.
따라서 건설경기와 발주자 여건에 직 · 간접적인 영향을 받는 상황을 염두에 두고 **국가경제 전반에 대한 파급효과로서의 경제리스크**(national economy risk) 분석이 이루어져야 함은 물론, 더 나아가서는 정치 환경이나 정부정책의 변화에 따라 발생하는 **정치적인 리스크**(political risk), **법적 · 제도적 리스크**(legal risk)도 검토해야 한다.

6) 사용기술의 종류가 광범위하다. 전통 재래기술에서부터 첨단공법까지 다양한 유형의 기술이 건설사업에 도입된다. 같은 종류의 사업이라도 적용 기술에 따라 공기, 비용, 품질, 인력수요 등에서 엄청난 차이가 발생한다.

또한 생산기간이 매우 길어 건설과정에서 물가, 환율, 이자율 변동의 영향을 받는다. 건물(시설)은 일단 건설되면 수십 년에서 수세기에 이르는 수명주기(life cycle) 동안 존속하면서 지속적인 유지관리 소요를 발생시킨다.

건물(시설)의 수명주기에 걸친 시간의 경과에 따라 사람들의 요구수준, 취향, 유행 등이 지속적으로 변화한다. 이러한 과정에서 건물(시설)이 사회적 변화를 유연하게 수용하지 못하면 더 이상 존속할 수 없게 된다.

이러한 특성을 고려하여 계획 · 설계 · 시공 과정에서 직면하는 **단기적 리스크**(short-term risk)는 물론 점유, 사용, 유지관리 과정에서 건물(시설)이 직면하게 될 **장기적 리스크**(long-term risk)도 함께 고려해야 한다. 아울러 보다 포괄적 안목에서 불확실한 미래의 환경변화를 **장기생존성**(long-term viability) 관점에서 인식하여 신기술 · 신공법 · 신사업의 개발로 연계시키지 않고서는 지속적인 경쟁력을 유지할 수 없다.

## 건설사업의 리스크 식별체계

지금까지 건설사업의 제반 특성을 여러 각도에서 조명한 결과 파악된 다양한 리스크를 요약하면 다음과 같다.

- 자연적 · 지리적 여건에서 비롯되는 환경적 · 물리적 리스크
- 건설시점의 제반 여건에서 파생되는 사회적 · 경제적 리스크
- 자본동원 · 운용 및 원가상승에 의한 재정적 · 경제적 리스크
- 특정 건설사업의 특성을 반영하는 사업단위 리스크
- 다수 사업의 수행주체인 건설기업 차원의 리스크
- 건설업 전체를 분석대상으로 고려하는 건설산업 수준의 리스크
- 국가경제 전반의 변화에서 비롯되는 파급효과로서의 리스크
- 정치 환경이나 정책의 변화에 따른 정치적 · 법적 · 제도적 리스크
- 계획, 설계, 시공 과정에서 직면하는 단기적 리스크
- 점유, 사용, 유지관리 과정의 장기적 리스크
- 불확실한 미래의 환경변화를 인식하고 신기술 · 신공법 · 신사업을 개발 · 도입하는 과정에서 직면하는 장기생존성 관점의 리스크

상기에서 언급된 제반 리스크는 다소 산만하게 나열되어 있을 뿐만 아니라 부분적으로 중복되는 요소도 없지 않다. 따라서 중복성을 배제하여 식별이 가능한 형태로 리스크를 분류할 필요가 있다. 여러 가지 분류방식이 존재하지만 필자는 광범위하면서도 부분적 · 미시적 관점의 리스크 요소도 놓치지 않겠다는 생각에서 다음과 같이 3가지 관점의 접근을 시도한다.

- 리스크의 성격상 분류
- 시간차원의 건설사업 추진단계별 리스크 분류
- 공간차원의 발생영역별 리스크 분류

건설사업의 리스크는 성격상 물리적 리스크(physical risk), 환경적 리스크(environmental risk), 천재지변(Acts of God), 정치적 · 법적 · 제도적 리스크(political and legal risk), 재정 · 경제적 리스크(financial and legal risk) 등으로 구분된다.

리스크는 또한 시간차원에서 타당성분석(feasibility study), 계획 · 설계(planning and design), 계약 · 시공(contract and construction), 점유 · 사용(occupancy and use) 및 유지관리(operation and maintenance) 단계 등으로 구분하여 접근할 수 있다.

마지막으로 공간차원에서 리스크의 발생영역별로 사업단위 리스크(project-level risk), 건설기업 수준의 리스크(company-level risk), 건설산업 차원의 리스크(construction industry risk), 국가경제 차원의 리스크(economy-level risk) 등으로 구분할 수 있다.

이러한 관점에 리스크 인자를 식별하면 (표 4.1)과 같다.

표 4.1 건설사업의 리스크 분류체계

| 분류기준 | 건설사업 리스크 유형 |
|---|---|
| 리스크 성격 | • 물리적 리스크<br>• 환경적 리스크<br>• 천재지변<br>• 정치적 · 법적 · 제도적 리스크<br>• 재정적 · 경제적 리스크 |
| 건설과정<br>(시간차원) | • 타당성분석 단계의 리스크<br>• 계획 및 설계단계의 리스크<br>• 시공단계의 리스크<br>• 점유 · 사용 및 유지관리단계의 리스크<br>• 미래환경변화에 대비한 장기생존성 리스크 |
| 발생영역<br>(공간차원) | • 특정사업단위 수준의 리스크<br>• 건설회사 수준의 리스크<br>• 건설산업 차원의 리스크<br>• 국가경제 차원의 리스크 |

필자는 이와 같이 분류된 리스크를 체계적으로 식별 · 분석하여 대응할 수 있는 이론체계와 실무적용 방법론을 정립하고자 한다.

리스크는 그 성격에 따라 물리적 리스크, 천재지변, 환경적 리스크, 재정 · 경제적 리스크, 정치 · 법 · 제도적 리스크로 분류될 수 있다.

물리적 리스크와 천재지변은 비록 발생가능성이 다소 희박하다 할지라도 일단 발생되면 구조물의 손상 · 붕괴는 물론 인적 · 물적 측면에서도 엄청난 피해를 유발한다. '90년대 중반 이후 발생된 성수대교 붕괴, 대구가스참사, 구포무궁화열차 전복, 삼풍백화점붕괴 등은 대표적인 물리적 리스크에 해당된다. 물리적 리스크는 건설현장에서 화재, 도난, 장비손상, 산업재해사고 등의 형태로 유발되기도 한다.

계절적인 주기를 갖고 반복적으로 발생하는 태풍, 폭우, 장마, 낙뢰 등은 천재지변에 의한 대표적인 리스크로 인위적인 통제가 거의 불가능하다. 그럼에도 이러한 리스크 발생에 대비한 피해최소화 방안을 다각적으로 검토해 두지 않으면 안 된다.

환경적 리스크는 선진 각국에서 가장 중요한 리스크 근원 중의 하나로 인식되고 있다. 우리나라에서도 환경보전의 중요성이 강조되면서 건설사업 추진에 따른 생태계의 파괴와 손상, 소음, 악취, 수질오염, 건설폐기물 등과 관련된 민원이 급증하고 있다. 또한 특정 건물이나 시설(특히 원자력발전소, 쓰레기처리장, 방사능폐기물처리장 등)이 지역의 안전이나 쾌적한 삶을 저해하는 요소로 인식되면 사업주체와 지역주민들 사이에서 빚어지는 이해관계의 대립이 심각한 리스크 인자로 작용한다.

사회적 · 지리적 · 문화적 환경도 리스크의 근원이 된다. 친숙하지 못한 사회적 · 지리적 조건은 건설사업에 대한 위협요소로 작용한다. 특히 해외 건설사업의 추진과정에서 우리와 전혀 다른 언어 · 종교 ·

역사 · 문화 · 환경 등은 심각한 리스크 근원인자로 작용한다.

재정 · 경제적 리스크는 모든 건설사업에 공통적으로 존재한다. 특히 정치적 · 법적 · 제도적 리스크나 물리적 리스크에 대비한 사전조치가 보편화되어 있는 선진 각국에서는 재정능력, 자금유통, 환율변동, 보험가입 여부 등이 보다 중요한 리스크의 근원이 된다. 또한 경제상황의 급격한 변동이 빈번한 개발도상국에서는 인플레이션 심화, 이자율 변동, 자재 및 인력의 품귀현상, 세금관련 정책 · 제도의 잦은 변경 등이 리스크의 근원이 된다.

정치적 · 법적 · 제도적 리스크는 국내에서는 물론 해외 건설사업에서도 가장 심각한 리스크 인자로 고려된다. 중동지역이나 동유럽의 국가와 같이 전쟁, 혁명, 내란 등이 빈번하게 발생하는 경우 건설사업이 중단되고, 상황에 따라서는 사업을 포기하지 않으면 안 된다.

국제 건설사업의 경우 국내기업의 해외진출 및 통상규제 정책 등의 영향을 직접적으로 받는다. 일단 진출에 성공했어도 건설환경의 차이는 물론 적용법규와 계약제도, 그리고 기술력의 차이를 극복해야 하고, 부가적으로 제기되는 각종 클레임에 대처해야 한다. 또한 외국 업체에 불리하도록 형성된 법과 제도는 뛰어넘기 어려운 진입장벽(entry barrier)으로 작용하면서 또 다른 유형의 시장리스크(market risk)를 유발한다. 국내건설사업에서도 법, 규정, 제도, 정책의 잦은 변경이나 국가적 차원의 기간사업을 추진하기 위해 이루어지는 토지수용 등도 정치적 · 법적 · 제도적 측면의 중요 리스크 인자이다.

지금까지 언급된 리스크를 정리하면 (그림 4.4)와 같다.

**그림 4.4** 건설사업 리스크의 성격상 분류

건설사업 추진과정의 리스크, 즉 시간차원의 리스크는 기획 · 타당성 분석부터 계획 · 설계와 계약 · 시공 과정을 거쳐 점유 · 사용 · 유지관리에 이르기까지 시간의 경과에 따라 직면하는 모든 리스크를 말한다.

기획 · 타당성 분석단계의 리스크는 주로 기대수익을 충족시키지 못할 가능성과 관련된 것으로 사전조사 및 타당성 분석의 결함, 불규칙적인 지가상승이나 차입금리인상, 부적절한 할인율 선정, 예상 밖의 세율변경으로 인한 기대와 실제 사이의 격차 등이다. 이러한 리스크는 건물의 연면적, 층수, 층고, 건폐율, 용적률 등을 적정수준으로 결정하지 못하거나 임대면적, 임대수익, 예상점유율, 공실률 등을 정확히 예측하지 못하여 발생하기도 한다. 이러한 요소 외에도 향후에 출현될 신기술의 적시도입을 위해 필요한 유연성(flexibility)을 확보하지 못한 결과 건물(시설)의 수명주기(life cycle)가 대폭적으로 줄어들어 투자비 효과를 조기에 상실하는 경우도 생각할 수 있다. 이러한 유형의 리스크는 초기에 식별·분석하여 적절히 대처해야 한다. 그렇지 못할 경우 건물(시설)의 수명주기에 걸쳐 심각한 영향을 지속적으로 받게 된다.

초기의 기획·타당성 분석단계에서 식별된 리스크 인자는 계획·설계 과정에서 재검토되어 부정적 효과를 최소화하는 한편, 긍정적 효과를 극대화할 수 있어야 한다. 이러한 노력이 부족하면 계획·설계 범위를 명확히 확정하지 못하고, 설계·시공이 상당히 진행된 시점에서 누락사항이 발견되어 재설계·설계변경·재시공이 불가피해진다.

설계과정에서는 설계기간 부족의 리스크가 가장 빈번하게 발생한다. 설계기간이 부족하면 시공과정에서 품질향상 및 공사비절감에 기여할 수 있는 신기술·신공법 도입에 차질을 빚기도 한다. 부적합한 자재·공법이 선정되어 공사 전반에 부정적인 영향을 미치기도 하고, 공사과정에서 준수해야 할 사항을 정확히 반영한 정밀한 시방서 작성에 차질을 빚기도 한다.

설계단계에서 공사비가 정확히 산정되지 못하면 시공과정에서 적정수준의 성능을 확보할 수 없다. 계획·설계과정에서 공사에 직·간접적인 영향을 미치는 사람들(설계자, 전문가, 의뢰자, 시공자, 사용자 등) 사이의 의사소통이 원활하지 못하면 공사과정에서 이해관계의 대립과 충돌이 발생하기도 한다.

계약·시공 관련 리스크는 이전단계의 것에 비해 훨씬 더 구체적이고 실질적이다. 입찰·계약 단계에서 지나치게 낮은 금액으로 수주하거나 적정 공사기간을 보장받지 못하면 공사비 부족으로 인한 기대이익 확보가 불가능하게 된다.

설계과정에서 작성된 시방서가 부적합하거나, 설계조건과 현장여건이 지나치게 상이할 경우 설계변경범위가 과다해지고 공기부족 및 공사비상승문제가 발생한다. 또한 검증되지 않은 신기술·신공법을 적용하면 공사 전반에 악영향을 미칠 수 있다.

이러한 요소 외에도 불합리한 하도급으로 인한 갈등·분쟁, 안전사고에 의한 인적 피해 및 물적 손실, 노사분규와 파업에 따른 공사 중단, 기상악화로 인한 공기지연, 건설경기의 이상 현상에 따른 자재·인력·장비의 과부족 발생, 자재·장비 운반과정의 손실 및 피해, 공사관리·감독의 부실 등도 극복하지 않으면 안 될 주요 리스크 인자들이다.

건설 최종단계인 점유·사용·유지관리 단계에는 그다지 심각한 리스크 인자가 존재하지 않는 것으로 인식하는 경향이 있다. 그러나 유지관리는 계획·설계 및 시공단계와 시간상으로 격리되어 있기 때문에 충분히 검토되지 못하는 경향이 있을 뿐, 이 단계에도 심각한 리스크가 만연해 있다. 운영목적의 적합성을 충분히 고려하지 못하거나 부적절한 사용·유지관리방식의 채택으로 계획·설계·시공단계에서 의도한 기대효과가 충족되지 못할 수 있다. 특히 안전사고나 붕괴조짐을 미리 파악하여 적극적으로 대처하지 못하면 그 여파가 걷잡을 수 없이 확산된다는 것을 우리는 적지 않은 물리적 사고를 통해 직접 체험하였다.

또한 부실시공으로 인한 하자발생의 경우 즉각적인 후속조치를 통해 건물(시설)의 성능장애를 방지하고, 고효율 냉난방 기기의 도입·운영으로 운영유지비의 과다상승을 예방해야 한다. 아울러 주변여건의 변화에 신축적으로 대처하기 위해 용도변경·개수·개조·증개축이 필요하기도 하다. 운영과정에서 출현하는 신기술을 적기에 도입하지 못하면 건물(시설)의 수명주기가 대폭적으로 단축되어 투자비 효과의 조기상실을 유발할 수도 있다.

지금까지 언급된 건설사업 추진과정의 리스크를 체계적으로 정리하여 표현하면 (그림 4.5)와 같다.

리스크

| 건설과정 | 기획 · 타당성 분석단계 | 계획 · 설계 단계 | 계약/시공 단계 | 사용/유지 관리단계 |
|---|---|---|---|---|
| 인자 | • 사전조사/타당성 분석상의 결함<br>• 자금조달능력 부족<br>• 기대수익(임대면적, 임대수익, 예상점유율, 공실률 등)의 예측오류<br>• 지가상승<br>• 차입금리인상<br>• 건물규모(연면적, 층수, 층고, 건폐율, 용적률 등)<br>• 건물수명주기<br>• 자본투자기간<br>• 신기술 예측<br>• 할인율/세율 | • 설계범위 미확정<br>• 설계누락/생략<br>• 신기술 도입<br>• 설계자/전문가/의뢰자/시공자/사용자의 의사소통 미비<br>• 설계기간 부족<br>• 자재 · 공법 선정의 오류 및 이해관계 대립<br>• 시방서 누락<br>• 공사비예측 오류 | • 부적합한 시방<br>• 설계조건과 현장여건 상이<br>• 공사비 부족<br>• 공기 부족<br>• 신기술 적용<br>• 낙찰률 저조<br>• 불합리한 공사 하도급 관계<br>• 자재, 인력, 장비의 가용 여부<br>• 자재, 장비의 운반, 손실, 손상<br>• 기상악화<br>• 노사분규/파업<br>• 설계변경<br>• 공법 부적절<br>• 안전사고<br>• 관리/감독부실 | • 안전성(사고, 붕괴 등)<br>• 부적절한 유지관리 방식<br>• 에너지비 상승<br>• 냉난방 기기의 성능 미비<br>• 운영목적의 적합성<br>• 하자 발생<br>• 용도변경, 개수, 개조, 증개축, 철거<br>• 운영과정의 신기술 출현/미래환경변화로 인한 장기생존성 저하 |

**그림 4.5** 건설과정별 리스크 인자의 분류체계[21]

21) 실무적으로 성격상 리스크와 시간차원의 리스크를 동시에 고려하기 위해 다음과 같이 '성격/건설과정 리스크인자 매트릭스'를 활용할 수 있다.

| 과정\성격 | 물리적 | 천재지변 | 환경적 | 재정경제 | 정치, 법, 제도 |
|---|---|---|---|---|---|
| 타당성분석 | | | | | |
| 계획설계 | | | | | |
| 계약시공 | | | | | |
| 사용 유지관리 | | | | | |

매트릭스에 주요 리스크를 기입하여 리스크를 식별하면 대부분의 리스크를 관리할 수 있다.

리스크의 성격이나 건설사업 추진과정에 따른 분류방식과는 별개로 건설사업의 전개지역 또는 공간 차원에서 리스크를 식별할 수도 있다. 특정 사업단위를 고려할 수 있고, 여러 건설사업의 종합적 추진 주체인 건설기업 수준에서 생각할 수도 있다. 특정지역 또는 국가의 건설산업 차원까지 인식의 범위를 확장시켜 파악할 수도 있고, 건설사업이 경제 전반에 지대한 영향을 미친다는 점을 고려하여 국가경제 차원의 인자를 식별할 수도 있다.

특정사업과 관련된 리스크는 개별 프로젝트를 수행하기 위해 필요한 자본조달, 생소한 지리 및 기상, 공사비 상승, 공기부족, 발주자·수급자·하도급자 사이의 불합리한 계약, 건설업체의 기술·공사관리 능력 부족 등과 깊이 관련되어 있다.

이러한 유형의 리스크는 높은 불확실성을 포함하고 있고, 특정상황에 국한된 비반복적·고유의 인자이기 때문에 사전에 식별하여 분석·대응하는 것이 쉽지 않다. 그럼에도 이러한 리스크는 개별 프로젝트 단위에서 직접적인 조정·통제가 가능하고, 리스크의 효과가 기업에 직접적으로 미치지는 않는다는 점에서 상대적으로 비교적 적은 파급효과를 유발한다고 볼 수 있다.

건설기업 수준의 리스크는 주로 특정 시장영역의 건설업체에 국한된 것으로 건설환경변화에 따른 시장 다변화, 경쟁심화로 인한 기대이익 감소, 재정능력 부족 및 생산성 약화, 노사분규·파업으로 인한 경쟁력 약화 등을 생각할 수 있다. 이러한 리스크는 결과적으로 개별 프로젝트의 품질·성능에도 부정적인 영향을 미칠 수 있기 때문에 철저히 식별·분석해야 한다. 또한 특정 시장에서 경쟁기업의 정보를 충분히 획득해야 한다는 점에서 전략적인 접근을 시도하지 않으면 안 된다.

건설산업 차원의 리스크는 특정지역의 건설경기나 정책의 변동으로 인해 발생하는 것으로 국내외 건설시장 규모의 축소 및 확대, 건설경기의 과열 또는 침체, 자재 · 장비 · 노동력의 수급불균형, 건설관련 법규의 복잡 · 다변화 등으로 파급효과가 상대적으로 크게 나타나지만 발생빈도는 특정 사업단위나 기업차원의 리스크에 비해 그다지 크지 않다. 건설산업 수준의 리스크를 개별기업이 직접 통제할 수는 없지만 예측할 수 없는 것은 아니기 때문에 사전준비를 해 두어야 한다.

국가경제 차원의 리스크는 건설산업의 영역에서 통제가 거의 불가능하면서도 리스크 발생의 결과적인 여파는 건설산업 전체에 광범위하면서도 지속적으로 미친다. 이러한 인자는 통제가 불가능한 반면 충분한 정보의 수집 · 분석을 통해 예측할 수 있기 때문에 사전대응책을 염두에 두고 있어야 한다. 국가경제 차원의 리스크 인자는 광범위한 성격을 띠고 있기 때문에 일일이 나열할 수는 없다. 대표적 인자만을 언급하면, 특정지역이나 국가의 GDP · GNP 성장률, 인플레이션, 이자율 · 환율 · 세율의 불규칙적 변동 등이다.

공간차원의 리스크를 정리하면 (그림 4.6)과 같다.

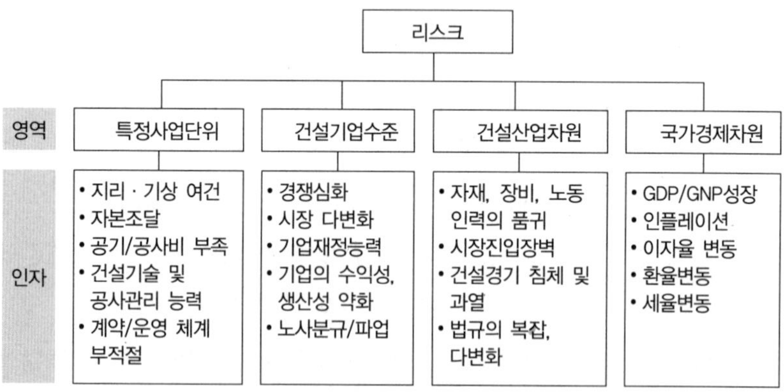


**그림 4.6** 건설활동 영역별 리스크 인자의 분류

## 리스크 인자의 요약·정리 및 분석대상변수 결정

리스크 식별(risk identification)은 특정 건설사업과 관련된 리스크의 근원을 파악하여 일관성 있는 기준에 따라 체계적으로 분류하고, 리스크 발생 결과의 중요도를 판단하여 리스크 분석 단계에서 중점적으로 고려해야 할 변수를 선정하는 과정이다. 후속적인 리스크 분석(risk analysis)과 리스크 대응(risk response)은 리스크 식별 단계에서 선정된 리스크만을 대상으로 이루어지기 때문에 이 단계에서 특정 건설사업과 관련된 모든 리스크 인자를 철저히 파악해야 한다.

리스크 식별의 마지막은 특정사업과 관련된 리스크 인자의 중복을 배제하고 체계적으로 요약·정리하여 분석해야 할 리스크 인자를 선정하는 것이다. 이 과정에는 사업과 관련된 모든 사람이 함께 참여해야 한다. 특정 리스크 인자의 중요도는 어느 한 사람의 판단에 의해 이루어질 수 있는 것이 아니기 때문이다.

분석 대상 리스크를 선정하기 위해서는 리스크 발생의 근원과 결과의 상관성, 즉 리스크 발생의 인과관계를 파악해야 한다. 리스크 발생의 근원과 결과 사이에는 (그림 4.7)과 같은 순차적인 관계가 존재한다.

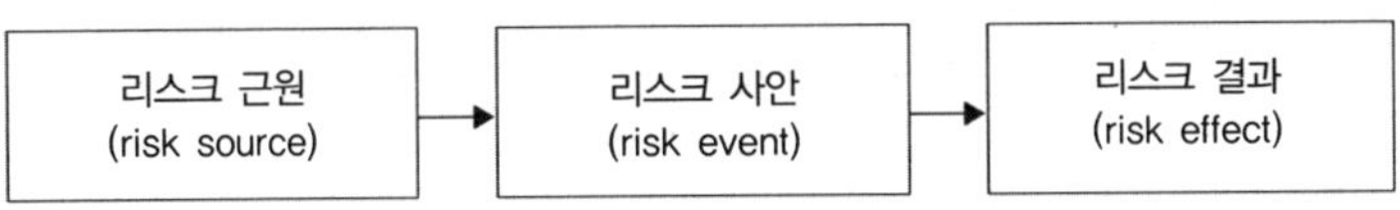


**그림 4.7** 리스크 발생의 순차적 관계

(표 4.2)는 리스크의 근원·사안·결과에 관한 실례를 보여준다. 그러나 건설과정에서 리스크의 발생과정을 이와 같이 순차적으로 명

확하게 인식하는 것은 결코 쉬운 일이 아니다. 따라서 리스크 인자의 식별은 위의 세 가지 요소 중 리스크의 근원에 중점을 두고 전개하는 것이 바람직하다.

표 4.2 리스크의 근원 · 사건 · 결과의 인식

| 가능한 근원(possible source) | 사건(event) | 가능한 결과(possible effects) |
|---|---|---|
| • 안전규정 미비<br>• 현장안전관리 부적절<br>• 전문건설업자의 업무체계 미숙지<br>• 장비결함<br>• 작업인력의 경험미숙<br>• 예기치 못한 기상여건<br>• 작업인력의 방심/부주의 | 현장작업인력의 상해/손상 | • 사망<br>• 부상<br>• 안전관리규정에 의한 현장 작업 중단<br>• 준공지연<br>• 사기저하/인간관계 악화<br>• 책임자구속/벌금징수<br>• 비용부담<br>• 보험료 상승 |

그럼에도 건설과정에서 상당수의 전문가들이 리스크 발생의 근원과 결과에 대한 명확한 구분 없이 리스크를 식별한 결과 분석범위의 설정과정에서 한계에 직면하는 경우가 적지 않다. 리스크 발생의 근원과 결과에 대한 구분을 예로 들면 (표 4.3)과 같다.

표 4.3 리스크 발생의 근원과 결과 예시

| 구 분 | 인 자 | |
|---|---|---|
| 리스크 근원인자 "예시" | • 불규칙적인 기후조건<br>• 지반조건의 불안정<br>• 인플레이션 과다<br>• 하도급 공정 상호간의 불일치 | • 부정확한 설계/시공<br>• 도급업체의 파산<br>• 주요자재의 납기지연 |
| 리스크 결과인자 "예시" | • 책정공사비 범위 초과<br>• 적정품질 미확보<br>• 재난(화재, 홍수 등)으로 인한 재산손실/피해<br>• 부적합한 작업환경에서의 근로자 안전사고 | • 공기지연<br>• 운영유지상의 기능장애 |

리스크의 근원은 리스크 유발 가능성이 높은 조건이나 상태인 반면, 리스크 결과는 재정·경제적 측면의 획득과 손실, 인적 자원의 피해와 물적 자원의 손실 정도, 시간·비용의 절감 또는 낭비 등으로 표현된다.

리스크 식별 결과를 요약·정리하기 위해 활용될 수 있는 것이 (표 4.4)이다.

수많은 리스크가 복잡하게 얽혀 있는 상황에서 (표 4.4)와 같은 양식을 다양한 유형으로 고안하여 활용한다면 리스크와 관련된 구체적인 정보를 모두 수집하지 않더라도 집중적인 분석이 요구되는 주요 리스크에 높은 우선순위를 부여하여 리스크를 관리할 수 있을 것이다.

표 4.4 리스크 식별 결과 요약표

사업명 : ______________________________

사업개요

|  |
|---|
|  |

작성일 : ______________________________

작성책임자 : ______________________________

| 리스크 근원인자 | 리스크 발생결과 | 주요변수 |
|---|---|---|
| 1. . . . . . . . . . . .<br>2. . . . . . . . . . . .<br>3. . . . . . . . . . . .<br>.<br>.<br>. |  |  |

# 4 리스크 분석

### / 리스크 발생 결과의 계량적 측정

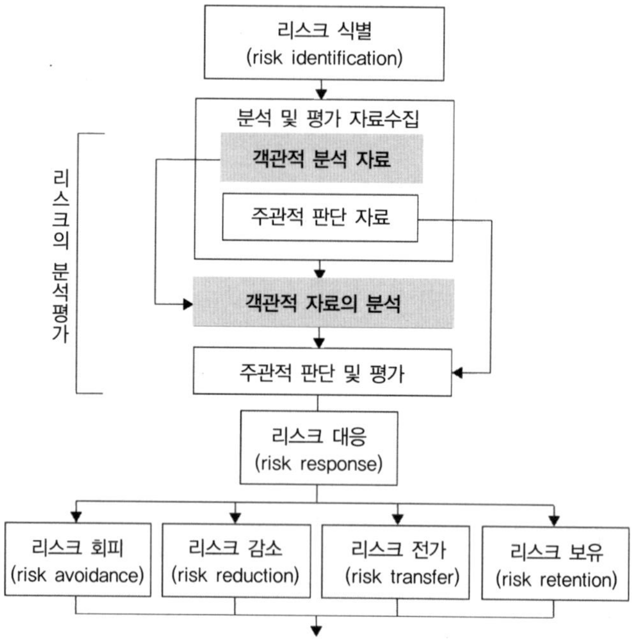


## 리스크 분석 자료와 분석기법

리스크 식별을 통해 분류 · 정리된 리스크 인자들 중에서 보다 중요하게 고려되어야 할 특정 인자는 심층적으로 분석 · 평가되어야 한다. 리스크의 분석 · 평가는 리스크의 잠재적인 영향도를 판단하기 위해 다양한 종류의 정량적 · 정성적 모델을 활용하여 불확실성을 파악하는 과정이다.

리스크의 분석 · 평가는 특정 리스크와 관련된 자료의 수집부터 시작된다. 관련 자료는 리스크 발생 사례의 분석 결과나 기타 문헌 자료를 통해 얻어지는 객관적인 것과 발생 전례가 없거나 본질적으로 고유한 사안이어서 불가피하게 관련 분야 전문가나 실무경험자의 판단에 의존해야 하는 주관적인 것으로 구분된다.

객관적 자료에 근거한 리스크 분석기법의 유형별 특성과 활용방법은 본 장에서 언급하고, 객관적인 분석결과에 주관적인 판단을 가미하여 종합적으로 리스크를 평가하는 방법은 다음 장(리스크의 주관적 평가)에서 구체적으로 다루도록 한다.

리스크 분석은

1) 활용 가능한 모든 객관적 · 계량적인 정보와 자료를 수학적 · 통계적으로 처리하여 특정 리스크의 발생 가능성과 잠재적인 결과를 정량화시키고
2) 인위적인 방법으로 다양한 리스크의 변수를 조작하여 리스크 발생상황을 예측 · 통제하기 위해
3) 리스크의 발생 가능성을 그래프나 확률 등으로 표현하고
4) 그에 따른 결과를 재정적 · 계량적인 수치로 제시하는 것이다.

## 감도분석 (sensitivity analysis)

감도분석은 가장 단순한 유형의 리스크 분석기법으로 '…하면 어떻게 될까?(what if…?)'라는 질문에 반복적으로 대응하는 과정에서

요구되는 결정론적(deterministic)인 분석기법이다. 감도분석은 다른 변수의 값을 고정시킨 상태에서 특정 리스크 인자의 값을 다양하게 변화시키고, 그에 따른 결과치의 변동효과를 관찰하여 특정 리스크의 발생 결과에 대한 영향도를 파악하는 것이다. 감도분석은 간편하고 용이하며 이해하기 쉽다는 장점을 갖지만, 한 번에 한 가지 변수만을 독립적으로 고려해야 하는 결점도 내포한다.

감도분석은 결과에 가장 민감한 영향을 미치는 리스크 변수를 밝혀내는데 유용한 역할을 한다. 감도분석의 두 가지 중요역할은 각 리스크 변수의 정확도를 증가시키기 위해 노력이 집중되어야 할 영역을 식별하고, 대안을 비교하는 과정에서 우선순위가 바뀌는 조건을 파악하는 것이다.

예를 들어 수명주기비용을 분석하는 경우 연료비용(costs of fuel)이 예상치를 10% 이상 초과하면 대안의 우선순위가 바뀌는지 여부를 파악할 수 있다. 각 리스크 변수의 변동범위 전체에 걸친 모든 변화에도 대안의 우선순위가 바뀌지 않는다면 특정변수의 결과에 대한 민감도는 그다지 문제가 되지 않는 것으로 고려된다. 이러한 경우 선정된 대안이 강력한 우위를 점유한다고 볼 수 있다.

### 감도분석 spider diagram

여러 변수가 동시에 변화하는 수치적인 결과를 하나의 그래프에 표현할 수 있다면 민감도가 가장 높은 변수를 밝혀낼 수 있을 뿐만 아니라 각 변수의 상대적인 불확실성도 식별할 수 있다. 이러한 요구조건을 효과적으로 충족시킬 수 있는 감도분석기법이 spider diagram 이다. 수명주기비용을 분석하기 위해 이 기법을 활용하는 경우를 제

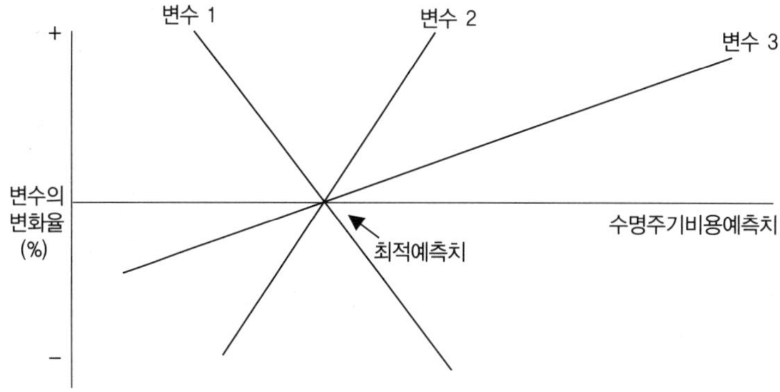


**그림 4.9** 감도분석 Spider Diagram

시하면 (그림 4.9)와 같다.

수명주기비용분석을 위한 spider diagram의 작성절차는 다음과 같다.

1) 수명주기비용을 예측한다.
2) 결정계도(decision tree)를 활용하여 리스크에 영향을 받는 변수를 식별한다.
3) '변수 1'에 해당하는 특정 리스크 변수를 선정하고, 이 변수값에 대한 가정치를 순차적으로 변화시키면서 수명주기비용을 재산정한다.
4) 재산정된 수명주기비용들을 spider diagram에 점으로 표시한다. 이렇게 하여 (그림 4.9)와 같이 '변수 1'의 선(line)을 그린다.
5) 다른 리스크 변수에 대해서도 (3)~(4)의 과정을 반복한다.

spider diagram의 각 선은 결과 예측에 영향을 미치는 리스크 변수이고, 각 선의 기울기를 결정하는 변수의 변화율은 예측 결과에 대한 변수의 영향도이다. 선의 기울기가 적을수록 변수의 변화율이 예측

결과에 대해서 갖는 영향도는 더욱 민감한 것으로 고려된다. (그림 4.9)에서 수명주기비용은 변수 1, 2보다는 변수 3의 변화에 더 많은 영향을 받는다.

## 확률등고선도 (probability contour diagram)

spider diagram은 특정사안에 대한 기대확률을 표현할 수 없고 리스크 인자의 동시변화에 따른 종합적인 결과를 나타낼 수 없다는 단점을 갖는다. 이러한 단점은 확률등고선(probability contour)의 개념을 spider diagram에 접목시켜서 극복할 수 있다. (그림 4.10)은 각 변수가 최적 예측치의 8%에서 −6%의 범위에 있을 확률이 70%이고, 10%에서 −8%의 영역에 포함될 확률이 90%인 경우를 spider diagram에 표현한 것이다.

이러한 표현방식에 대한 비판은 다음과 같다.

1) 관련변수의 변동범위에 대한 예측치를 주관적으로 산정해야 한다.

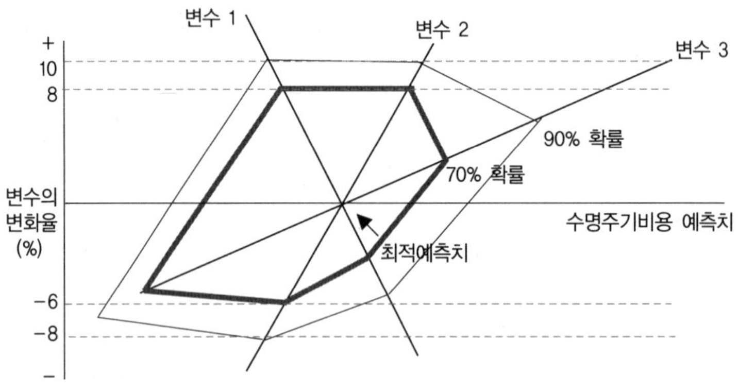


**그림 4.10** 감도분석 Spider Diagram상의 확률등고선표

2) 확률분포상에서 특정비율의 확률상태만을 연결 · 표현할 수밖에 없다.

3) 확률등고선의 표시영역은 결과치의 위치를 나타내지 못한다.

예를 들어 (그림 4.10)에서 공사비의 예측결과는 모든 리스크 변수의 결합효과(combined effect)이기 때문에 예측의 정확도가 70% 또는 90%로 표현된 영역 안에 존재한다는 것을 의미하지 않는다. 결과는 리스크 변수들의 융합효과(aggregate effect)에 따라 확률등고선의 내부 또는 외부의 어느 곳에든지 있을 수 있다. 그러나 이러한 단점에도 불구하고 이 방법은 다음 목적을 위해 유익하게 활용될 수 있다.

1) 각 변수의 상태적인 중요도 파악

2) 불확실성의 감소로 혜택을 받는 영역의 표현

3) 특정 리스크에 대한 결과치의 민감도 식별

감도분석의 단점은 확률적인 접근을 통해 어느 정도 극복될 수 있다. 특히 비용의 변동가능성을 보다 구체적으로 설명하기 위해 '중앙한계값의 정리(central limit theorem)'를 사용하면 각 리스크 변수에 대한 객관적 · 주관적 정보가 변수의 편차를 식별하기 위해 사용될 수 있다. '중앙한계값의 정리'로부터 변수가 당초 기대값에 대하여 ±2%의 표준편차 사이에 놓일 확률이 95%라는 것을 판단할 수 있다. 이는 다음 그림과 같이 95%의 신뢰확률을 정의하기 위해 사용될 수 있다. 예를 들어 (그림 4.11)에서 점 A는 다음과 같이 정의된다.

변수 A가 기대값의 $\pm a_1$% 내에 있을 확률이 95%이다.

감도분석기법은 경합관계에 있는 대안 사이에서 최적의 것을 선택할 수 있는 명확한 방법을 제공해주지는 못하지만 의사결정의 질을 향상시킬 수 있다는 본질적 장점을 지니고 있다.

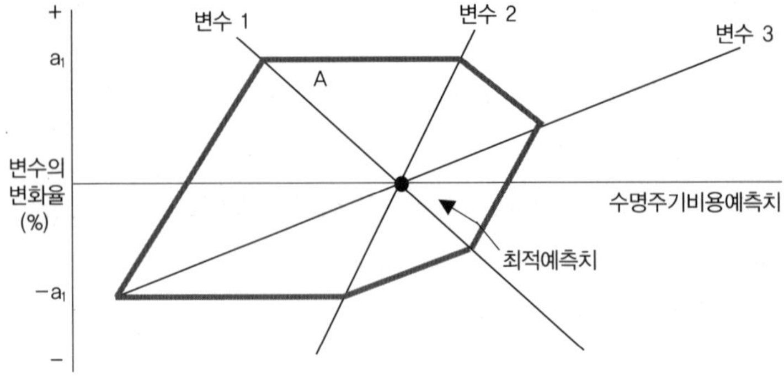


**그림 4.11** 확률등고선

## 양변수분석 (bivariate analysis)

상기의 두 가지 분석기법은 과정을 통제하면서 결과적 상황을 파악하는 방법이다. 그러나 원하는 결과를 얻기 위해 결과에 영향을 미치는 변수를 통제해야 하는 경우도 있다. 변수의 종류가 두 가지인 경우 이러한 목적으로 양변수 분석(bivariate Analysis)을 활용할 수 있다. 분석절차는 다음과 같다.

1) 예측식의 결과에 다양한 결과상황에서 요구되는 값들을 배정하여 필요한 수식을 작성한다.
2) 예측식의 결과치가 1이 되도록 양변을 결과치로 나눠서 관련 수식들을 정리한다.
3) 배정된 결과별로 한 가지 변수의 변화에 대한 다른 변수의 변화를 표로 작성한다.
4) 작성된 표를 근거로 그래프를 그리고 결과를 해석한다.

이제 다음 사례 연구를 통해 공사비 예측모델 설정, 감도분석, spider diagram, probability contour diagram, 그리고 양변수분석(bivariate analysis)의 적용 실례를 살펴보도록 하자.

## 공사비 예측모델 설정과 변동상황 예측 사례 연구

본 사례에서 계량모델의 설정목적은 공사계획단계에서 합리적 수준의 공사비를 예측하고 향후 예상되는 공사비 상승률이 예측공사비의 변동에 미치는 영향을 분석하기 위한 것이다.

우선 모델설정을 위해 활용할 수 있는 공사비 자료를 수집하기 위해 전년도에 집행된 공사비 실적자료를 수집해야 한다. 공사비 관련 자료는 집행기관의 특성을 반영하고 있기 때문에 대외적으로 쉽게 유출되지 않는다. 이러한 연유에서 필자가 업무수행과정에서 실제로 집행한 사실적 자료를 활용한다. 계량모델을 설정하여 운용하는 절차는 다음 (그림 4.12)와 같다.

### 1) 공사비 예측모델의 요건 및 획득 가능한 정보와 자료

공사비를 계획하는 초기단계(특히 예산편성 시점)에서 극히 제한적인 자료를 효율적으로 활용하여 실집행 공사비에 근접하는 공사비를 예측해야 한다. 이 시점에서 획득가능한 정보와 자료는 건립위치, 기능(용도), 건립규모(연면적)가 전부이다. 이렇게 단순한 자료와 정보만을 활용하여 공사비를 예측한다는 것은 불가능하다고 생각할 수도 있다. 그러나 한편으로는 이러한 자료 · 정보만으로도 실집행 공사비에 근접한 공사비를 예측할 수 있다면 적어도 공사 계획단계에서 활용할 수 있는 바람직한 공사비 예측모델이 될 수 있다. 특히 건

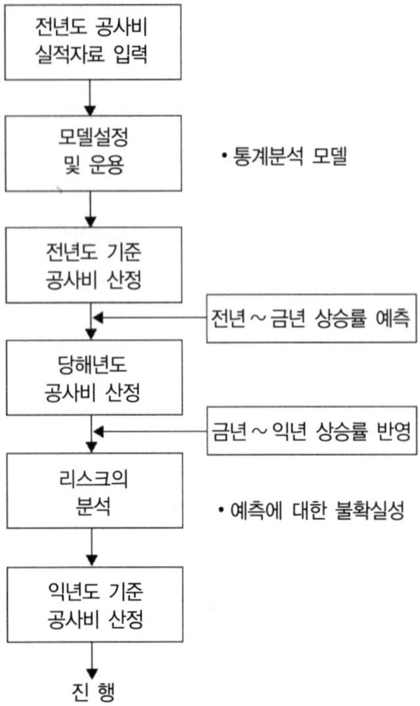


**그림 4.12** 모델의 설정 및 운용 절차

물형태가 단순하고 규격, 마감 등이 어느 정도 표준화되어 있다면 제한적 변수만으로도 어느 정도 정확한 예측을 할 수 있다.

### 2) 공사비 집행실적 자료의 수집 및 정리

대상건물은 숙소이고 표본자료를 수집하여 주요변수를 정리하면 다음과 같은 방식으로 표현될 수 있다.

| 번호 | 건립위치 | 구 조 | 층수 | 연면적 ($m^2$) | 공사비 (천원/$m^2$) | 노무비 비율(%) | 부수 시설비 비율(%) |
|---|---|---|---|---|---|---|---|
| 1 | 안양 | 조적조 | 1 | 159 | 824.5 | 61.0 | 2.0 |
| 2 | 춘천 | 〃 | 1 | 202.9 | 800.8 | 63.0 | 6.8 |
| · | · | · | · | · | · | · | · |
| · | · | · | · | · | · | · | · |
| 21 | 진해 | 조적조 | 5 | 1,320 | 489.1 | 61.0 | 1.3 |
| 평균 | | | | 514.8 | 652.8 | 62.0 | 7.5 |

자료의 특성을 파악해 보면 분석대상 시설은 대부분 경기·강원·경남 지역에 건립되었고, 공사여건은 도심지역과 가까워서 양호한 편이었다. 구조형식은 조적조이고 층수는 1층에서 5층까지 분포되어 있었다. 건물의 평균 연면적은 514.8($m^2$)이고 연면적 증가에 비례하여 단위면적당 공사비가 감소하는 경향이 있다.[22] 공사비의 평균은 652.8(천원/$m^2$)이고 공사비를 구성하는 노무비와 부수시설비 비율의 평균은 각각 62%와 7.5%이다.

### 3) 공사비 예측모델

- 모델유형 : 공사비예측을 위해 통계적 회귀분석모델(regression analysis model)을 활용한다. 회귀분석모델은 정형화된 대상을 소수의 영향요인으로 쉽게 분석할 수 있다.
- 모델변수 설정 : 건립 위치는 공사여건이 비슷한 지역으로 국한시켜 지역에 따른 공사비 편차를 최소화시키고, 분석대상 건물의 용도를 숙소로 한정하면 연면적만을 대상변수로 설정할 수 있다.

22) 규모가 증가하면 당연히 공사비는 증가한다. 그러나 규모의 증가에 비례하여 단위면적당 공사비는 감소한다. 이는 건물규모가 작아질수록 단위면적당 수직부재(벽체) 면적, 즉 QF(Quantity Factor)가 증가하기 때문인 것으로 설명될 수 있다.

• 상관분석(correlation analysis) : 상관분석은 변수들의 무작위(random)한 변화 사이에 관련성이 있으면 상관(correlation)이 존재한다고 표현하고, 그 해석방법을 상관분석(correlation analysis)이라고 한다. 상관의 정도는 상관계수(R)로 표현되며 구체적 의미는 다음과 같다.

| | | |
|---|---|---|
| R ≥ 0.7 | 강한 상관이 있다. | R ≤ −0.7 |
| 0.4 ≤ R ≤ 0.7 | 상당한 상관이 있다. | −0.7 ≤ R ≤ −0.4 |
| 0.2 ≤ R ≤ 0.4 | 조금 상관이 있다. | −0.4 ≤ R ≤ −0.2 |
| 0 ≤ R ≤ 0.2 | 상관이 있다고 할 수 없다. | −0.2 ≤ R ≤ 0 |

• SPSS/PC+ 통계분석패키지(package)를 활용하여 분석대상 건물의 공사비와 연면적 사이의 상관관계를 분석한 결과는 다음과 같다.

| | 연면적 | (연면적)$^2$ | 공사비 |
|---|---|---|---|
| 연면적 | 1.0 | 0.9278 | −0.9234 |

두 변수 사이에 매우 높은 상관관계가 있다. 이제 두 변수(연면적과 공사비)의 관계를 회귀분석을 통해 규명하도록 한다.

• 회귀분석(regression analysis) : 회귀분석은 독립변수(연면적)와 종속변수(공사비) 사이의 관계를 수식으로 표현한 분석기법이다. SPSS/PC+ 통계분석 패키지(package)를 활용하여 산점도(scatter diagram)를 작성하면 (그림 4.13)과 같다. 산점도에서 보이는 연면적(X)과 공사비(Y)의 상관관계는 다음과 같이 2차 곡선으로 표현된다.

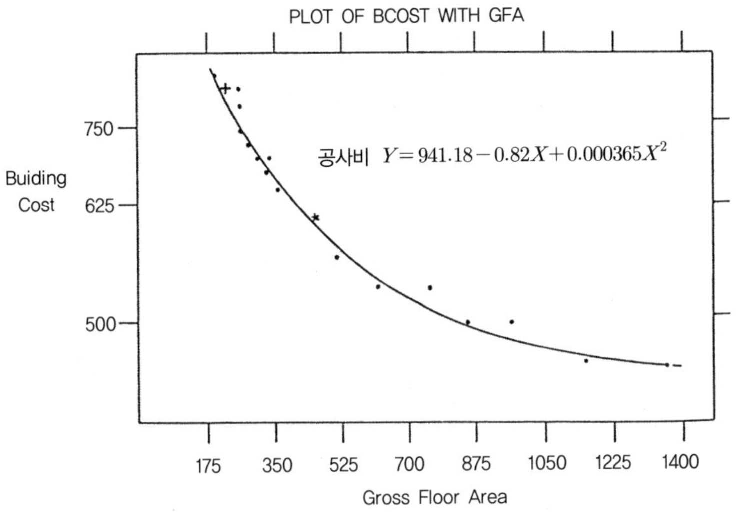


**그림 4.13** 연면적의 변화에 따른 공사비의 산포도

> 공사비 $Y = 941.18 - 0.82X + 0.000365X^2$
>
> 결정계수 $R^2 = 0.9710$
>
> 유의수준 signi $F = 0.0005$

결정계수 $R^2$와 signi.F는 통계적인 유의성을 판정하기 위해 사용하는 척도로서 자연과학에서는 결정계수 0.9 이상, 유의수준 5% 이하이면 통계적으로 유의미하다고 볼 수 있다. 그러나 공사비 예측은 물리학 또는 재료과학 등과 같은 반복적인 실험결과와는 달리 사회·경제적 요인을 내포하기 때문에 사회과학에서 허용하는 결정계수 0.7(70% 설명력) 이상이고 유의수준 5% 미만이면 분석의 타당성이 있다고 할 수 있다. 결정계수 0.97 이상이고 유의수준 0.05%인 분석결과는 연면적으로 공사비를 설명할 수 있는 충분한 타당성을 갖는다고 볼 수 있다.

• 모델의 검증 : 공사비 예측모델이 공사비를 어느 정도 정확하게 예측할 수 있는지를 측정하기 위해 예측모델 설정과정에서 활용되지 않은 5개의 표본자료를 선정하여 검증한 결과는 다음과 같다.

| 자료 \ 구분 | 연면적($m^2$) | 모델산정공사비 (천원/$m^2$) | 실소요공사비 (천원/$m^2$) | 예측의 정확도 (%) |
|---|---|---|---|---|
| 자료 1 | 252 | 757.7 | 756.8 | 99.8 |
| 자료 2 | 360 | 693.2 | 695.4 | 100.3 |
| 자료 3 | 543 | 603.5 | 611.6 | 101.3 |
| 자료 4 | 750 | 531.5 | 525.6 | 98.8 |
| 자료 5 | 1,039 | 483.2 | 481.1 | 99.6 |

* 정확도=(실소요공사비/모델산정공사비)×100

검증결과가 실소요공사비와 거의 근접(98.8~103.3%)하므로 설정 모델은 예측력이 있는 것으로 볼 수 있다.

#### 4) 전년도에서 금년도에 이르는 기간 동안의 공사비 상승률 반영

전년도에 집행된 공사비 실적자료를 금년도에 분석했기 때문에 현 시점의 공사비를 파악하기 위해서는 전년도에서 금년도에 이르는 기간 동안의 자재비 · 노무비 상승률을 반영해야 한다. 각 비용요소의 가중치를 고려하여 산정된 공사비 상승률은 16.537(%)이다.

| 구분 \ 비목 | 구성비율(%) (A) | 상승률(%) (B) | 인상폭(%) (A×B) |
|---|---|---|---|
| 자재비 | 38 | 1.75 | 0.665 |
| 노무비 | 62 | 25.6 | 15.872 |
| 계 | 100 | | 16.537 |

따라서 현 시점에서의 공사비( $Y'$ )는 다음과 같다.

$$\text{공사비} \ Y' = (1+0.16537)(941.18-0.82X+0.000365X^2)$$

#### 5) 익년도 공사비 예측 및 불확실성 분석 – 감도분석표와 그래프

감도분석의 가장 단순한 형태는 수치행렬(matrix of values)을 사용한 감도분석표(sensitivity analysis table)이다. 감도분석표상의 수치를 그래프로 표현하면 단일변수값의 연속적 변화현상을 시각적으로 관찰할 수 있다.

익년도에 소요되는 공사비를 판단하기 위해서는 금년도에서 익년도까지의 상승률을 예측하고, 그에 따른 불확실성을 분석해야 한다. 이를 위해 자재비와 노무비의 상승률 변화에 따른 공사비 변동범위를 파악해보자. 연면적(X)이 1,120m$^2$인 경우(공사비 560,118원/m$^2$)에 자재비와 노무비 상승률의 변화에 따른 공사비 산정식( $Y''$ )은 다음과 같다.

$$Y'' = 560,118(1+0.62iL+0.38im)$$

여기서 $iL$ = 노무비상승률, $im$ = 자재비상승률

$X = 1,120\text{m}^2$는 상기 공사비 예측식의 1차 미분결과가 0(zero)이 되도록 하는 극소값으로 단위공사비를 최소화시키는 연면적 규모(m$^2$)이다.[23)]

---

23) 상기 방정식 $Y = 941.18 - 0.82X + 0.000365X^2$ 을 1차 미분하여 극소값을 구하면 다음과 같다.
$dY/dx = -0.82 + 2\times 0.000365X = 0$에서 $X = 0.82/(2\times 0.000365) \fallingdotseq 1,120$를 얻는다. 따라서 단위면적당 공사비를 최소화하는 면적은 1,124m$^2$이고, 이 값을 방정식 $Y'$에 대입하면 최소 단위공사비는 560,118원/m$^2$(감도분석표의 왼쪽 상단부값)이다. 따라서 건물규모를 1,120m$^2$(340평) 정도로 하면 예산을 최소화할 수 있다.

상기 식에 따라 자재비(0~14%)와 노무비(0~30%)의 상승률 변화에 따른 공사비 변동상황을 파악하기 위해 감도분석표를 작성하면 다음(표 4.5)와 같다.

표 4.5 감도분석표

| 노무비 상승 / 자재비 상승 | 0 | 3% | 6% | 9% | 12% | 15% | 18% | 21% | 24% | 27% | 30% |
|---|---|---|---|---|---|---|---|---|---|---|---|
| 0% | 560118 | 570536 | 580954 | 591372 | 601790 | 612209 | 622627 | 633045 | 643463 | 653881 | 664299 |
| 2% | 564374 | 574793 | 585211 | 595629 | 606047 | 616465 | 626884 | 637302 | 647720 | 658138 | 668556 |
| 4% | 568631 | 579050 | 589468 | 599886 | 610304 | 620722 | 631141 | 641559 | 651977 | 662395 | 672813 |
| 6% | 572888 | 583306 | 593725 | 604143 | 614561 | 624979 | 635397 | 645816 | 656234 | 666652 | 677070 |
| 8% | 577145 | 587563 | 597982 | 608400 | 618818 | 629236 | 639654 | 650073 | 660491 | 670909 | 681327 |
| 10% | 581402 | 591820 | 602238 | 612657 | 623075 | 633493 | 643911 | 654329 | 664748 | 675166 | 685584 |
| 12% | 585659 | 596077 | 606495 | 616914 | 627332 | 637750 | 648168 | 658586 | 669004 | 679423 | 689841 |
| 14% | 589916 | 600334 | 610752 | 621170 | 631589 | 642007 | 652425 | 662843 | 673261 | 683680 | 694098 |

아울러 공사비 변동상황을 한눈에 파악하기 위해 감도분석표의 수치를 그래프로 표현하면 (그림 4.14)와 같다. 그래프에서 X축에는 노무비 상승률(0~30%), Y축에는 단위면적당 공사비가 표시되어 있고, 우측의 범례에는 자재비 상승률(0~14%)이 표현되어 있다.

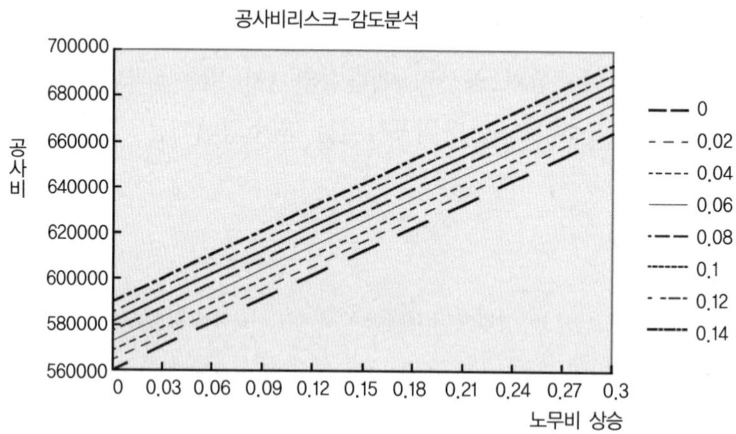


**그림 4.14** 자재비/노무비 상승에 따른 공사비 변동상황

노무비 · 자재비 상승률의 각 변동범위(0～30%, 0～14%)에서 발생하는 공사비 변동을 파악해 보면, 최소 560,118원/$m^2$, 최대 694,098원/$m^2$이다. 즉 단위공사비의 불확실성 범위는 560,118원/$m^2$(표 좌측상단 수치)～694,098원/$m^2$(표 우측하단 수치)이다.

### 6) 감도분석 Spider Diagram의 작성

- Spider Diagram 작성 순서
  - 제1단계 : 각 변수 최적예측치를 활용하여 공사비를 산정한다.
  - 제2단계 : 공사비에 영향을 미치는 주요변수(자재비 · 노무비 상승률)을 식별한다.
  - 제3단계 : 특정 리스크 변수가 X를 기준으로 ±X% 범위에서 일정 간격으로 변화한다고 가정하고, 변화단계별로 공사비를 재계산한다. 예를 들어 자재비 상승률을 기준으로 상승률 값을 −5%, −4%, −3%, −2%, −1%, 0%, 1%, 2%, 3%, 4%, 5% 비율로 변화시키면서 각 변화율에 대한 공사비를 재계산한다.
  - 제4단계 : 재계산된 공사비값을 좌표에 표시하여 첫 번째 '변수 1의 변화에 따른 공사비 변동선을 작성한다.
  - 제5단계 : 다른 리스크 변수들을 대상으로 제3단계와 제4단계의 작업을 반복적으로 시행한다.

이러한 절차에 따라 진행하면 다음과 같다.

- **최적공사비를 산정한다. – 제1단계**
  - 공사비 산정식 : Y=560118(1+0.62iL+0.38im)
  - 노무비 상승률 iL=10%, 자재비 상승률 im=5%를 최적예측치로 결정하면, 그때의 공사비 Y=605.487천 원이 된다.

• 리스크 변수를 식별한다. – 제2단계

- 노무비상승률 : iL=10%

- 자재비상승률 : im=5%

• 변수의 변동범위를 설정하여 공사비를 재계산한다. – 제3,4단계

- 노무비 상승률 변동범위

  · 5%≤iL≤15% : 10%에 대한 −50%~50%

- 자재비상승률 변동범위

  · 0%≤im≤10% : 5%에 대한 −50%~50%

- 변동범위별로 공사비를 재계산하면 다음과 같다.

| 노무비 상승률 | 5% | 6% | 7% | 8% | 9% | 10% | 11% | 12% | 13% | 14% | 15% |
|---|---|---|---|---|---|---|---|---|---|---|---|
| 변화율 | −50% | −40% | −30% | −20% | −10% | 0% | 10% | 20% | 30% | 40% | 50% |
| iL | 588123 | 591596 | 595069 | 598542 | 602014 | 605487 | 608960 | 612433 | 615905 | 619378 | 622851 |
| im | 594845 | 596973 | 599102 | 601230 | 603359 | 605487 | 607616 | 609744 | 611872 | 614001 | 616129 |
| 자재비 상승률 | 0% | 1% | 2% | 3% | 4% | 5% | 6% | 7% | 8% | 9% | 10% |

• 재계산 결과를 좌표상에 표시한다. – 제5단계

- 자재비상승률(im)과 노무비상승률(iL)의 변화에 따른 공사비

재계산 결과를 좌표에 표시하면 (그림 4.15)와 같다.

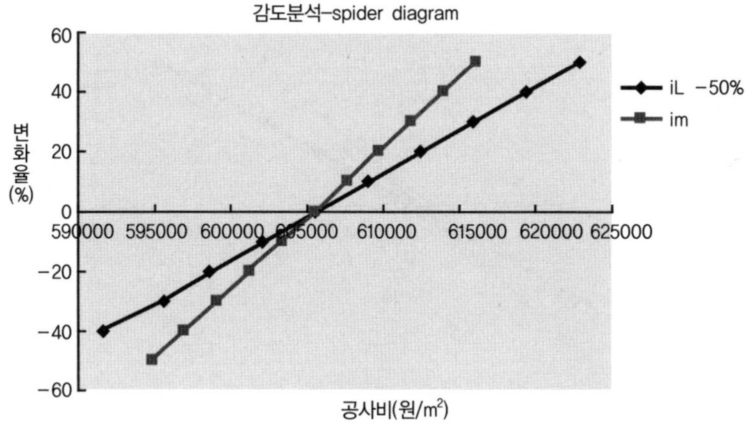


**그림 4.15** 감도분석 - Spider Diagram

- Spider Diagram을 해석한다.

spider diagram의 각 선(line)은 공사비 예측결과에 대한 영향도를 나타낸다. 선의 기울기가 작을수록 공사비에 대한 민감도가 더 높다. 따라서 노무비상승률(iL)이 공사비 변동에 대하여 더 높은 민감도를 갖는다. spider diagram은 리스크 변수의 민감도만 나타내 줄 수 있을 뿐, 각 변수의 변화영역을 보여주지 못한다. 이러한 결점을 극복하기 위해서는 확률등고선도(probability contour diagram)를 사용한다.

### 7) 확률등고선도(Probability Contour Diagram)의 작성

- 변동범위의 주관적인 식별
  - 특정변수가 각 확률의 수준에서 가질 것으로 예상되는 범위를 주관적으로 식별하여 작성한다.
  - 예를 들어 변동범위가 −10%~20%에 있을 확률이 70%이고(굵은선), −20%~30%에 포함될 확률이 90%라면(얇은선) 다음 (그림 4.16)과 같이 표현될 수 있다.

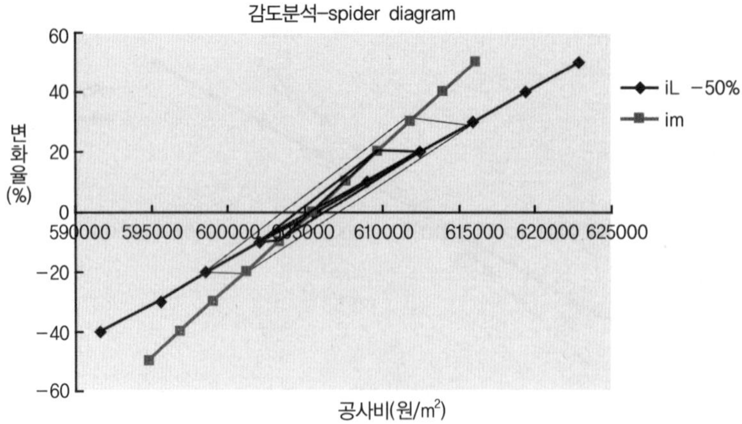


**그림 4.16** 감도분석 -Probability Contour Diagram

- 이는 주관적인 판단에 대한 다수의 공감을 확보하는 의사소통 수단으로 유용하게 활용될 수 있다.

### 8) 양변수분석(Bivariate Analysis)의 적용 사례

• 목 적

확정된 결과에 도달하기 위한 과정에서 발생하는 변수들의 통제범위를 식별하기 위한 것으로 본 사례에서는 확정공사비를 만족시키기 위해 요구되는 자재비 · 노무비 상승률의 상관관계를 파악하는 것이다.

• 관련 수식을 도출한다.

- 공사비 Y=560118(1+0.62iL+0.38im)에서 다음 식을 도출한다.

| 확정공사비 | | 관련수식 | | 정리된 수식 |
|---|---|---|---|---|
| 570,000 | = | 560,118(1+0.62iL+0.38im) | → | 1=35.227iL+21.591im |
| 585,00 | = | 560,118(1+0.62iL+0.38im) | → | 1=13.964iL+ 8.559im |
| 614,000 | = | 560,118(1+0.62iL+0.38im) | → | 1= 6.445iL+ 3.950im |
| 629,000 | = | 560,118(1+0.62iL+0.38im) | → | 1= 5.041iL+ 3.089im |
| 654,000 | = | 560,118(1+0.62iL+0.38im) | → | 1= 3.699iL+ 2.267im |
| 669,000 | = | 560,118(1+0.62iL+0.38im) | → | 1= 3.189iL+ 1.955im |
| 683,000 | = | 560,118(1+0.62iL+0.38im) | → | 1= 2.826iL+ 1.732im |

- 리스크변수의 상관관계를 표현하는 표를 작성한다.
  - 확정된 공사비별로 노무비 상승률의 변화에 대한 자재비 상승률의 변화를 표로 작성하면 다음과 같다.

| | 0% | 2% | 4% | 6% | 8% | 10% | 12% | 14% | 16% | 18% | 20% |
|---|---|---|---|---|---|---|---|---|---|---|---|
| 570,000 | 0.046316 | 0.013684 | −0.01895 | −0.05158 | −0.08421 | −0.11684 | −0.14947 | −0.1821 | −0.21473 | −0.24737 | −0.28 |
| 585,000 | 0.116836 | 0.084206 | 0.051576 | 0.018946 | −0.01368 | −0.04631 | −0.07894 | −0.11157 | −0.1442 | −0.17683 | −0.20946 |
| 614,000 | 0.253165 | 0.220532 | 0.187899 | 0.155266 | 0.122633 | 0.09 | 0.057367 | 0.024734 | −0.0079 | −0.04053 | −0.07316 |
| 629,000 | 0.323729 | 0.291091 | 0.258453 | 0.225814 | 0.193176 | 0.160537 | 0.127899 | 0.095261 | 0.062622 | 0.029984 | −0.00265 |
| 654,000 | 0.441112 | 0.408478 | 0.375845 | 0.343211 | 0.310578 | 0.277944 | 0.245311 | 0.212678 | 0.180044 | 0.147411 | 0.114777 |
| 669,000 | 0.511509 | 0.478885 | 0.446261 | 0.413637 | 0.381013 | 0.348389 | 0.315765 | 0.283141 | 0.250517 | 0.217893 | 0.185269 |
| 683,000 | 0.577367 | 0.544734 | 0.512102 | 0.479469 | 0.446836 | 0.414203 | 0.38157 | 0.348938 | 0.316305 | 0.283672 | 0.251039 |

- Bivariate Analysis Diagram을 작성하면 다음 (그림 4.17)과 같다.

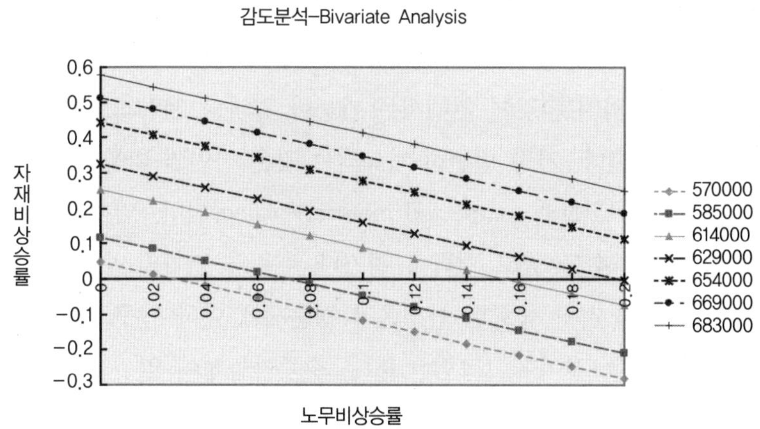


**그림 4.17** Bivariate Analysis Diagram

- 결과를 해석한다.
  - 상기 그래프는 확정된 결과치들(우측 범례)을 만족시킬 수 있

는 자재비 · 노무비 상승률의 배열을 보여준다.

- 예를 들어 아래에서 두 번째 직선은 결과치 585,000을 충족시킬 수 있는 두 변수의 조합을 나타낸다.

## 결정계도분석 (decision tree analysis)

결정계도(decision tree)는 의사결정과정에서 문제를 설명하는 수단으로 결정순서와 기대결과를 보여준다. 결정계도와 같은 분석적 접근을 통해 의사결정자는 문제를 구성하는 요소의 실체를 규명할 수 있다.

예를 들어 특정시점에 운용할 예정인 상업용 건물의 차질 없는 준공을 위해 다소 높은 건설비용을 감수하지 않으면 안 되는 경우가 있다. 이러한 경우 의사결정자는 결정대안을 모색하기 위해 편견 없는 마음(open mind)을 유지해야 한다.

결정계도가 의미를 갖기 위해서는 가능한 결과를 계량적으로 표현할 수 있어야 한다. 가장 빈번히 사용되는 것은 사안별 확률가중치를 합한 값인 기대값(EMV : expected monetary value)이다. 기대값은 객관적 측정치일 수도 있고 개략적 평가나 추측의 결과일 수도 있다. 결정계도분석의 가장 중요한 특징은 특정문제에 대하여 구조적 접근방식을 취한다는 것이다. (그림 4.18)은 수주가능성이 있는 3개의 사업 중 하나만을 수행할 수 있는 재원이 확보된 상태에서 가장 이윤이 높은 대안을 선택하는 경우의 예이다.

첫 번째 대안은 방파제(sea wall)의 건설공사비를 제출하여 일괄도급받아 수행하는 것으로 4억 원의 이익이 예상되는 반면 2억 원의 손실가능성도 있다.

두 번째 대안은 급수펌프장공사를 디자인빌드(design-build)로 수주하는 것으로 예상이윤이 2.2억 원인 반면, 1억 원의 손실가능성도 배제할 수 없다.

세 번째 대안은 1.6억 원의 잠재적인 이익과 2천만 원의 손실가능성이 따르는 항공기 격납고 출입문(aircraft hanger)의 개수공사이다.

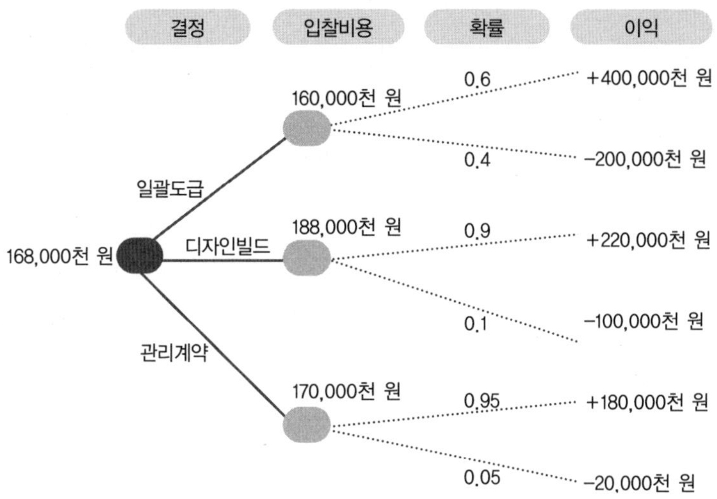


**그림 4.18** 결정계도

(그림 4.18)을 왼쪽에서 오른쪽으로 읽어가면서 각 사업에 대한 이윤과 손실에 가능성을 부여하고, 각 사업의 입찰에 소요되는 비용을 기대금액(EMV)에서 공제하면 순수기대금액(net EMV)이 산정된다.

방파제(sea wall)공사를 일괄도급으로 수행하는 경우 순수기대금액을 계산한 예는 다음과 같다.

$$EMV = 4억\ 원 \times 0.6 - 2억\ 원 \times 0.4 = 1.6억\ 원$$

여기서 입찰비용 5백만 원을 공제하면 순수기대금액(net EMV)은 1.55억 원이 된다.

결정계도는 객관적이면서도 일관성 있는 방식으로 문제를 구성할 수 있다는 장점을 갖는다. 아울러 어느 대안이 가장 우선적으로 고려되어야 하는지를 보여준다. 상기 예에서는 방파제공사를 일괄도급으로 수행하는 것이 가장 바람직한 대안으로 판단된다.

## 확률분석과 시뮬레이션

확률분석은 '단일변수적 접근(univariate approach)'이라는 감도분석의 한계점을 극복할 수 있다. 확률분석은 리스크에 영향을 주는 모든 변수의 변화를 확률분포의 형식으로 동시에 표현할 수 있기 때문에 특정 리스크에 대한 노출 정도를 종합적으로 평가할 수 있다. 그럼에도 확률분석은 통계적 분석을 포함하는 매우 복잡한 기법의 이해를 필요로 할 뿐만 아니라 리스크에 대한 특정인자의 영향도를 파악하기 어렵다는 결점을 갖는다.

가장 널리 쓰이는 기법은 시뮬레이션(simulation)이다. 보편적인 사례는 비행상황을 가상적으로 느끼도록 하여 조종사가 실제로 발생할 수 있는 위험요소를 식별할 수 있도록 하는 모의비행훈련장치(flight simulator)이다. 시뮬레이션은 실제 시스템과 같은 방식으로 작용하는 모델을 고안해서 운용하는 기술(art)이며 과학이다.

시뮬레이션은 각 리스크에 대한 무작위 변수값을 선정하여 수많은 횟수에 걸쳐 반복적인 분석을 시행하는 방법으로 불확실성의 영향을 받는 모든 변수가 확률분포로 표현될 수 있다는 가정에 근거한다. 시뮬레이션은 예측치의 불확실성을 다루는 일련의 과정이다. 예측치는 대개 가장 낙관적인 값(optimistic or lowest value), 가장 비관적인 값(pessimistic or highest value), 가장 가능성이 높은 값(the most likely value)으로 구분된다. 가장 가능성이 높은 값은 확률분포의 정점값(peak value)으로 표현된다. 실제상황에서 모든 활동이 최선 또는 최악의 값을 경험할 수는 없다. 전체 값은 합리적으로 예측 가능한 결과의 분포로 실제상황에서 직면할 수 있는 범위를 나타내는 것이다. 시뮬레이션은 이러한 3가지 값으로 범위 값 사이에 존재하는 모든 경우를 설명한다.

복수의 확률변수를 다루어야 하는 실제상황에서 강력한 수단이 되는 시뮬레이션도 결코 완벽한 것은 아니다. 현실적으로 이 방법을 사용하는 의사결정자는 다음 두 가지의 한계에 직면하게 된다.

1) 시뮬레이션 모델은 실제 상황에서 정상적으로는 획득 불가능한 매우 구체적이고 세부적인 계량적 정보의 존재를 전제로 한다.
2) 실제상황에서 발생하는 문제는 정의하기 어렵고(ill-defined), 문제의 성격도 애매하기 때문에 시뮬레이션 모델의 적용가능성은 매우 제한적이다. 이러한 문제는 대개 주관적인 성격을 띠고 있는 반면, 시뮬레이션 모델은 주관적인 변수를 다룰 수 없다. 그럼에도 건설사업의 리스크는 비반복적 · 고유의 성격을 내포하는 것이 많기 때문에 주관적인 취향과 판단의 반영이 필요하다.

또한 건설과정의 리스크 상황을 고려해 볼 때 다음과 같은 한계점이 존재한다.

1) 특정결과의 발생가능성을 정확히 계산할 수 있는 객관적인 자료를 획득하기 어렵다.
2) 객관적 자료가 얻어질 수 있다해도 세련되고 복잡한 수학적 방법에 의존하는 것은 많은 시간과 노력을 필요로 하기 때문에 실용적이지 못한 경우가 많다.
3) 높은 수준의 수학적 능력을 겸비한 사람들이 매우 드물기 때문에 사용자에게 충분한 이해와 만족감을 제공하기 어렵다.

## 기대치법 (expected value method)

리스크 분석은 '어느 대안(사업)에 더 많은 리스크가 따르는가?' 또는 '특정 대안(사업)의 리스크 규모는 어느 정도인가?'와 같은 질문에 대응하기 위해 이루어진다. 이러한 과정에서 리스크 규모를 판단하기 위한 측정지표로 활용할 수 있는 것이 기대치이다. 기대치($\mu$)를 산정하는 공식은 다음과 같다.

$$\mu = \sum_{i=1}^{n} p_i \cdot x_i$$

여기서 $n$ = 결과발생빈도

$x_i$ = 각 결과치에 부여된 값

$p_i$ = 각 결과의 발생확률

기대치법은 각 리스크변수에 대한 결과치의 평균을 구하고, 리스크 인자의 중요도를 고려하여 모든 확률 산정의 결과에 가중치를 부여하는 방법이다. 기대치법은 단순·용이하고 적용이 간편하여 대안의 평가를 위해 널리 활용되지만 결과분포의 유형을 고려할 수 없다는 단점을 갖는다.

예를 들어 천만 원과 일억 원의 이익을 낼 확률이 각각 10%인 두 가지 사업에 대한 이익의 기대치는 동일하지만 실질적 의미는 전혀 다르기 때문에 기대치 산정만으로는 충분한 리스크 측정이 이루어졌다고 할 수 없다. 기대치는 통상적인 판단의 기준으로 활용할 수는 있어도 리스크의 규모를 종합적으로 측정하기 위해서는 사용하기 어렵다.

기대치에 통계적 개념을 부가하여 리스크 측정의 객관성을 높일 수 있다. (그림 4.19)는 결과치에 대한 확률분포가 좁을수록 변수의 민감도가 덜하고 리스크도 더 적다는 것을 의미한다. 즉 대안 A는 대안 B보다 더 적은 리스크를 갖는 것으로 볼 수 있다.

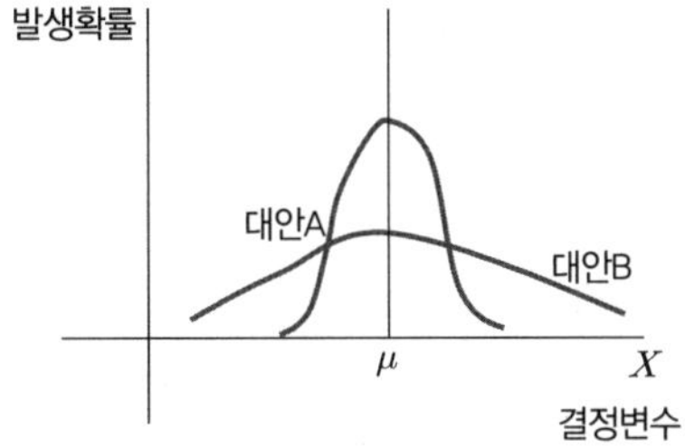

**그림 4.19 확률분포**

리스크의 분포척도(distribution measure)를 고려하기 위해 표준편차($\sigma$)와 변동계수($C_o$)가 사용된다. 표준편차(Standard Deviation)는 기대치의 주변에 가능한 값들이 흩어져 있는 정도를 나타내는 것으로 결과치 분포의 집중경향을 파악하기 위해 활용된다. 표준편차가 작을수록 확률분포의 범위가 적어지고 리스크의 부담도 더 적어진다. 반면 리스크가 증가할수록 분포범위가 넓어지면서 표준편차는 더 커지게 된다. 표준편차는 다음 식으로 구해진다.

$$표준편차(\sigma) = \sum (X_i - \mu)^2 p_i$$

여기서 $X_i$ =특정 결과치

$\mu$ = 결과치 $X_i$의 기대값 (i=1, 2, ..., n)

$p_i$ = 결과치 $X_i$의 발생확률

그러나 절대적인 수치의 분산 정도를 나타내는 표준편차는 평균값에 비례하여 커지는 경향이 있기 때문에 비교대상 기대값 사이에 현저한 차이가 있으면 리스크 상황과 부합되지 않는 결과가 얻어질 수 있다. 더 큰 표준편차를 갖는다고 해서 반드시 보다 많은 리스크를 보유하는 것은 아니기 때문이다. 예를 들어 기대소득이 1억 원이고 표준편차가 100만 원인 사업 A와 기대소득이 100만 원이고 표준편차가 50만 원인 사업 B를 표준편차만으로 판단할 수는 없다. 이러한 문제는 표준편차를 기대값으로 나누어서 얻어지는 변동계수(coefficient of variation)를 측정지표로 활용하면 해결될 수 있다.

변동계수($C_o$)= $\sigma/\mu$

여기서 $\sigma$ = 표준편차, $\mu$ = 결과치의 기대값

변동계수는 서로 다른 기대값의 리스크 분포를 비교하기 위해 활용될 수 있는 것으로 그 수치값이 0(zero)에 근접할수록 변동범위가 적어져서 리스크의 영향도 덜 받는 것으로 판단할 수 있다. 상기의 예에서 사업 A, B의 변동계수는 각각 0.1(100만 원/1억), 0.5(50만 원/100만 원)로서 사업 A의 리스크가 더 적은 것으로 고려된다.

# 5 리스크의 주관적 평가

### / 분석결과의 주관적 조정

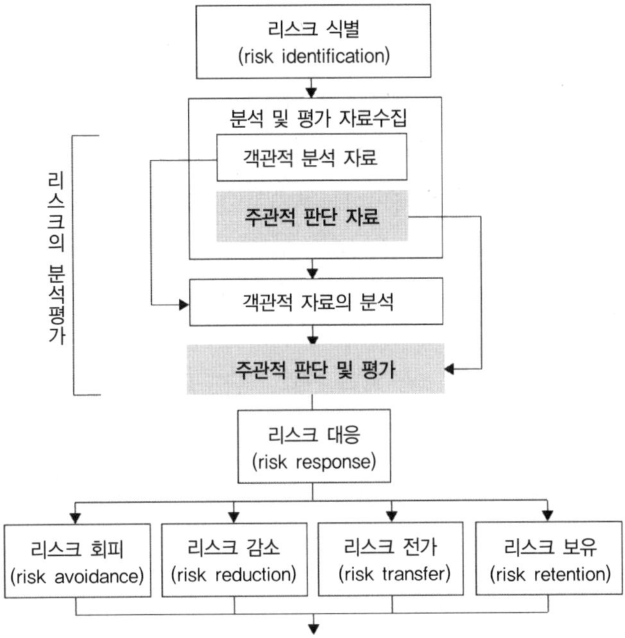


리스크 상황에서 의사결정자는 객관적 자료를 선별적으로 수집하여 분석하고 해석해야 한다. 분석모델의 해결범위를 벗어나서 계량화할 수 없는 정성적 문제와 리스크 상황의 동태적 변화를 고려하기 위해 경험적 직관을 활용하거나 분야별 전문가의 조언을 체계적으로 수렴하여 객관적인 분석결과를 주관적으로 수정 · 보완해야 한다.

리스크 분석결과를 평가하여 조정하는 과정에서 관련 분야 전문가나 실무자의 주관적 판단도 도입하는 목적은 직접적으로 활용 가능한 자료가 적절한 분량으로 존재하지 않거나 부족한 상황에서 모든 정보를 적극적으로 활용하기 위한 것이다. 주관적 판단은 관련지식을 보유한 전문가 또는 실무자에게 적절한 질문을 하여 얻어내야 한다. 물론 의사결정자 스스로의 논리적 판단과 경험적 직관도 평가에 포함시킬 수 있다.

관련 분야의 전문가 등으로부터 도입되는 주관적 판단은 단순한 의견이 아니고 일관성 있게 정돈된 평가이다. 따라서 판단이 내포할 수 있는 편견과 오류를 제거하면서 그 결과를 확률로 표시하거나 계량화할 수 있는 방법론의 활용이 필수적이다. 이러한 관점에서 본 장은 건설사업의 리스크에 대한 의사결정자의 주관적인 관점을 반영하여 평가할 수 있는 방법들에 대해 설명하고자 한다.

## 서열법 또는 척도법(rank or ratings), 개별비교법과 AHP기법

서열법 또는 척도법은 주관적인 판단을 평가에 반영하기 위해 문제의 중요성을 주관적으로 구분하고, 중요도를 고려하여 수치를 부여하는 방법이다. 예를 들어 어떠한 문제를 대상으로 중요도를 평가하는 과정에서 가장 중요하다고 판단되는 경우에는 수치 5를, 전혀 중요성이 없다고 생각되는 경우에는 수치 0(zero)을 부여하는 것이다. 평가에 일관성을 부여하기 위해 각 수치에 기술적(記述的)인 설명을 추가하는 것이 일반적이다. 이에 대한 예를 들면 다음과 같다.

3 ························ 아주 밀접한 관련이 있음
2 ························ 상당히 밀접한 관련이 있음
1 ························ 어느 정도 관련이 있음 (20% 미만)
0 ························ 전혀 관련이 없음

그러나 주관적인 평가오차는 전문가에 따라 1~40%에 이른다고 한다. 또한 고려대상이 7±2개 이상인 경우에는 인식능력의 한계로 인해 일관성 있는 비교가 어려워 부정확한 결과를 산출하는 경우가 많다고 한다. 따라서 주관적 판단에만 의존하는 서열법과 척도법은 일관성의 결여로 인해 많은 오류가 야기될 수 있다. 이러한 문제를 해결하기 위해 이미 앞 장에서 언급한 AHP(Analytic Hierarchy Process)기법의 일부인 개별비교법(pairwise comparison method)을 활용할 수 있다. 특히 평가기준이 계량적 측정이 불가능한 정성적인 성격을 띠는 경우에 유용하게 활용할 수 있다. 개별비교법과 AHP기법을 적용하는 몇 가지 사례를 살펴보도록 하자.[24)]

## 수명주기 투자리스크의 주관적 평가 사례

• 리스크 인자의 계층구조 설정

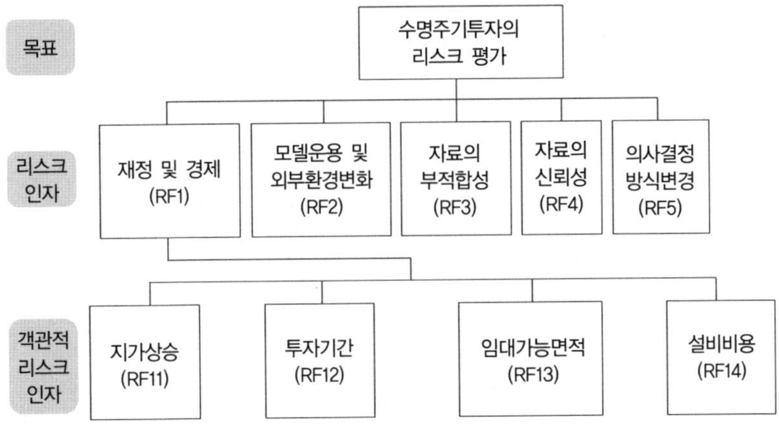


24) 구체적 설명은 '3.4 성능평가'에 언급되어 있는 내용을 참조할 수 있다.

• 객관적 리스크 인자의 중요도에 대한 우선순위를 결정하기 위해 개별비교를 실시한다.(software 'Expert Choice'를 활용한다.)

| | RF11 | RF12 | RF13 | RF14 | 중요도 |
|---|---|---|---|---|---|
| RF11 | 1 | 1 | 3/1 | 3/1 | 0.385 |
| RF12 | 1 | 1 | 2/1 | 2/1 | 0.312 |
| RF13 | 1/2 | 1/2 | 1 | 3/1 | 0.193 |
| RF14 | 3/1 | 1/2 | 1/3 | 1 | 0.110 |

• 주관적 · 객관적 리스크 인자의 중요도에 대한 우선순위를 결정하기 위해 개별비교를 실시한다.(software 'Expert Choice'를 활용한다.)

| | RF1 | RF2 | RF3 | RF4 | RF5 | 중요도 |
|---|---|---|---|---|---|---|
| RF1 | 1 | 3/1 | 1 | 2/1 | 3/1 | 0.319 |
| RF2 | 1/3 | 1 | 1/2 | 1/2 | 1/2 | 0.097 |
| RF3 | 1 | 2/1 | 1 | 1 | 3/1 | 0.260 |
| RF4 | 1/2 | 2/1 | 1 | 1 | 2/1 | 0.206 |
| RF5 | 1/2 | 2/1 | 1/3 | 1/2 | 1 | 0.118 |

• 주관적 · 객관적 인자의 중요도에 대한 우선순위를 결정한다.

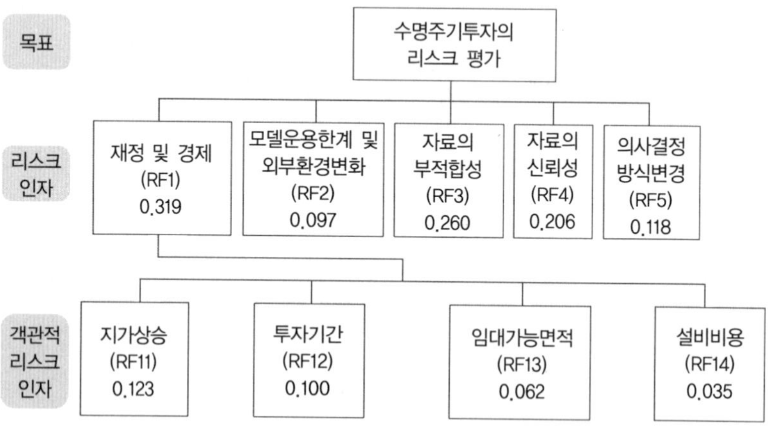


* 부여된 수치가 클수록 중요도가 큰 것으로 고려됨

## 모델운용 결과의 주관적 조정 사례 — 개별비교법과 AHP기법

• 목적

- 앞에 제시된 계량적 분석모델의 운용을 통해 도출된 공사비 예측결과를 각 이해관계 집단의 가치를 반영하여 주관적으로 조정한다.
- 이를 위해 돈으로 환산 불가능한 질적 판단요소를 반영하고
- 다양한 평가기준의 타협을 위해 주관적 판단을 계량화한다.

• 평가기준

| 제기부서 | 평가기준 | 내 용 | 공사비증감 |
|---|---|---|---|
| 사업관리부서 | • 원가절감<br>• 자재, 노무의 수급불균형 | • 원가절감 노력에 의해 공사비를 절감할 수 있는 가능성<br>• 자재의 품질 및 인력 확보 어려움이 발생될 가능성 | 감소요인<br>증가요인 |
| 예산편성부서 | • 예산의 제한<br>• 물가의 불안 | • 소요재원에 비해 예산은 한정되어 있음.<br>• 물가상승으로 공사비가 증가될 가능성 | 감소요인<br>증가요인 |
| 공사집행기관 | • 시설의 질적 수준 향상 | • 보다 나은 시설의 건립을 위한 공사비 상승 가능성 | 증가요인 |

• 평가기준의 계층구조

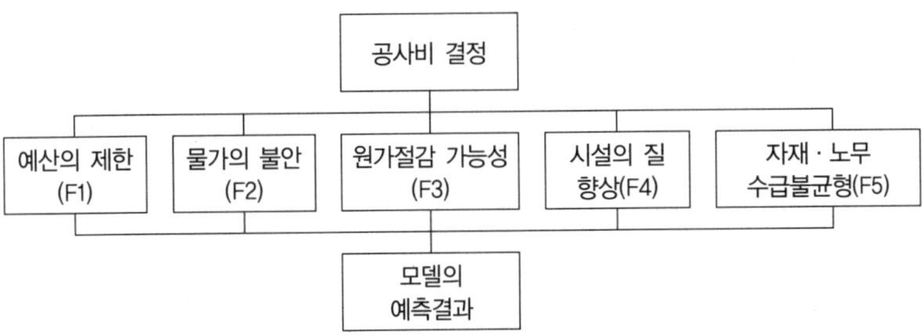

• 평가기준의 개별비교 및 기준별 가중치 결정

| | F1<br>예산제한 | F2<br>물가불안 | F3<br>원가절감 | F4<br>시설의 질 | F5<br>자재 · 노무<br>수급불균형 | 상대적<br>중요도 |
|---|---|---|---|---|---|---|
| F1<br>예산제한 | 1 | 3/1 | 1 | 2/1 | 3/1 | 0.319 |
| F2<br>물가불안 | 1/3 | 1 | 1/2 | 1/2 | 1/2 | 0.097 |
| F3<br>원가절감 | 1 | 2/1 | 1 | 1 | 3/1 | 0.260 |
| F4<br>시설의 질 | 1/2 | 2/1 | 1 | 1 | 2/1 | 0.206 |
| F5<br>자재 · 노무<br>수급불균형 | 1/2 | 2/1 | 1/3 | 1/2 | 1 | 0.118 |

* 비정합도=0.066
* 평가척도
1. 똑같은 정도로 중요함. 3. 약간 중요함 5. 꽤 중요함
7. 상당히 중요함 9. 절대적으로 중요함

* 만장일치적 접근 또는 수학적 접근

• 예측치 조정범위 설정

| 제1단계<br>(평가기준<br>가중치) | F1<br>(0.319) | | F2<br>(0.097) | | F3<br>(0.26) | | F4<br>(0.206) | | F5<br>(0.118) | |
|---|---|---|---|---|---|---|---|---|---|---|
| 제2단계<br>(예측치의<br>조정범위) | 16%<br>to<br>25% | | 6%<br>to<br>15% | | −5%<br>to<br>5% | | −6%<br>to<br>−15% | | −16%<br>to<br>−25% | |
| 제3단계<br>(조정범위<br>세부 구분) | 16%<br>to<br>20% | 21%<br>to<br>25% | 6%<br>to<br>10% | 11%<br>to<br>15% | −5%<br>to<br>0% | 0%<br>to<br>5% | −15%<br>to<br>11% | −10%<br>to<br>−6% | −25%<br>to<br>−21% | −20%<br>to<br>−16% |

- 제1단계(평가기준의 가중치)는 AHP기법의 일부인 개별비교 법을 통해 얻어진 주관적 기준의 가중치이다.
- 제2단계(예측치의 조정범위)는 제1단계에서 제시된 주관적이 판단기준으로 인해 예측치가 조정될 수 있는 범위를 나타낸다. 이는 각 기관의 구체적 업무의 특성에 따라 제시되는 것이다. 여기서는 예측치가 -25%~25%로 변동범위를 설정하고, 10% 단위로 구분하였다.
- 제3단계(조정범위 세부 구분)는 10% 범위로 구분된 구간을 5% 단위로 더 세분화시킨 것이다. 이는 한번에 구체적인 단계로 진행하는 것을 지양하고, 광범위한 수준에서 구체적인 단계로 진전해 나감으로써 진행상의 오차를 최소화하기 위한 것이다.
- 이러한 단계를 진행하면서 합의된 가능성의 확률을 부가하여 도표로 정리하면 다음과 같다.

• 예측치 조정률 산정

| 영향인자 | | F1<br>예산제한 | | F2<br>물가불안 | | F3<br>원가절감 | | F4<br>공사의 질 | | F5<br>자재노무수급 | |
|---|---|---|---|---|---|---|---|---|---|---|---|
| 1단계 : 평가기준의 가중치 | | 0.319 | | 0.097 | | 0.26 | | 0.206 | | 0.118 | |
| 2단계 변동범위 | 3단계 변동범위 | 단계별 변동범위의 주관적 판단 | | | | | | | | | |
| 16~25% | 16~20% | 0 | 0.9 | 0.1 | 0.9 | | 0.88 | 0.25 | 0.85 | 0.15 | 0.8 |
| | 21~25% | | 0.1 | | 0.1 | 0 | 0.12 | | 0.15 | | 0.2 |
| 6~15% | 6~10% | 0 | 0.1 | 0.65 | 0.9 | | 0.88 | 0.55 | 0.12 | 0.65 | 0.88 |
| | 11~15% | | 0.9 | | 0.1 | 0 | 0.12 | | 0.88 | | 0.12 |
| –5~5% | –5~0% | 0.15 | 0.1 | 0.25 | 0.1 | 0.05 | 0.9 | 0.2 | 0.12 | 0.2 | 0.2 |
| | 0~5% | | 0.9 | | 0.9 | | 0.1 | | 0.88 | | 0.8 |
| –15~(–6)% | –15~(–11)% | 0.65 | 0.1 | 0 | 0.1 | 0.7 | 0.88 | 0 | 0.88 | 0 | 0.3 |
| | –10~(–6)% | | 0.9 | | 0.9 | | 0.12 | | 0.12 | | 0.7 |
| –25~(–16)% | –25~(–21)% | 0.2 | 0.1 | 0 | 0.9 | 0.25 | 0.88 | 0 | 0.85 | 0 | 0.88 |
| | –20~(–16)% | | 0.9 | | 0.1 | | 0.12 | | 0.15 | | 0.12 |

**(2단계 변동률) × (3단계 변동률)**

| | | F1 | F2 | F3 | F4 | F5 |
|---|---|---|---|---|---|---|
| 16~20% | | 0 | 0.09 | 0 | 0.2125 | 0.12 |
| 21~25% | | 0 | 0.01 | 0 | 0.0375 | 0.03 |
| 9~10% | | 0 | 0.585 | 0 | 0.066 | 0.572 |
| 11~15% | | 0 | 0.065 | 0 | 0.484 | 0.078 |
| –5~0% | | 0.15 | 0.025 | 0.045 | 0.024 | 0.04 |
| 0~5% | | 0.135 | 0.225 | 0.005 | 0.176 | 0.16 |
| –15~(–11)% | | 0.065 | 0 | 0.616 | 0 | 0 |
| –10~(–6)% | | 0.585 | 0 | 0.084 | 0 | 0 |
| –25%~(–21)% | | 0.02 | 0 | 0.22 | 0 | 0 |
| –20~(–16)% | | 0.18 | 0 | 0.03 | 0 | 0 |

**[(2단계 변동률) × (3단계 변동률)] × (평가기준의 가중치)**

| | | F1 | F2 | F3 | F4 | F5 |
|---|---|---|---|---|---|---|
| 16~20% | | 0 | 0.09 | 0 | 0.043775 | 0.01416 |
| 21~25% | | 0 | 0.01 | 0 | 0.007725 | 0.00354 |
| 8~10% | | 0 | 0.585 | 0 | 0.013596 | 0.067496 |
| 11~15% | | 0 | 0.065 | 0 | 0.0099704 | 0.009204 |
| –5~0% | | 0.004785 | 0.025 | 0.0117 | 0.004944 | 0.00472 |
| 0~5% | | 0.043065 | 0.225 | 0.0013 | 0.036256 | 0.01888 |
| –15~(–11)% | | 0.020735 | 0 | 0.16016 | 0 | 0 |
| –10~(–6)% | | 0.186615 | 0 | 0.02184 | 0 | 0 |
| –25~(–21)% | | 0.00638 | 0 | 0.0572 | 0 | 0 |
| –20~(–16)% | | 0.05742 | 0 | 0.0078 | 0 | 0 |

**(변동범위의 평균치) × {[(2단계 변동률) × (3단계 변동률)] × (평가기준의 가중치)}**

| | F1 | F2 | F3 | F4 | F5 |
|---|---|---|---|---|---|
| 0.18 | 0 | 0.001571 | 0 | 0.007879 | 0.002548 |
| 0.23 | 0 | 0.000223 | 0 | 0.001776 | 0.000814 |
| 0.09 | 0 | 0.004539 | 0 | 0.001087 | 0.005399 |
| 0.13 | 0 | 0.000819 | 0 | 0.012961 | 0.001196 |
| –0.025 | –0.00011962 | –0.00006 | –0.00029 | 0.004944 | –0.00011 |
| 0.025 | 0.00107662 | 0.000545 | 0.000032 | –0.00012 | 0.000472 |
| –0.13 | –0.00269555 | 0 | –0.02082 | 0 | 0 |
| –0.08 | –0.0149292 | 0 | –0.00174 | 0 | 0 |
| –0.23 | –0.0014674 | 0 | –0.01315 | 0 | 0 |
| –0.18 | –0.0103356 | 0 | –0.00140 | 0 | 0 |
| 평가기준별 가중치 | –0.02847075 | 0.007638 | –0.03738 | 0.024488 | 0.010313 |

- 결과적으로 산정된 예측치 조정률은 다음과 같다.

| 예산제한 | 물가불안 | 원가절감 | 시설의 질 | 수급불균형 | 계 |
|---|---|---|---|---|---|
| −0.02847075 | 0.007638 | −0.03738 | 0.024488 | 0.010313 | −0.02341 |

- 조정률 −0.02341은 계량모델의 예측치에 대한 2.341%의 감액을 의미한다.
- 예를 들어 자재비상승률 2%, 노무비상승률 9%로 가정했을 경우의 예측공사비 596.629천원/$m^2$를 조정하면

$$596.629\text{천 원}/m^2 \times (1-0.02341) = 582.661\text{천 원}/m^2\text{이 된다.}$$

- 이러한 과정을 통해 자재비·노무비 상승률에 따른 공사비 변동 범위에 대하여 공감대를 형성하고 합의된 결정에 이를 수 있었다.

## 결정매트릭스 (decision matrix)

결정매트릭스는 제시대안과 결정인자, 그리고 결정결과를 체계적으로 표현할 수 있는 유용한 기법이다. 단순한 예를 통해 결정매트릭스 개념을 이해해 보자.

콘크리트 타설장비의 생산회사 A는 향후 1년 동안 시장수요가 약 15% 증가될 것으로 예측하고, 이러한 수요변화에 대응하기 위해 다음 3가지 전략을 고려하고 있다.

- 전략 1 : 생산성 향상을 위한 설비확장
- 전략 2 : 야간 및 주말 근무를 통한 생산성 증대
- 전략 3 : 현수준 생산유지, 잔여수요는 경쟁사/신규진출사 충당

각 전략을 통해 향후 1년 동안 창출할 수 있는 이익은 다음과 같이 판단되었다.

- 대안 1 - 설비확장 : 240,000천 원
- 대안 2 - 근무연장 : 210,000천 원
- 대안 3 - 현수준유지 : 170,000천 원

상기 값은 향후 시장수요가 15% 정도 증가될 것이라는 가정에 근거한 것이다. 그러나 일본의 신기술 장비가 도입되면 10% 정도 시장수요가 감소될 수 있고, 건설경기가 활성화되지 못할 경우 현재의 시장수요가 유지될 수도 있다는 판단에 근거한 대안검토도 필요하다. 이러한 개념의 결정매트릭스는 다음과 같다.

| 전략 | 시장수요 | | |
|---|---|---|---|
| | 15% | 현수준 | −10% |
| 전략 1 | 240,000 | 130,000 | 0 |
| 전략 2 | 210,000 | 150,000 | 70 |
| 전략 3 | 170,000 | 150,00070 | |

한편 시장수요 변화의 확률은 다음과 같이 판단되었다.

| 시장수요 | 확률 |
|---|---|
| 15% 증가 | 0.6 |
| 현수준 유지 | 0.3 |
| 10% 감소 | 0.1 |

따라서 〈전략 1〉에 대한 기대값은 다음과 같이 구해진다.

| 시장수요 | 이윤 | × | 확률 | | 기대값 |
|---|---|---|---|---|---|
| 15% 증가 | 240,000천 원 | | 0.6 | = | 144,000천 원 |
| 현수준 유지 | 130,000천 원 | | 0.3 | = | 39,000천 원 |
| 10% 감소 | 0천 원 | | 0.1 | = | 0천 원 |
| 전체 기대값 | | | | = | 183,000천 원 |

동일한 방법으로 〈전략 2〉와 〈전략 3〉의 기대값을 구하여 정리하면 다음과 같다.

| 전략 | 기대값 |
|---|---|
| 전략 1 - 설비확장 | 183,000천 원 |
| 전략 2 - 근무연장 | 178,000천 원 |
| 전략 3 - 현수준 유지 | 154,000천 원 |

상기 결과에 따르면 〈전략 1〉의 기대값이 가장 높기 때문에 우선적인 대안으로 판단된다. 그러나 각 전략이 갖는 리스크를 측정하기 위해 〈전략 1〉이 갖는 기대값의 표준편차(standard deviation)를 구하면 다음과 같다.

| 이윤 | 기대값 | 편차(D) | $D^2$ | 확률 | | 계 |
|---|---|---|---|---|---|---|
| 240백만 원 | 183백만 원 | +57 | 3,249 | 0.6 | = | 1,949.4 |
| 130백만 원 | 183백만 원 | −53 | 2,809 | 0.3 | = | 842.7 |
| 0 | 183백만 원 | −183 | 33,489 | 0.1 | = | 3,348.90 |
| | | | | 분산(variance) | = | 6,141.00 |
| | | | | 표준편차(standard deviation) | = | 78.36 |

그러나 기대값이 크면 표준편차도 따라서 커지기 때문에 객관적인 척도를 구하기 위해 다음과 같은 변동계수(coefficient of variation)를 고려할 필요가 있다.

$$\text{변동계수(coefficient of variation)} = \frac{\text{표준편차(standard deviation)}}{\text{기대치(expected value)}}$$

최종적으로 산정된 각 전략의 변동계수는 다음과 같다.

| 전략 | 기대치 | 표준편차 | 변동계수 |
|---|---|---|---|
| 전략 1 | 183백만 원 | 71.37 | 0.39 |
| 전략 2 | 178백만 원 | 44.50 | 0.25 |
| 전략 3 | 154백만 원 | 32.34 | 0.21 |

상기 결과에 따르면 〈전략 1〉이 가장 높은 기대값을 갖지만 리스크도 가장 큰 대안으로 인식된다. 따라서 최종 결정은 기대수익과 리스크를 동시에 고려하여 이루어져야 한다. 예를 들어 리스크 혐오형(risk averse) 의사결정자는 기존 전략을 유지하는 〈전략 3〉을 대안으로 선정할 것이다. 주관적인 판단을 배제할 수는 없지만 결정매트릭스를 활용하여 객관적 기준에 근거한 결정을 할 수 있을 것이다.

## 확률기호화 (probability endcoding)

확률기호화는 불확실성을 수치확률분포(numerical probability distribution)로 전환시키는 방법이다. 바쁜 업무에 쫓기는 의사결정자는 많은 시간을 모델링 과정(modelling process)에 쏟을 수 없을 뿐만 아니라 확률적인 방식으로 신념을 계량화하는 기법에 익숙하지 못한 경우가 많다.

그러나 이들은 경험에 근거하여 '연간 조명시간이 2,000시간을 초과하지 않을 것이라고 상당한 확실성을 갖고 말할 수 있다.' 또는 '플랜트 A가 8년 후에 교체될 확률이 꽤 높다.' 등과 같은 말로 생각을 표현할 수는 있을 것이다. 따라서 상당히 확실함(pretty good chance)이나 거의 확실함(pretty sure) 등과 같은 언급을 확률적 진술로 변환시킬 수 있어야 한다.

제1단계 : 결과치가 포함되는 범위의 외부한계를 고려하여 상·하한값 범위(upper and lower limits)를 설정한다.

예를 들어 전문가가 특정 시스템의 수명주기(life cycle)를 최소 3년 이상이고 최대는 8년 이내로 판단했다고 하면[25] 이를 근거로 범위를 결정한 후, 그 범위를 5~6개의 등간격(equal interval)으로 구분한다.

제2단계 : 구분된 각 간격을 변수가 포함될 수 있는 가능성에 따라 순서를 부여한다. 가능성이 가장 높은 구간에 수치 '1'을 부여하고, 이어서 가능성의 순서에 따라 수치 '2', '3', '4'…를 부여한다.

제3단계 : 구분된 각 구간에 변수가 포함될 상대적 가능성(relative likelihood)을 산정한다. 구간 '1'에 포함될 확률을 $P_1$으로 표현하고, 구간 '2' 이하의 확률을 $P_1$에 대한 상대값으로 표시한다. 예를 들어 구간 '1'에 포함될 가능성이 구간 '2'에 들어갈 가능성의 2배 정도로 판단된다면 $P_1 = 0.5P_2$로 표현한다. 이러한 방법을 각 구간별로 반복 시행하여 나머지 확률을 모두 $P_1$으로 표현한다.

제4단계 : 표현된 각 확률을 합산하여 구간별 상대적 확률을 구한다.

25) 이 경우 특정시스템의 교체는 파괴(failure)로 인한 것이 아니고 노후(obsolescence)에 의한 경우를 의미한다. 파괴로 인한 교체시기는 제조업자로부터 확보되는 누적파괴율(cumulative failure rates) 자료에서 얻어질 수 있기 때문에 주관적 판단(subjective assessment)을 필요로 하지 않는다.

지금까지 언급된 방법을 특정 시스템의 수명주기 예측을 예로 들어 설명하면 다음과 같다.

(1) 불확실성의 범위(range of uncertainty)를 일정구간으로 구분한다.

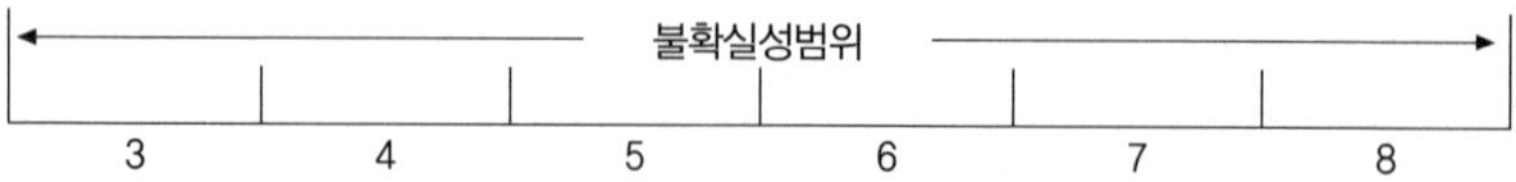


예상수명(Expected Life in years)

(2) 불확실성변수의 발생가능성(likelihood)에 대한 우선순위를 정한다.

| 6 | 5 | 2 | 1 | 3 | 4 |
|---|---|---|---|---|---|
| 3 | 4 | 5 | 6 | 7 | 8 |

예상수명(Expected Life in years)

(3) 기준확률(P1)을 정하고, 이를 근거로 상대적 확률(relative probabilities)을 산정한다.

| $0.1P_1$ | $0.3P_1$ | $0.7P_1$ | $P_1$ | $0.5P_1$ | $0.3P_1$ |
|---|---|---|---|---|---|
| 3 | 4 | 5 | 6 | 7 | 8 |

예상수명(Expected Life in years)

(4) 최종 확률을 계산한다.

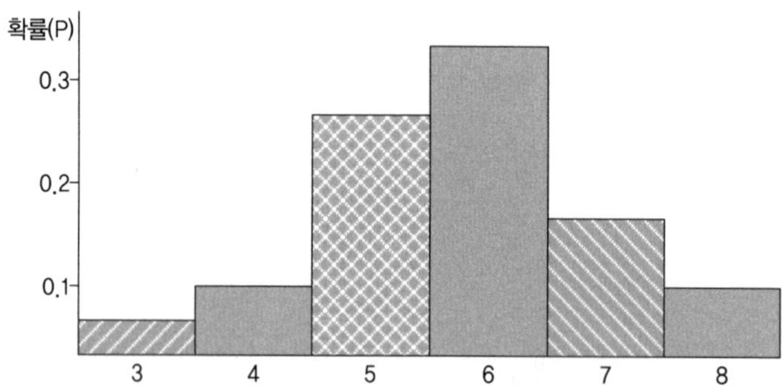


예상수명(Expected Life in years)

(P=0.034) (P=0.103) (P=0.241) (P=0.345) (P=0.172) (P=0.103)

# 6 리스크 대응

/ 리스크 분석결과에 따른 대응전략

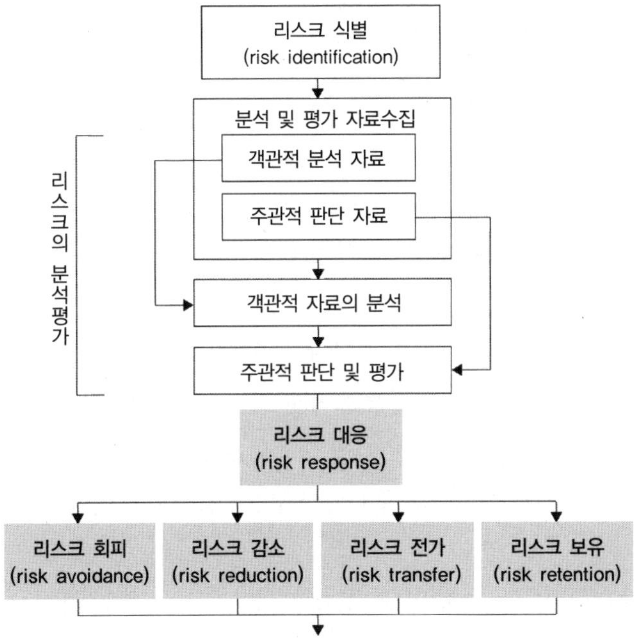


## 리스크 대응전략의 개발 및 할당

리스크에 대한 노출 정도를 식별하고 그 잠재적 영향도를 확률적으로 평가한 후에는 리스크 대응전략을 수립해야 한다. 대응전략의 목적은 리스크의 부정적 영향을 제거하고 리스크에 대한 통제력을 증가시키기 위한 것이다. (그림 4.20)은 이 두 가지의 개념을 도식적으로 표현한 것이다.

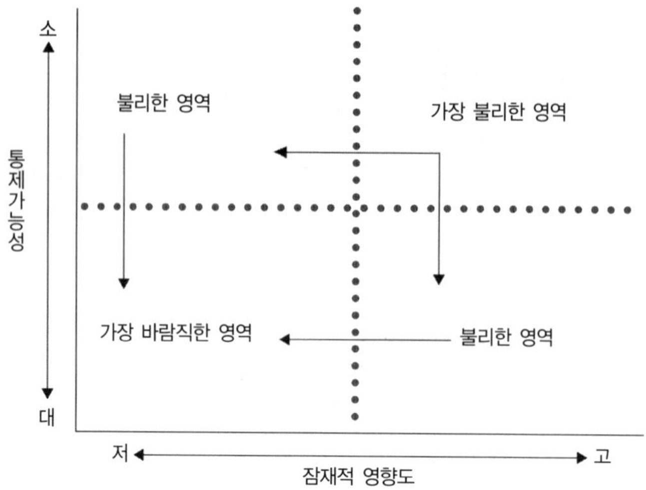


**그림 4.20** 리스크 대응 개념

리스크 대응은 대응전략의 수립과 특정 리스크에 대한 대응전략의 할당이라는 두 가지 기본방향으로 구분된다. 리스크 대응전략은 리스크 회피(risk avoidance), 리스크 감소(risk reduction), 리스크 전가(risk transfer), 리스크 보유(risk retention)의 4가지 방법으로 구분될 수 있다.

**리스크회피** : 리스크 회피(risk avoidance)는 리스크에 대한 노출 자체를 회피함으로써 발생할 수 있는 잠재적 손실을 면하는 것이다. 그러나 손실의 회피와 아울러 리스크의 감수를 통해 얻을 수 있는 잠재적인 이익 또는 기회도 포기하지 않으면 안 된다.

예를 들어 설계단계에서 새로운 시스템 도입에 따른 잠재적 손실이 우려된다면 의사결정자는 그 시스템을 포함한 설계대안을 받아들이지 않음으로써 리스크를 회피할 수 있다. 입찰단계에서는 특정공사에 포함되어 있는 리스크를 분석하여 감당할 수 있는 능력의 범위를 초과한다면 입찰참여 자체를 포기할 수도 있다.

**리스크 감소** : 리스크 감소(risk reduction)는 가능한 모든 방법을 활용하여 리스크의 발생 가능성을 저감시켜 잠재적 리스크에 대한 노출 정도를 감소시키는 것이다. 이는 가정조건의 명확한 이해와 구체적인 설계, 불완전한 부분의 재설계 등을 통해 실현될 수 있다. 예를 들어 '리스크를 고려하여 조정된 할인율(risk adjusted discount rate)'을 사용하면 재정적 리스크를 줄일 수 있다. 또한 건물에 스프링클러(sprinkler) 시스템을 설치하면 화재발생에 따른 리스크를 감소시킬 수 있다.

리스크 감소 전략을 사용하기 위해서는 리스크 감소를 위해 소요되는 비용과 잔류 리스크에 따른 유발비용의 합계가 당초의 리스크로 인해 발생하는 비용보다 적어야 한다. 즉

잔류 리스크 비용+리스크 감소 비용<당초 보유리스크 비용

의 관계가 성립되어야 한다.

**리스크 전가** : 리스크 전가(risk transfer)는 계약(contract)을 통해 리스크의 잠재적 결과를 다른 집단(조직)에 떠넘기거나 공유(sharing)하는 방법이다. 특정 리스크를 더 효과적으로 다룰 수 있는 조직(집단)에 전가시키는 이러한 전략은 위험부담 없는 협정(hold-harmless agreements)과 보상조항(indemnity clauses)의 삽입을 통해 이루어질 수 있다.

계약을 통해 도입하는 리스크 처리방법 중에서 가장 빈번히 사용되는 것은 보험(commercial insurance)이다. 계약에 의한 리스크 전가와 보험의 주요 차이점은 보험이 리스크에 대한 재정적 손실만을 부담시키는 것인 반면, 리스크 전가는 리스크에 대한 책임 모두를 부담하도록 하는 것이다.

**리스크 보유** : 리스크 보유(risk retention)는 회피하거나 전가할 수 없는 리스크를 감수하는 것이다. 계획적인 리스크 보유는 무계획적인 리스크 감수와 큰 차이가 있다. 리스크 보유는 의사결정자의 철학, 필요조건, 재정역량 등에 따라 리스크를 의식적이고 의도적으로 감수하는 것이다. 한편 무계획적인 감수는 리스크의 존재를 식별하지 못했거나 잠재적 리스크의 규모를 과소평가한 경우에 발생된다.

리스크 보유는 다음 조건에 속하는 경우 취해질 수 있다.

- 발생 가능성이 희박하거나 발생되더라도 자체 보유역량으로 감당해낼 수 있는 리스크인 경우
- 리스크 감소나 전가가 불가능하고 회피도 바람직하지 않은 경우
- 일정기간(적어도 1년 이내)에 발생될 수 있는 최대 손실량을 자체적으로 흡수할 수 있는 경우

특정 리스크에 대한 대응전략의 할당은 대상사업의 유형과 의사결정자의 판단에 의존한다. 의사결정자는 잠재적 리스크의 심각성, 발생가능성, 리스크 감수에 따른 잠재적 혜택 또는 손실 등을 판단하기 위해 활용가능한 재원을 고려해야 한다.

이러한 상황에서 중요한 것은 정보의 가치와 그 정보의 획득에 소요되는 비용 사이에서 균형과 타협이 이루어져야 한다는 것이다.

### 리스크 대응전략의 정리

리스크 대응전략의 할당은 의사결정자와 사업의 특성에 따라 제각기 달리 적용될 수 있다. 의사결정자는 잠재적인 리스크의 심각성, 발생 확률 및 빈도, 리스크 발생 시 소요되는 재원규모 등을 고려하여 대응전략을 선택적으로 적용해야 한다. (표 4.6)는 리스크의 유형

별 대응전략과 조치 필요사항을 참고로 제시한 것이다.

표 4.6 리스크 유형별 대응전략/필요조치사항

| 리스크 유형 | 세부내용 | 대응가능전략 | 필요조치사항 |
|---|---|---|---|
| 재정/경제적 리스크 | • 인플레이션<br>• 외환파동<br>• 환율변동<br>• 하도급자 채무불이행 | • 리스크 감수<br>• 리스크 전가 (리스크 공유)<br>• 리스크 회피 | • 에스컬레이션 조항 삽입<br>• 입찰시 예비비 반영<br>• 프로젝트 금융에 의한 자금조달<br>• 장비/자재의 발주자 직접조달<br>• 이행보증서 청구<br>• 하도급자의 사전자격심사 강화<br>• 환율변경 위험방지를 위한 선물계약(forward contracts) |
| 설계리스크 | • 부적합한 설계<br>• 설계오류/설계누락<br>• 불충분한 상세설계<br>• 지하구조 불일치 | • 리스크 전가<br>• 리스크 회피 | • 조건변경에 따른 계약변경조항 삽입<br>• 설계단계에 도급자 참여 (설계/시공 일괄입찰방식 도입 등)<br>• 설계변경 |
| 정치/환경적 리스크 | • 법/제도의 변경<br>• 전쟁/내란<br>• 수용/징발/몰수<br>• 억류/입출항 금지<br>• 오염<br>• 안전규정 위반 | • 리스크 전가 (보험 등)<br>• 리스크 감소 | • 석유수출국개발기구(OPEC)/AID (Agency for International Development) 보험<br>• 예비계획 수립<br>• 공기연장/추가지불 계약조항 삽입<br>• 계약조건의 명확화<br>• 보호/안전프로그램 운영 |
| 시공 관련 리스크 | • 기상악화<br>• 노사분규/파업<br>• 지반조건 불일치<br>• 작업결함<br>• 장비손상/도난<br>• 상해/사고 | • 리스크 감수<br>• 리스크 감소<br>• 리스크 전가 (보험 등) | • 예비계획 수립<br>• 보험(산재, 사고 등)<br>• 공기지연에 따른 공기연장조합 삽입<br>• 사전조달/적기공급<br>• 품질관리/품질보증계획 수립 |
| 물리적 리스크 | • 구조물 손상<br>• 자재/장비 운반손상<br>• 상해<br>• 화재 | • 리스크 전가 (보험 등)<br>• 리스크 감소 | • 시공자 보험<br>• 현장조사<br>• 공기연장조항 삽입<br>• 예비계획 수립 |
| 천재지변 | • 홍수<br>• 지진<br>• 화재<br>• 산사태 | • 리스크 전가 (보험 등) | • 발주자 보험<br>• 공기지연에 의한 공기연장조항 삽입<br>• 손상에 대한 추가지불조항 삽입<br>• 예비계획 수립 |

다양한 유형의 리스크에 공통적으로 적용할 수 있는 대응전략의 마련은 불가능하다. 바람직한 리스크 대응전략은 리스크를 보다 확

실히 통제하여 그에 따른 재정적 영향을 최소화할 수 있는 대안을 강구하는 과정에서 지금까지 언급된 복수의 리스크 대응전략을 선택적/종합적으로 활용하는 것이다.

### 계약과 리스크 대응

건설사업의 발주자는 사업을 합의된 기간 내에 최소의 비용으로 마무리하기 위해 사업에 착수하는 반면, 수급자, 전문건설업자, 제품·기술 공급업자 등은 적정수준의 이익을 보장받고자 한다. 건설사업 추진과정에서 이 두 가지 목적이 서로 조화를 이루지 못할 경우 의견 불일치, 분쟁, 공사중단 및 공기지연이 발생한다.

이러한 문제는 주로 다음의 사유에 기인한다.

- 계약서류, 계약상 합의, 입찰방법의 부적합성
- 특정 집단의 과다한 리스크 부담
- 사업 유형/목적에 적합하지 않은 인력의 활용
- 인적관계와 의사소통의 두절
- 능력이 부족한 집단에 의한 계약 리스크의 부담
- 특정 집단의 파산
- 두 집단 이상이 관여하는 업무의 조율 미비
  (예 : 천장공사의 경우 종합건설업체, 천정설치업자, 냉난방기 설치업자, 전기설비업자 등에 의해 이루어지는 업무를 조율해야 한다.)
- 애매한 계약 및 변경 조건에 대한 잘못된 해석
- 애매한 시방서 조항
- 시방서에 결과를 간과하고 방법만을 명시한 경우
- 건축, 구조, 엔지니어링 도면들의 불일치를 유발하는 설계 결함

아래 (표 4.7)은 상기 사유로 인해 발생되는 주요 리스크의 부담주체를 표시한 것이다. 아울러 다음 (표 4.8)은 입찰단계에서 건설사업 수급자가 파악하고 있어야 할 리스크의 근원과 대응전략을 나타낸다.

표 4.7 주요 리스크의 부담주체

| 리스크 | 수급자 | 발주자 | 설계자 |
|---|---|---|---|
| • 현장접근로(Site Access) | | ● | |
| • 지하조건(Subsurface Conditions)[1] | | ● | |
| • 물량변동(Quantity Variations)[2] | | ● | |
| • 기상조건(Weather)[3] | ● | | |
| • 불가항력(Acts of God) | ● | ● | |
| • 파산(Financial Failure) | ● | ● | ● |
| • 하도급자 파산(Subcontractor Failure) | ● | | |
| • 현장사고(Accidents at Site) | ● | | |
| • 부실시공(Defective Work) | ● | | |
| • 부적격관리(Management Incompetence) | ● | | ● |
| • 인플레이션[4] | ● | ● | |
| • 경제재앙(Economics Disasters) | | ● | |
| • 자금지원(Funding) | | ● | |
| • 자재 및 장비(Materials and Equipment) | ● | | |
| • 노무문제(Labor Problems) | ● | | |
| • 발주자 제공장비(Owner-Furnished Equipment) | | ● | |
| • 작업지연(Delays in the Work)[5] | ● | ● | ● |
| • 주변환경통제(Environmental Controls) | | ● | |
| • 법령 및 규칙(Codes and Regulations) | | ● | |
| • 현장안전(Safety at Site) | ● | | |
| • 공공무질서(Public Disorder) | | ● | |
| • 노동조합 파업(Union Strike) | ● | | |
| • 오류/누락(Errors and Omissions) | | | ● |
| • 서류상 분쟁(Conflicts in Documents) | | | ● |
| • 부실설계(Defective Design) | | | ● |
| • 현장시공도면(Shop Drawings) | | | ● |

1) 수급자에게 전가될 수도 있으나 발주자의 사전조사와 이를 근거로 한 설계자의 설계책임이 있음
2) 수급자는 15~25%의 변동을 예측할 수 있어야 함.
3) 비정상적 기후변동에 의한 작업지연은 발주자의 책임에 속할 수 있음.
4) 리스크 분담기간은 대개 12~18개월 이내로 한정됨.
5) 주로 수급자의 리스크이지만 발주자/설계자에게 일부 부담될 tnehn 있음.

표 4.8 리스크의 근원과 대응전략

| 리스크 근원 | 대응전략 | | | | | | | | | | | | | |
|---|---|---|---|---|---|---|---|---|---|---|---|---|---|---|
| | 계약조건 | 입찰서류 | 1차대가지급 | 선금지급 | 지급통화 | 하도급자대금지급 | 벌금한도 | 고정비용산정 | 보험 | 보증/배상 | 수익보증 | 세금 | 예비비/위험공제 | 투자 |
| 1. 발주자의 사업취소 | ● | | | ● | | | | | ● | | | | | |
| 2. 발주자의 공사비 미지불 | ● | | | ● | | | | | ● | | | | | |
| 3. 발주자의 사업 일시중단 | ● | | | | | | | | | | | | | |
| 4. 불가항력적 사고 | ● | | | | | | | | ● | | | | | |
| 5. 수급자의 사업취소 | ● | | | ● | | | | | | | | | | |
| 6. 수급자의 수락지연 | ● | | | | | | | | | | | | | |
| 7. 발주자의 수락지연 | | ● | ● | | | | | | | | | | | |
| 8. 발주자의 사업착수지연 | ● | | | ● | | | | | | | | | | |
| 9. 납품업자의 사업착수지연 | ● | | | | | | ● | | ● | ● | | | | |
| 10. 운송업자 사업착수지연 | ● | | | | | | | | ● | | | | | |
| 11. 수급자의 사업착수지연 | | | | | | | ● | | ● | | | | | |
| 12. 외부요인에 의한 사업 착수지연 | ● | ● | ● | | | | | | ● | | | | | |
| 13. 발주자에 의한 공기지연 | ● | | | ● | | | | | ● | | | | | |
| 14. 납품업자에 의한 공기지연 | ● | | | | | | ● | | ● | ● | | | | |
| 15. 운송지연에 의한 공기연장 | ● | | | | | | | | ● | | | | | |
| 16. 수급자에 의한 공기지연 | | | | | | | ● | | ● | | | | | |
| 17. 외부요인에 의한 공기지연 | ● | | | | | | | | ● | | | | | |
| 18. 기준비용 산정오류 | | | | | | | | ● | | | | | ● | |
| 19. 물가상승 판단오류 | | | | | | | | | ● | | | | | ● |
| 20. 환율상승 예측오류 | ● | | | | ● | ● | | | | | | | | |
| 21. 투자수입 산정상 오류 | | | | | | | | | | | ● | ● | | |
| 22. 투자상의 오류 | | | | | | | | | | | | ● | | |
| 23. 납품업자의 이행불능 | | | | | | | ● | | ● | ● | | | | |
| 24. 수급자의 이행불능 | | | | | | | | | ● | | | | | |

# 5
CHAPTER

# 건설경영자의 미학
## – 건설경영자의 핵심역량

앞 장에서 필자는 건설경영자가 미래지향적 관점에서 의사결정을 수행하기 위해 요구되는 전략적인 평가 및 관리 방법론에 관하여 상당히 많은 지면을 할애하여 설명하였다. 다소 이론적이면서 복잡한 분석적 기법도 포함하고 있지만 동태적으로 변화하는 의사결정상황에서 반드시 필요한 내용이기 때문에 그 본질적 개념과 전략에 대한 것만큼은 이해할 필요가 있다고 사료된다.

이제 이 책의 나머지 부분에서는 건설경영자의 미학이라는 다소 수사적인 제목으로 건설경영자가 동태적으로 변화하는 상황에서 갖춰야 할 전략적 사고체계와 리더십에 관하여 언급하고 전략적 건설경영의 기술에 이르는 긴 여정을 마무리하고자 한다.

# 1 | 전략적 건설경영자

/ 시 · 공간적 상황의 중심

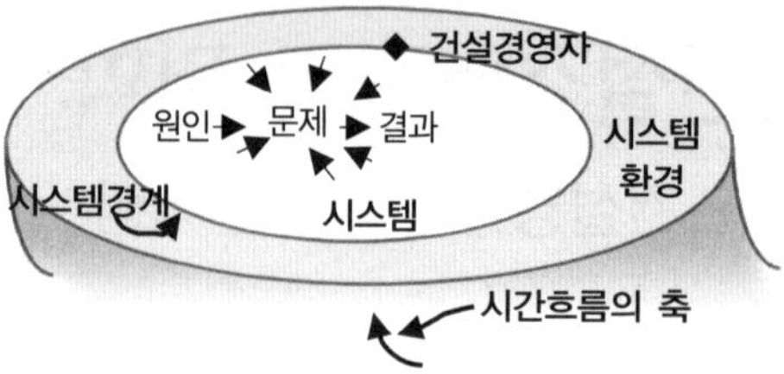


기존의 건설사업관리 개념은 암암리에 상황을 불변의 고정적인 것으로 인식하고, 명확히 정의된 문제에 대한 해결기법에만 관심을 집중시키다 보니, 변화하는 상황에서 실체가 명확히 드러나지 않는 다양한 문제를 규명하지 못하는 결점을 노출한다. 이러한 한계는 건설상황에서 우선적으로 요구되는 것이 문제를 해결하는 기법이 아니라 문제를 찾아내어 그 본질을 규명하고 해결이 가능한 형태로 재구성하는 능력이라는 사실을 간과하는 것에서 비롯된다.

이러한 문제의식을 가지고 건설상황에 대처할 수 있는 방안을 모색하기 위해 우선 건설경영의 주체인 건설경영자가 동태적인 시스템(상황)에 접근할 수 있는 대안을 검토해 보자.

첫째, 시스템의 내부(상황)로 진입하여 직접 문제를 해결하는 방안을 택할 수 있다. 이렇게 하면 당면문제는 해결할 수 있을지라도 문제와 너무 가까워지기 때문에 진정한 문제를 문제로 인식하지 못하여 문제가 아닌 것을 문제로 오해하고 시간과 재원, 그리고 노력을 헛되이 소모할 우려가 있다. 문제를 정확히 인식했더라도 급속히 진행되는 변화를 인식하지 못하여 결과적으로는 잘못된 대안을 강구할 가능성이 높다.

이렇게 실무자적인 속성을 갖는 건설경영자는 늘 바쁘고 힘들게 열심히 노력하지만 주변 사람들의 의욕과 사기를 저하시킬 뿐 문제를 해결해내지 못한다. 전쟁에 비유하면 사력을 다하여 국지전에서는 승리했어도 전술과 전략의 부재로 인해 궁극적으로는 철저히 패배하는 것과 다르지 않다.

둘째는 시스템 환경(외부환경)에서 내부상황을 외부자적 시각에서 객관적으로 조망하여 해결대안을 모색하는 것이다.

이러한 컨설턴트형(consultant type) 건설경영자는 내부상황의 깊숙한 곳에서 전개되는 미묘한 흐름을 파악하지 못하여 눈에 보이지는 않지만 궁극적으로 결과에 결정적 영향을 미치는 음성적 측면을 인지하지 못한다. 변화하는 상황에서는 중요한 문제가 확연히 모습을 드러내지 않기 때문이다. 그 결과 이론적으로는 그럴 듯하지만 실질적 효과는 발휘할 수 없는 해결대안의 모색에 그치는 경우가 많다.

따라서 건설경영자는 시스템(상황) 속으로 들어가 자리를 잡아도 안 되고 시스템 환경(외부환경)의 어느 영역에 위치하는 것도 바람직하지 않다. 그렇다면 개념적으로 건설경영자가 자리매김해야 할 곳은 어디인가?

시스템 내부상황을 파악하면서 동시에 외부환경 변화도 인식할 수 있는 곳을 찾아야 한다. 그곳은 바로 '시스템 경계(system boundary)'이다. (그림 5.1)은 동태적으로 변화하는 건설상황에서 건설경영자가 위치해야 할 곳이 시스템과 시스템 환경의 경계(그림 5.1의 C위치)라는 것을 보여준다.

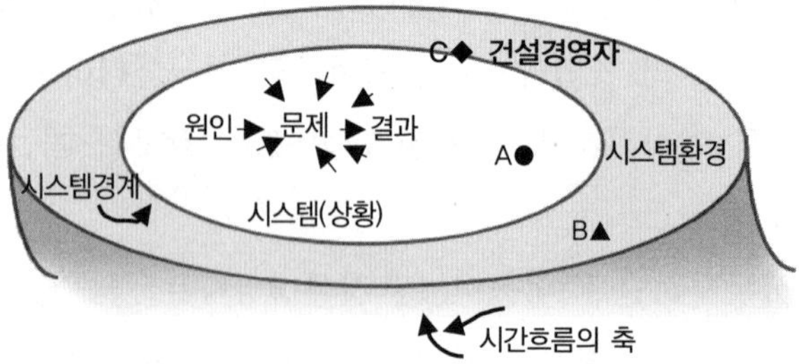


**그림 5.1** 동태적 시스템과 건설경영자 위상

건설경영자가 시스템 내부(A위치)나 시스템 환경(B위치)의 영역에 속하지 않고 시스템 경계(C위치)에 자리를 잡아야 하는 이유는 무엇인가? 시스템 환경(외부환경)과 시스템(상황)을 동시에 조망해야 하기 때문이다.

시스템 내부상황의 문제에 지나치게 몰입하여 시스템 외부환경의 변화를 인식하지 못하는 실무자형의 결점을 극복하고, 객관적 접근에만 치중하여 내부상황의 미묘한 흐름을 파악하지 못할 우려가 있는 컨설턴트형의 한계를 뛰어넘기 위해서이다.

흐르는 강물의 밖에서 물의 속도나 온도를 측정하는 것이 아니고, 물속에 뛰어들어 잠수하는 것도 아니다. 물에 몸을 담그고 있지만 머리는 물 밖으로 내놓아야만 물 흐름을 온몸으로 느끼면서 자신이 의도한 방향으로 나아가고 있는지 여부를 판단할 수 있기 때문이다. 목표와 어긋나는 방향으로 나아가고 있다면 사력을 다하여 방향을 수정해야 하지 않겠는가?

(그림 5.1)의 C위치(시스템경계)에서 시스템과 시스템 환경의 상호작용을 파악하고, 시스템의 부분과 전체가 조화와 균형을 이루도록 조율하는 것이 '전략적 건설경영자'의 역할이다. 아울러 동태적 시스템의 관점에서 전략적인 건설경영이 갖는 의미는 다음과 같다.

전략적 건설경영은 건설상황(situation)이라는 조직화된 공간(organised space)에 다양한 이해관계를 갖는 사람들(people)이 모여 시간(time)의 흐름 속에서 상호작용(interaction)하면서 자원(기술, 돈)을 투입함으로써 조직화된 공간 또는 다른 공간을 변화시키는 동태적 과정(dynamic process)이다.

이러한 관점에서 전략적 건설경영의 구성요소는

1) 외부환경의 영향을 받아 지속적으로 변화하면서 전개되는 건설상황, 즉 시스템으로서의 '조직화된 공간'
2) 조직화된 공간에서 다양한 목표를 실현하기 위해 노력하는 인간
3) 건설경영의 목적을 실현하기 위해 투입하는 자원(기술, 돈)
4) 외부환경과 내부상황을 변화시키는 촉매제인 시간이다.

따라서 건설경영전략은

1) 시·공간적 건설상황에서
2) 참여자들 사이에서 비롯되는 인간적 갈등을 관리하면서
3) 자원을 투입하여
4) 목표를 구현하기 위해 벌이는 격렬한 전투에서 생존·번영하기 위한 필수기술이다.

또한 경영 분야에서 빈번하게 사용되는 '전략'이라는 말의 의미도 동태적 시스템의 관점에서 다음과 같이 표현할 수 있다.

전략은 시스템의 경계에 위치한 건설경영자가

1) 시간흐름의 축을 따라 나아가면서 미래를 예견하고
2) 외부환경 변화를 인식하여 목표를 설정하거나, 이미 설정된 목표를 수정하고
3) 목표를 달성하기 위해 필요한 역량을 판단하고

4) 내부적으로 보유하고 있는 역량을 파악하고
5) 필요한 역량과 보유하고 있는 역량의 격차를 인식하고
6) 그 격차를 극복하기 위해 인적·물적 자원의 활용효과를 극대화하는 일련의 과정이다.

이제 전략적 건설경영자의 역할을 파악해 보자. 기본적인 것은 시스템의 관리자 역할이다. 일상적 업무의 추진과정에서 반복적으로 발생되는 문제들은 그다지 복잡하지도 않고 해결과정에서 많은 시간이 요구되지도 않는다. 그러나 그때그때 철저히 해결해 놓지 않으면 작은 문제들이 누적되어 조직의 생존을 위협하는 큰 문제로 비화될 수 있기 때문에 해결의 시점을 놓쳐서는 안 된다.

전략적 건설경영자는 문제해결에만 주안점을 두는 소극적인 관리 수준에 머물러서는 안 된다. 문제현상을 이해하는 것은 물론이고, 문제의 인과관계를 규명하여 문제가 유발된 상황의 속성도 파악해야 한다. 나아가서는 현재의 상황이 앞으로 어떻게 전개될 것인가를 예측하기 위해 외부환경의 변화도 인식해야 한다. 즉 문제와 관련된 영역 전체를 한꺼번에 조망할 수 있는 지적시야를 확보하여 공간적으로 보다 넓게 볼 수 있어야 한다. 문제해결 수단을 강구하는 과정에서 자신의 경험은 물론 다른 사람의 전문지식까지도 광범위하게 수집하여 효과적으로 활용해야 하고, 비록 대수롭지 않아 보이지만 미래의 변화와 연관된 단서들을 포착하여 그 이면에 존재하는 큰 변화를 읽어내야 한다.

또 한 가지는 창조자의 역할이다. 변화를 예견하고 미래를 예측하기 위해서는 시간적으로 보다 멀리 볼 수 있는 시력을 확보해야 한다. 시간흐름에 따라 전개되는 시스템 환경의 변화를 수용하고, 더 나아가서는 외부환경을 유리하게 주도하기 위해 선제적으로 시스템

을 변화시켜야 한다.

관리자와 창조자 역할만으로는 해결할 수 없는 또 다른 문제가 존재한다. 공간적으로 복잡한 시스템(내부상황) 영역에는 다양한 이해관계를 갖는 조직들이 각자의 영역에서 목표를 달성하기 위해 노력하는 과정에서 다른 조직과 갈등 및 마찰을 빚기도 하고, 이들의 요구사항과 시스템 전체의 이익이 충돌하여 분규가 발생하기도 한다. 이때 누군가가 시스템 전체(대조직)의 관점에서 하위시스템(소조직)의 구성원들을 설득하여 부분적인 요구사항을 양보받지 않으면 안 된다.

또 시간적으로 단기 이익과 장기 혜택이 상충하는 경우가 적지 않다. 당장 확실하게 주어지는 눈앞의 이익을 포기하는 것은 결코 쉬운 일이 아니다. 그렇다고 당장 현실적인 이익에만 집착하면 조직의 장기생존성과 직결되는 바람직한 미래를 잃어버릴 수 있기 때문에 누군가는 눈앞의 이익에만 연연하는 사람들에게 가슴이 울렁거리도록 하는 비전을 제시하면서 '보라, 우리가 조금만 허리띠를 졸라매고 참으면 머지않아 이와 같은 장밋빛 시나리오가 우리의 현실이 되지 않겠는가?'라는 말로 설득하여 단기적 이익의 양보를 받아내야 한다. 이것은 전략적 건설경영자의 리더(leader) 역할로서 내부적인 갈등과 대립을 조정하여 시스템의 전체적 일관성과 활력을 확보하는 것이다.

리더(leader)의 말과 행동에서는 희생과 양보의 가치관이 자연스럽게 우러나와야 한다. 강제되지 않은 상태에서 희생과 양보를 감수하는 대신 사랑과 존경을 받아야 한다.

앞에서 언급한 전략적 건설경영자의 세 가지 역할이 갖는 중요성을 이해하기 위해 각 역할이 없거나 부족할 경우에 어떠한 결과가 초래될 것인가를 생각해 보자.

우선 창조자의 역할이 없거나 부족한 경우에 시스템은 시시각각 변화하는 외부환경의 변화를 수용하지 못해 외부로부터의 죽음을 맞게 된다. 그리고 리더(leader)로서의 역할이 미비하면 내부에서 비롯되는 갈등과 분열을 조정하지 못하여 시스템이 와해되면서 내부로부터의 죽음에 직면하게 된다. 중요한 사실은 밖으로부터의 죽음이든 안으로부터의 죽음이든 죽기는 매일반이라는 것이다.

창조자와 리더(leader)의 기능이 발휘되지 못하는 경우에 관리자의 역할은 무슨 의미를 갖는가? 아무런 의미도 갖지 못한다. 시스템 자체가 붕괴되고 있는 현실에서는 당면문제를 아무리 완벽하게 처리해 나간다고 해도 바람직한 미래가 보장될 수 없기 때문이다.

결국 소극적 관리자의 역할에만 집착하는 경영자는 바쁜 일상업무 속에서 어느 날 갑자기 죽음을 맞게 된다. 암담한 사실은 관리자 자신은 왜 죽어야 하는지도 모르면서 갑자기 죽는다는 것이다. 더 황당한 일은 자신이 죽어 있는지 살아 있는지조차도 깨닫지 못할 수 있다는 것이다. 자기 앞의 업무를 철저하게 마무리하면서 바쁘게 열심히 일한다고 해서 조직을 위해 꼭 필요한 사람이라고 단정지을 수는 없다. 사람은 있으면 있는 대로 다 써먹기 마련이고, 열심히 한다고 해도 하는 일이 시스템의 목표 및 방향과 부합하지 않으면 노력할수록 더 빨리 망하기 때문이다. 시스템의 생존 여부를 다루어야 하는 전략경영 관점에서 보면, 우리 주변에는 이미 죽은 지 오래 된 사람들이 스스로 죽었다는 사실도 깨닫지 못하고, 여기 저기 바쁘게 다니면서 이일 저일 간섭하는 경우가 적지 않은 것이 현실이다.

필자는 본 내용으로 강의를 하는 과정에서 늘 두려움을 느낀다. 관리자, 창조자, 변화리더의 세 가지 역할 중에서 당신은 도대체 어느 수준에 있느냐는 질문을 받지 않을까 걱정되기 때문이다. 제대로 된

관리자 수준에도 이르지 못한 필자가 감히 창조자와 변화리더의 역할을 언급하고 있다는 것에 가책을 느끼기 때문이다. 그럼에도 변명을 위한 변명을 한다면, 아직은 관리자 수준에도 못 미치는 단계에 있지만 이 세 가지 역할 모두를 수행할 수 있는 능력과 자질을 갖추기 위해 지속적으로 탐구하며 지금 이 순간도 노력을 게을리 하지 않고 있다는 것이다.

### 시스템(상황) 변화의 원리

(그림 5.1)에 제시된 상황의 동태적 변화를 설명하기 위해 건설경영자가 이해해야 할 상황변화의 원리를 고찰해 보자. 변화를 이해하기 위해서는 특정 상황이 과거에서 미래로 흘러가면서 변한다는 물리적 변화의 관점도 중요하지만, 결정된 미래가 과거를 향해 진행되기도 한다는 역인과적(逆因果的) 현상도 이해해야 한다. 과거가 흘러와서 현재가 되고 현재가 흘러가서 미래가 된다는 것은 수동적인 과거시(過去時)의 개념이고, 미래가 몰려와서 현재가 되고 현재가 몰려가서 과거가 된다는 것은 적극적인 미래시(未來時)의 관점이다. 결정된 미래가 현재상황을 조장할 수도 있다는 생각은 인과관계에만 익숙해 있는 사람들 입장에서 볼 때 충격적인 것일 수도 있다. 그럼에도 시간의 흐름은 순(順)방향과 역(逆)방향의 두 가지로 파악될 수 있음에 유념해야 한다.

우리는 시간을 과거 · 현재 · 미래로 구분하지만 실제상황에서는 과거와 미래의 두 가지 시간차원만을 갖는다. 현재는 인식하는 순간 이미 지나버렸거나 아직 오지 않은 상태이기 때문이다. 따라서 현재는 과거이면서 미래이기도 하지만, 또 한편으로는 과거도 아니고 미래도 아니다. 과거와 미래를 동시에 결합한 시간적 경계선이다.

변화는 시스템(상황)의 내부에서 비롯되는가 아니면 시스템 외부 환경에서 찾아오는가? 변화는 시스템 환경에서 발생하여 시스템(내부상황)으로 진입한다. 시스템 내부에서 출현하는 것은 나무가 자라듯이 내부상황이 성장하면서 자체적으로 구현되는 것인 반면, 변화는 외부환경에서 새롭게 형성된 조건이 내부상황으로 침투하는 것이다.

이제 시간흐름의 방향과 변화의 발생영역에 관한 사고체계를 종합해 보면 다음과 같은 중요한 결론이 도출된다.

변화는 시간적인 미래에서 공간적인 시스템 환경(외부)으로 찾아와 시스템 경계를 넘어 시스템(현재상황)에 침투한다. 그리고 잠시 머물다가 과거로 사라지는 일련의 과정이다. 시스템(현재상황)은 과거로 침몰하는 과정의 일시적 현상이다.

지금까지 언급한 내용을 종합하여 건설경영자의 시·공간적인 의미를 정립해 보자.

건설경영 시스템의 경계는 시간적으로 현재이다. 과거와 미래의 접점이고 과거에서 미래로 흐르는 과거시(過去時)와 미래에서 과거로 진행하는 미래시(未來時)가 만나는 곳이다. 공간적으로는 내부상황과 외부환경의 접목이 이루어지는 지점이다. 시스템 경계는 절대적 시간과 상대적 공간이 만나는 곳, 즉 시·공간적 상황의 중심이다.

시스템 경계에 있는 건설경영자의 핵심적 역할은 시간적 변화와 공간적 상황의 균형을 추구하면서 조화로운 인간관계를 형성하는 것이다. 경영은 시간적 변화와 공간적 상황이 조화·균형을 이룰 때 가장 아름답게 이루어질 수 있다. 아무리 여건이 좋아도 시간적으로 때가 안 맞으면 일이 성사될 수 없다. 때가 아무리 좋아도 공간적으로 적합하지 못한 상황에서는 성공을 기약할 수 없다. 적절한 시기와 여건에서도 사람이 그릇된 결정을 하면 의도한 결과를 얻을 수 없다. 맹자(孟子)가 천시(天時)와 지리(地利)와 인화(人和)를 언급한 것도 시·공간적 조화 속에서 일을 도모해야 하는 인간으로서의 경영자 역할을 강조한 것이라고 볼 수 있다.

필자가 전공한 건축학을 공부한 소설가 이상(李相)이 1936년에 발표한 소설 「날개」는 천재성을 유감없이 발휘한 작품이다. 그러나 정작 그 소설은 1937년에 이상(李相)이 세상을 뜬 이후 상당 기간이 지나서야 빛을 볼 수 있었다는 점에서, 경영의 맥락에서 볼 때는 시공간의 부조화 속에서 희생되었다는 생각이 든다. 같은 관점에서 신기술이나 신제품의 개발도 중요하지만 의도한 결과를 확실히 얻기 위해서는 인간적 노력이 시·공간적 상황의 조화 속에서 이루어져야 한다고 사료된다.

시·공간적 상황의 중심에 있는 인간으로서의 건설경영자는 변화과정을 다음과 같이 해석할 수 있다.

1) 과거가 시간 흐름의 축을 따라 흘러와서 시스템(현재상황)을 형성하고
2) 미래가 몰려와서 현재시점에 이르면서 미래상황을 반영하는 시스템 환경(외부환경)이 공간적으로 형성된다.
3) 시스템 환경에 반영되어 있는 미래상황의 특성이 시스템의 경계를 넘어 시스템 속으로 침투하면서 그 시스템 속에 존재하는 과거적 요소와 충돌하고 상호작용하면서 변화가 진행된다.

따라서 변화는 시간적으로 미래와 과거가 만나는 과정이고 공간적으로는 시스템 환경과 시스템이 충돌하면서 발생하는 현상이다. 시·공간적 상호작용이 곧 변화인 것이다. 상호작용하는 과정에서 시스

템은 시스템 환경의 영향을 받아 변화하고 시스템 환경 또한 시스템에서 제기되는 반작용의 효과를 수렴한다. 이러한 개념을 표현하면 (그림 5.2)와 같다.

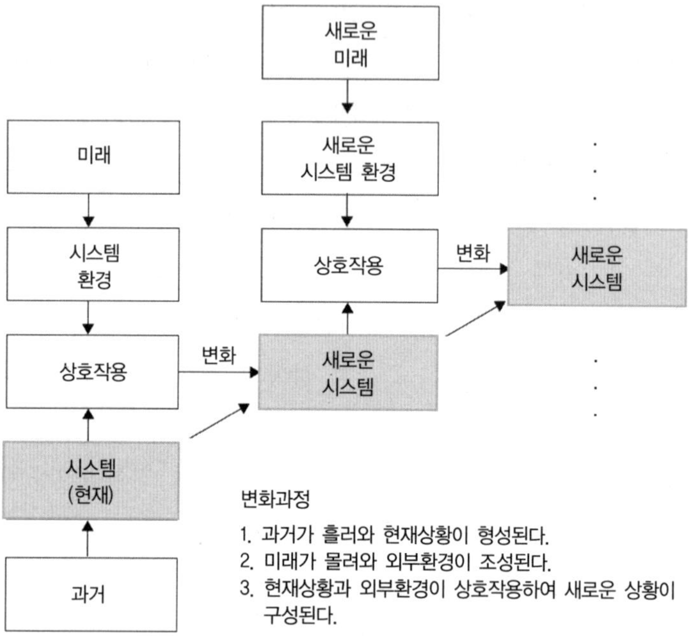


**그림 5.2** 시스템(상황) 변화의 과정

## 2 | 건설경영자의 창의성

**/ 시스템 환경 변화 대응**

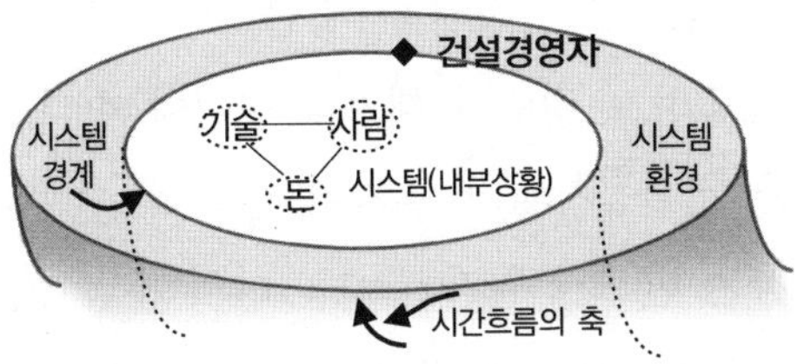


동태적으로 변화하는 건설상황에서 건설경영자로서의 경쟁력을 확보하기 위해서는 관리자에게 필수적인 체계적 업무수행능력과 함께 시간적인 변화에 대응할 수 있는 창의성도 갖춰야 한다.

관리와 경영의 차이는 무엇인가? 이미 형성되어 있는 틀 안에서 효율적으로 운영하고자 하는 소극적인 개념이 관리라면, 경영은 변화하는 상황에서 더 이상 경쟁력을 갖지 못하게 된 기존의 틀을 창조적으로 파괴하고 재구축한다는 적극적인 의미를 갖는다. 이제 관리자적인 자세를 기본으로 하면서 경영역량을 창의성의 영역으로 확장하기 위해 요구되는 개념을 탐색해 보자.

이를 위해 필자와 유사하게 공학적 배경을 근간으로 경영의 세계에 진입하여 다양한 분야의 이론을 일관성 있게 통합했다는 점에서 필자가 늘 존경하면서 본받기 위해 노력하는 (前)서울대학교 교수 윤석철 박사가 제시한 생존부등식의 원리와 힘의 우회축적이론, 운의 확률적 개념 등을 건설경영과 접목시키고자 한다.

창의성의 세계로 진입하기 위해 제품의 공급자와 소비자 사이에 존재하는 원리를 우리나라의 핵심적 건설실체인 아파트를 건설하여 분양하는 과정에서 파악해 보자.

모든 경영의 세계가 그러하듯이 아파트를 건설하여 분양하는 사업도 주고받는 것을 토대로 형성된다. 공급자인 시공자는 입주자가 원하는 아파트를 제공하고 정당한 대가를 받아야 한다. 정당한 대가는 시공자가 지출한 건설공사비의 원가에 합리적 수준의 이익을 얹은 금액이다. 시공자는 반드시 원가(cost) 이상의 분양가(price)를 받아야 한다. 물론 일시적으로 손해를 감수하면서 사업을 진행할 수도 있겠지만 그러한 일이 반복되면 시공자는 자기유지력을 상실하여 도산될 수밖에 없기 때문이다.

예를 들어 땅값을 포함한 공사원가가 평당 2,000만 원이고 분양가가 평당 3,000만 원이라면 다음 부등식을 만족시키는 것으로 볼 수 있다.

분양가(price) > 공사원가(cost) ········································ (1)

예) (3,000만 원/평) > (2,000만 원/평)

이 부등식은 시공자가 생존하기 위해 만족하지 않으면 안 되는 필요조건이다. 여기서 부등식의 좌변(P : price)과 우변(C : cost)의 차이는 시공자 이익(PP : producer's profit)이 된다.

즉 분양가(price) − 공사원가(cost) = 시공자 이익(pp) ········· (2)

예) 3,000만 원/평 − 2,000만 원/평 = 1,000만 원/평

이 된다. 시공자 이익(1,000만 원/평)은 시공자가 확대 재생산을 통해 입주자에게 더 나은 서비스를 제공하고, 소속직원에게 더 나은 처우를 해주는 한편 국가에 세금을 낼 수 있게 하는 힘의 원천이다.

이제 입주자 입장에서 생각해 보자. 입주자는 아파트의 가치(V : value)가 분양가(C : cost)보다 클 것을 원한다. 예를 들어 모 건설회사가 평당 3,000만 원에 분양하는 아파트의 모델하우스를 둘러본 입주자들이 '이 아파트의 분양가는 평당 3,000만 원이지만 다른 건설회사가 평당 4,000만 원에 분양하는 아파트의 가치와 다를 바 없다.'고 말한다면, 그 아파트의 가치는 평당 4,000만 원이 된다. 즉 입주자가 느끼기에

아파트가치(V) > 분양가(P) ················································ (3)

예) 4,000만 원/평 > 3,000만 원/평

의 조건이 충족된다. 상기 부등식의 좌변(V)에서 우변(P)을 뺀 차이는 입주자 혜택(CB : consumer's benefit)이 된다. 즉

입주자혜택(CB) = 아파트가치(V) − 분양가(P) ························ (4)

가 된다. 혜택은 아파트를 구입한 입주자에게 시공자가 기여한 공헌이 된다. 이익이라는 말 대신 혜택이라는 용어를 사용하는 이유는 아파트의 가치가 용도나 기능은 물론 심리적·정서적 만족과 같은 무형적인 내용도 포함하기 때문이다. 입주자 혜택을 수치로 환산하여 계량화하기는 어렵지만 계량적 크기가 존재하지 않는 것은 아니다.

(1)식과 (3)식을 동시에 만족시키는 것이 시공자와 입주자가 주고받으며 공존할 수 있는 이상적 대안이다. 두 개의 식을 결합하면

아파트가치(V) > 분양가(P) > 공사원가(C) ………………………… (5)

예) 4,000만 원/평 > 3,000만 원/평 > 2,000만 원/평

가 된다. 아파트 건설사업을 추진하면서 상기 제약조건을 만족시키지 못하면 시공자는 생존할 수 없다. 이러한 이유 때문에 이를 생존부등식이라고 한다. 상기 부등식의 부등호가 반대방향으로 바뀌는 날이 바로 시공자의 제삿날(?)이 되기 때문이다.

사업을 추진하면서 상기의 생존부등식을 만족시키는 일은 결코 쉽지 않다. 또 만족시킬 수 있더라도 어떻게 만족시키는가에 따라 조직의 성장과 발전에 적지 않은 차이가 생긴다.

생존부등식을 만족시키는 조건은 언제나 불확실성 속에 싸여 있다. 일시적으로 조건이 만족스럽다가도 시간이 경과하면서 불만족스러운 상황으로 바뀔 수도 있다. 직원들의 사기가 저하되거나 노동운동이 발생하여 생산성이 떨어지기도 한다. 경쟁이 심화되고 입주자의 기호가 바뀌면서 아파트에 대한 선호도가 변하여 얼마 전까지만 해도 물량이 모자랄 정도로 잘 분양되던 아파트가 갑자기 미분양 사태로 이어지기도 한다.

이러한 원인을 구체적으로 규명하기 위해 먼저 우측 부등식부터 분석해 보자. '분양가(P) > 공사원가(C)'의 조건에서 시공자는 보다 많은 이익을 얻기 위해 부등식의 좌변에서 우변을 뺀 값, 즉

분양가(P) − 공사원가(C) = 시공자 이익(PP)

을 가능한 한 크게 해야 한다.

시공자의 이익을 높이는 방법은 무엇인가? 가장 간단한 비결은 분양가(P)를 높여서 (P − C)의 값을 크게 하는 것이다. 그러나 분양가가

점점 높아지다보면 분양가와 아파트의 가치가 같아지는 상황(V=P)을 지나 결국은 분양가가 아파트의 가치를 상회하게 되어 '생존부등식 좌변의 부등호 방향이 바뀌는 현상(V<P)'을 초래한다. 이렇게 되면 아파트는 상품으로서 더 이상 경쟁력을 갖지 못하게 되어 순조로운 분양을 기대할 수 없게 된다. 따라서 분양가를 무한정 올릴 수 없기 때문에 '공사원가(C)를 줄이는 전략(cost-down strategy)' 외에는 다른 대안을 생각할 수 없게 된다.

원가를 절감하기 위해서는 생산성(productivity)을 향상시켜야 한다. 우리나라의 건설산업은 생산성을 향상시켜서 국가경제에 적지 않은 기여를 해왔다. 중동 건설시장의 뜨거운 열풍 속에서 1인 3역을 하며 외화를 벌어들인 덕택에 80년대 초반의 두 차례에 걸친 오일쇼크를 극복할 수 있었다. 국내적으로도 열악한 공사여건에서 예정된 공사기간을 맞추기 위해 잔업과 강행공사(强行工事)도 마다하지 않았다.

이제 생존부등식의 좌변인 '아파트 가치(V)>분양가(P)'을 살펴보자. 아파트가 분양되도록 하려면 입주자에게 분양가보다 더 높은 가치를 보유한 아파트를 제공해야 한다. 즉

아파트가치(V)−분양가(P)=입주자 혜택(CB)

을 최대한 크게 해야 한다. 입주자 혜택을 크게 할 수 있는 방법은 무엇인가? 우선적으로 생각할 수 있는 대안은 분양가(P)를 낮춤으로써 (V−P)의 값을 크게 하는 것이다. 그러나 이렇게 하면 분양가가 점점 낮아져서 어느 순간 '분양가와 공사원가가 같아지는 상황(P=C)'을 지나 결국 '분양가가 공가원가보다 작아지는 상황(P>C)'을 초래하게 된다. 물론 일시적으로는 이러한 전략을 구사할 수 있겠지만 이러한 상황이 지속되면 시공자는 더 이상 이익을 내지 못하게 되어

결국 도산할 수밖에 없다. 자선사업을 한다면 몰라도 '경영의 세계'에서는 이러한 상황이 지속되어서는 안 된다. 결국 분양가를 낮추는 것으로는 한계에 부닥칠 수밖에 없기 때문에 '가치를 향상시키는 전략(value-improvement strategy)' 외에는 다른 대안을 생각할 수 없다.

결과적으로 시공자가 추구하는 아파트 건설사업의 핵심전략은 원가절감 또는 가치향상이 되어야 한다. 가격은 시장상황이나 경쟁여건에 따라 '보이지 않는 손(invisible hands)'에 의해 정해지는 것이기 때문에 시공자가 인위적으로 통제할 수 있는 것이 아니다.

원가절감은 생산성 영역에서 중점적으로 다루어지는 개념이다. 그러나 가치향상은 생산성을 향상시키는 노력만으로는 이루어질 수 없다. 가치향상은 다수 인력이 오랜 시간 동안 열심히 노력한다고 해서 얻어지는 것이 아니다. 창의적 사고로 무장된 소수 엘리트에 의해 실현될 수 있는 것으로 창조성 영역에서 다루어지는 것이기 때문이다. 생산성이 업무를 추진하는 과정에서 효율성(efficiency)을 추구하는 것인 반면 창의성은 투입에 대한 산출결과를 중시하는 효과성(effectiveness) 영역에 속하는 것이다.

지금까지 언급한 것을 요약하면 (그림 5.3)과 같다. (그림 5.3)에서 가치 향상을 위한 창조성 추구를 강조하였지만 생산성의 중요성을 등한시하는 것은 아니다. 생산성을 근간으로 창조성에 관심을 기울여야 한다는 것을 강조하는 것이다. 왜냐하면 아파트를 지어 놓기만 하면 어렵지 않게 분양되었던 과거와 달리 이제는 어떠한 아파트가 잘 분양될 것인지를 알고 그에 맞추어서 건설해야 하는 시기이기 때문이다.

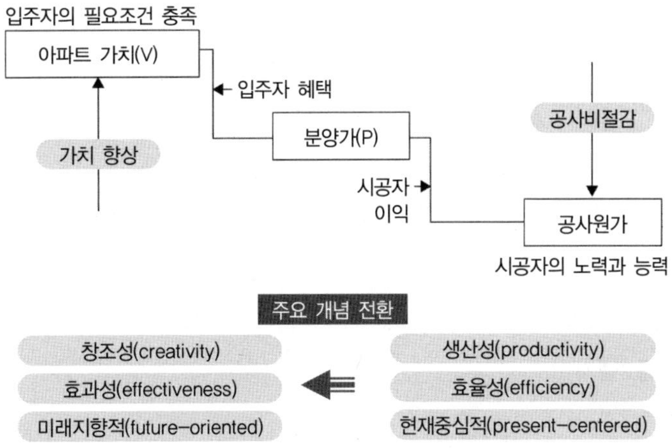


**그림 5.3** 생존부등식의 개념정리

생존부등식을 보다 잘 충족시키기 위해서 (그림 5.3)과 같이 개념을 전환시켜야 하지만 조직의 '내부관성(internal inertia)', '집단역학(group dynamics)', '아첨(ingratiation)', '괘씸죄' 등이 난무하는 상황에서 이는 결코 쉬운 일이 아니다. 그럼에도 전환시키지 않으면 동태적으로 변화하는 상황에서 건설경영자 자신의 역할을 상실하는 것은 물론 소속 조직의 존립 기반도 붕괴시킬 것이다.

최근의 국내외 상황을 볼 때 경제여건이 쉽사리 좋아질 것 같지도 않고, 또 좋아진다 해도 과거와 같은 건설여건에서 일할 수 있을 것 같지 않다. 이미 오래 전에 우리나라의 경영패러다임은 생산성에 근거한 업무추진방식에서 창조성에 입각한 아이디어 중심으로 바뀌었기 때문이다.

동일한 유형의 일에 뛰어들어 중간만 하면 먹고 사는데 별 지장이 없다는 생각은 이제 더 이상 통용되지 않은 지 오래되었다. 창조성이 주도하는 시대에는 업무영역이 다양한 분야로 세분화되지만 세분화된 각 분야에서는 1등이 아니면 살아남을 수 없다. 그러나 특성화된 자기의 영역을 확보할 수만 있다면 내가 1등을 하기 위해 다른 사람을 딛고 올라서야 하는 무차별적 경쟁에서 벗어날 수 있다. 각자가 자기 영역에서 1등을 하면서 다른 분야와 조화를 이루어 나갈 수 있다.

창조성의 세계에서 가장 절실하게 요구되는 것은 변화를 감지하고, 작은 변화의 이면에 잠재하고 있는 변화의 대세를 읽어내는 전략적 사고이다. 왜 그러한가? '끓는 물속의 개구리' 우화를 통해서 그 이유를 생각해 보자.

개구리를 펄펄 끓는 물속에 갑자기 집어넣으면 깜짝 놀라서 밖으로 뛰쳐나온다. 죽을 줄 알면서 그대로 있겠는가? 그러나 개구리를 적당한 온도의 물속에 넣고 서서히 열을 가하면 뛰쳐나오지 않는다. 적당한 온도의 물에서 목욕을 할 수 있는 상황이 좋지 않겠는가? 온도를 서서히 높여도 뛰쳐나오지 않는다. 사우나를 즐긴다고 볼 수도 있을 것이고, '조금 지나면 괜찮아지겠지' 라고 생각하며 참고 견디는 것으로 생각할 수도 있을 것이다. 그러다가 뜨거워서 도저히 더 이상 견딜 수 없는 정도에 이르러서야 뛰쳐나오려고 애써 보지만 이미 때는 늦어 기진맥진한 상태에서 죽음을 맞게 된다.

위기는 작은 변화의 징후를 보이며 서서히 다가온다. 그러한 위기를 경고하는 소수엘리트들은 비판적이고 부정적인 사람으로 인식된다. 불리한 전망에는 귀를 기울이고 싶지 않은 것이 사람들의 일반적인 성향이기 때문이다. 결국 물이 펄펄 끓는 상황에 직면해서야 위기를 극복하기 위해 동분서주하지만 단기간 내에 바람직한 효과를 내기는 결코 쉽지 않음을 절감하게 된다.

서서히 다가오는 위기 상황에서 사람이나 기업도 끓는 물속의 개구리와 유사한 행태를 보이기 쉽다. 위기가 서서히 닥치고 있지만 당장 견딜 만하면 근본적인 대책을 세우기보다는 현상을 유지하면서 버텨보려고 한다. 물론 최대한 허리띠를 졸라매고 방어적 자세를 취하면서 버티면 경쟁자들이 서서히 탈락하고 위기도 지나갈 수 있다. 그러나 위기의 본질이 일시적 현상이 아니라 근본적이고 구조적인 변화에 기인하는 경우는 참고 견디는 것만으로는 대응할 수 없다. 버틸 때까지 버티다가 더 이상 안 되겠다고 느낄 때는 이미 위기에 대처할 수 있는 기본체력을 상실한 이후이기 때문에 남은 것은 시시각각 엄습해오는 죽음을 기다리는 일 뿐이다.

변화를 인식해야 하는 근본적 이유는 무엇인가? 바로 '필요의 진공(vacuum of needs)'을 파악하기 위해서이다. 필요의 진공은 특정상황에서 반드시 필요하지만 충족되지 않아 불편을 야기하는 부분을 말한다. 필요의 진공은 시간의 흐름 속에서 지속적으로 전개되는 변화의 산물이다. 필요의 진공은 '나 여기 있소'라고 말하며 스스로의 실체를 명확히 보여주지 않는다. 충족되지 못한 필요 때문에 불편을 느끼고 있는 우리 자신조차도 필요한 것이 무엇인지를 정확히 표현하는 일에 능숙하지 못하다. 하물며 불특정다수 고객의 필요를 파악하여 제품과 서비스를 개발하는 일은 얼마나 어렵겠는가? 끊임없이 마음을 갈고 닦아 민감성(sensitivity)을 향상시켜 나가는 사람만이 필요의 진공을 신속히 파악하여 그 형상에 맞춰 나갈 수 있을 뿐이다. 필요의 진공은 내 발에 맞지 않는다는 이유로 마음대로 거부할 수 있는 구두와 같은 것이 아니다. 제시된 구두에 발을 맞추기 위해 칼로 자신의 발을 도려내야 하는 비정한 작업이 바로 필요의 진공을 충족시키는 일이다.

경영에서 필요의 진공을 찾는다는 것은 광범위하고 다양한 분야에서 특성화된 자기영역을 확보하는 일이다. 소품종 다량생산방식을 다품종 소량생산체제로 전환시켜 고객의 요구조건에 좀 더 부합하도록 서비스를 개선하는 것이다. 필요의 진공을 어떻게 찾을 수 있는가? 특별한 방법이 존재하지 않지만 필자가 고심하여 정립한 일반원칙이 있다.

첫째, 현재상황이 미래에는 어떻게 전개될 것인지에 대하여 끊임없는 상상을 거듭해야 한다. 폭넓은 독서를 통해 정보를 획득하고 관련 분야 전문가와 지속적으로 소통하며 향후의 추세를 파악해야 한다. 그리고 앞으로의 상황에서 가장 필요로 하는 것이 무엇인가를 탐색해야 한다.

둘째, 도출된 필요 영역 중에서 다른 사람들이 먼저 시작하여 잘하고 있는 부분은 철저히 배제시켜야 한다. 남보다 늦게 시작하여 1등을 한다는 것은 대단히 어려운 일이기 때문이다. 1등을 할 수 없는 일에는 단돈 1원도, 단 1분의 시간도 투자해서는 안 된다.

우리나라 도처에 수많은 '박수'가 들끓고 있는 것을 알고 있는가? '박수'가 도대체 무엇인가? '박사학위를 가진 백수건달'을 말한다. 매년 어김없이 국내 각 대학에서 많은 인재들이 박사학위를 받는다. 해외 유수 대학에서도 적지 않은 유능한 인력이 박사학위를 받고 귀국한다. 그러나 이들을 수용할 수 있는 대학이나 연구소 등의 수요는 극히 제한적이어서 고급인력의 실업문제는 오래 전부터 심각하게 인식되어 왔다. 박사학위를 가지고 있으면서도 전공에 맞는 직업을 구하지 못하고 궁핍한 생활을 하는 사람들이 얼마나 많은가? 이 책의 원고를 다듬고 있는 오늘 신문기사에 따르면 우리나라에 석사학위 이상 소유자가 113만 명이지만 시장 수요는 24만 명에 불과하다고 한다.

이들은 대체 무슨 잘못을 했는가? 공부를 열심히 하지 않았는가? 아니면 머리가 남보다 나쁜가? 노력하지 않았거나 머리가 나쁜 사람이 어떻게 박사학위를 받을 수 있었겠는가? 잘못이 있다면 이미 많은 사람들이 잘하고 있는 분야를 선정하여 공부했다는 것이다. 필요의 진공을 파악하여 방향을 설정하지 않고 열심히 노력하였기 때문이다. 열심히 노력하는 것도 중요하지만 어떠한 분야를 선정하는가 하는 것이 훨씬 더 중요한 의미를 갖는다.

세 번째로 해야 할 일은 다른 사람이 이미 잘하고 있는 분야를 제외하면 남는 것이 그다지 많지 않을 것이라는 전제 하에서, 남은 몇 가지 중에서 자신의 성장과정, 교육배경, 업무경험, 성격과 개성, 친구 및 가족 관계 등의 제반 사항을 종합적으로 고려하여 좋아하기도 하고 잘할 수도 있는 것을 찾는 것이다. 좋아하기는 하지만 잘 할 자신이 없거나, 잘 할 수는 있어도 좀처럼 재미를 느끼지 못하는 일이라면 다시 생각해 보아야 한다. 그래서 '이것만큼은 내가 누구보다도 더 좋아해서 즐길 수 있고, 또 더 잘 할 수 있지 않겠는가?'라고 말할 수 있는 분야를 선정해야 한다.

마지막으로 해야 하는 것은 최종적으로 선정한 그 분야에서 성장·발전하기 위해 신명을 다해 유쾌하게 노력하는 것이다. 그러면 팔자가 좋은 방향으로 바뀌는 것은 시간문제가 아니겠는가?

# 3 | 건설경영자의 리더십

/ 인간적인 신뢰 구축

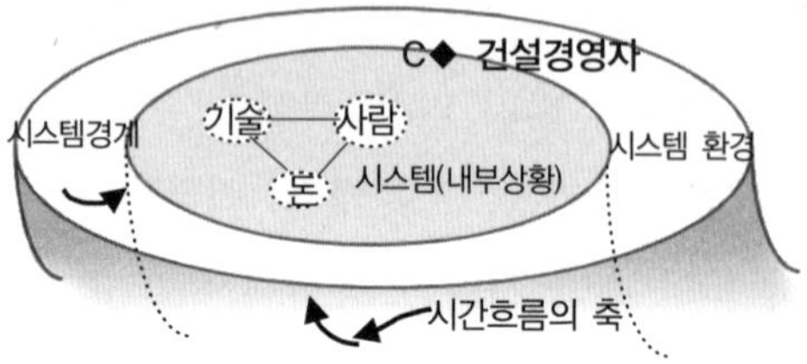


경영의 세계에서 리더(leader)의 역할은 조직 전체적인 입장에서 현재의 갈등을 조정하고 향후 전개될 상황을 고려하여 단기 이익과 장기적 혜택 사이의 균형을 추구하는 것이다. 리더의 역할이 가장 의미를 갖는 때는 대규모 조직 내부의 소규모 집단 사이에서 갈등이 생길 때 조직 전체의 입장에서 소규모 집단의 양보를 호소하고, 단기적 이익과 장기적 혜택이 충돌할 때 미래 비전을 제시하며 단기 이익의 희생을 촉구하는 경우이다. 즉 조직의 생존과 번영을 위해 요구되는 희생을 조직 구성원들에게 요청하여 실현시키는 것이다. 리더에게 적절한 권한이 있어야 하지만 단순한 강제력의 사용만으로는 발전하는 조직의 특성인 '시너지 효과(synergy effect)'를 결코 기대할 수 없다. 리더역할의 원천은 위압적인 권한의 사용이 아닌 그 무엇에 있기 때문이다.

남에게 필요한 희생을 요청하는 것이 리더의 본질적 역할이라면 리더 역시 자신에게 필요한 희생을 솔선수범해야 한다. 필요한 희생은 강제되지 않은 상태에서 자기의 것을 필요한 만큼 포기하는 것을 의미한다. 리더의 위상과 포기하는 양 사이에는 고위급 리더일수록 포기의 양이 많아져야 한다는 원리가 존재한다. (그림 5.4)는 이를 표현하고 있다.

경영이 주고받음의 원리에 기초한다는 점에서 자기희생을 감수하는 리더에게 조직구성원들은 목표를 달성하기 위한 협조 이외의 또 다른 무언가로 보상해야 한다. 희생을 위해 태어나는 사람은 극소수이지만 최근의 상황은 리더의 희생을 그 어느 때보다 절실하게 필요로 하기 때문이다. 희생을 견디어 나가는 리더는 존경과 사랑을 받고 명예심을 간직할 수 있어야 한다.

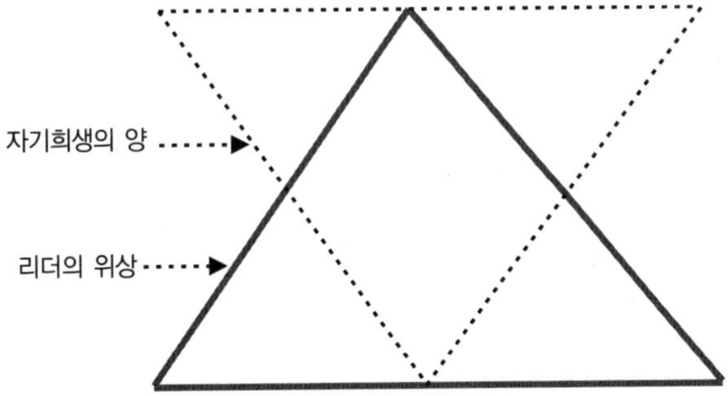


**그림 5.4** 리더(leader)의 위상과 자기포기의 양

리더(leader)는 조직의 내부관성과 집단역학이 난무하는 상황에 자신을 직접적으로 노출시키지 않으면 안 된다. 변화를 주도해 나가는 과정에서 현재상황에 만족하고 있는 기득권층의 견제와 반발에 부닥치고 끊임없이 이해관계가 표출되어 지속적으로 시달림을 겪으면서 절박한 상황과 반전의 순간에 직면하기도 한다. 적절한 수준의 자원

을 제공받지 못하고 판단자료도 부족하며 유사경험도 없는 상황에서 결과가 잘못될 경우 모든 것이 무위로 돌아가는 결정적 위기가 뒤따르기도 한다.

이러한 상황에 대처하기 위해 리더는 무엇을 준비해야 하는가?

첫째, 리더는 끊임없이 삶을 개척하여 주변사람들의 신뢰를 확보해야 한다. 평소에도 자신에게 필요한 희생과 포기를 감수하여 사람들의 존경과 사랑을 받아야 하고 명예심도 확보해 두지 않으면 안 된다. 필요한 자원과 인간적 협조를 얻기 위해서는 누군가를 반드시 만나야 한다. 만남이 이루어지는 경우 자신의 평판과 소문이 상대방에게 먼저 전달된다. 건설경영의 세계는 그다지 넓지 않고 분야별로 세분하면 그 영역은 더 좁아진다. 좁은 영역에서 내가 협조를 구하기 위해 만날 사람이 이미 '그는 결코 신뢰할 수 없는 사람'이라고 인식하고 있다면 만남은 아무 의미를 가질 수 없게 된다. 반면 '그 사람은 신의와 성실성을 갖췄을 뿐만 아니라 상황에 따라서는 자기희생도 감수할 줄 아는 인간적 매력도 갖춘 사람'이라고 인식된다면 만나기 전에 필요한 것을 이미 얻은 것이나 다름이 없지 않겠는가?

둘째, 대화와 협상의 과정에서 예상되는 대립과 갈등에 불편함과 두려움을 느껴서는 안 된다. 리더는 평소에 친분을 갖지 못한 사람들과도 수시로 만나 대화하여 상대방의 자존심과 기분을 손상시키지 않으면서 필요한 것을 얻어내야 한다. 그러나 때로는 만남 자체를 상대방이 원하지 않아 대화를 시도하기조차 어려운 경우가 적지 않다. 만남이 이루어진다 해도 상대방이 적개심을 보이는 경우가 적지 않다. 이러한 상황에서 결과가 잘못될 경우 리더 자신의 입지가 붕괴되고 조직이 와해될 우려가 있다면, 마음속에서 솟구치는 두려움을 감당하기 어려울 수도 있을 것이다.

이러한 상황에서 어떻게 처신해야 하는가? 분명한 것은 두려움을 회피한다고 해서 문제가 해결되지는 않는다는 것이다. 두려움을 회피하기 보다는 가슴을 열고 받아 들여야 한다는 것이다. 마음속으로는 두려움에 떨면서 겉으로 태연한 척하는 것은 결코 자연스럽지 못하다. 자신을 지켜보고 있는 주변사람들을 의식한 나머지 큰소리치는 것도 허세일 뿐 문제해결에 도움이 되지 않는다. 오히려 두려움을 그대로 느끼고 온전히 받아들여야 한다. 그리고 가슴 속에서 두려운 감정을 상대방에게 한층 더 가까이 다가갈 수 있는 열정과 에너지로 바꾸어야 한다. 상대방도 나와 똑같은 사람이고 보면 리더에게서 느껴지는 신뢰감과 성실성, 그리고 가슴 깊은 곳에서 우러나오는 열정과 에너지에 결코 무감각한 상태로 있을 수만은 없기 때문이다. 사람은 섬세한 악기와 같이 민감한 존재여서 신의와 성실로 가득 찬 마음에 결코 무관심할 수만은 없다.

셋째, 상대방의 표정과 눈빛, 목소리, 자세 등에서 마음의 움직임을 감지할 수 있는 감수성(sensitivity)을 갖춰야 한다. 감수성은 상대방의 불편과 아픔을 감지하고 느낌과 정서를 함께 할 수 있는 지적 능력이다. 감수성은 입장을 바꿔서 상대방을 이해하려는 마음을 가질 때 생긴다. 상대방의 말을 한마디도 놓치지 않고 들으면서 마음상태와 대화 분위기를 있는 그대로 느껴야 한다. 그리고 그 느낌으로 마음의 문을 두드려서 열어야 한다.

넷째, 사고의 유연성(flexibility)을 갖춰야 한다. 유연성은 극단적 관계를 갖는 두 가지 이상의 대상을 개념적으로 신속히 왕래하며 균형적인 상황을 유도해내는 사고능력이다. 특정상황에서 피해를 보는 집단(사람)과 득을 보는 집단(사람)을 동시에 고려하여 두 집단(사람) 사이의 관계가 가능한 한 균형적으로 유지되도록 배려하는 능력이다.

다섯째, 협상 및 타협 과정에서 조금도 흔들리지 않고 대처할 수 있는 강인한 정신력을 필요로 한다. 반드시 원하는 결과를 상대방으로부터 얻어내겠다는 자신감을 상대방에게 부드럽고 자연스럽게 전달할 수 있어야 한다. 이러한 자세는 강인한 체력과 정신력의 지원을 받지 않고서는 유지될 수 없다. 리더가 항상 심신을 갈고 닦아야 하는 이유도 여기에 있다. 국가 중대사를 결정하는 협상이나 리더 자신의 존립 기반을 위태롭게 할 수 있는 협상을 마치고 나서 느끼는 피로감은 축구시합 전후반전을 전력을 다해 뛰고 난 경우의 그것과 다르지 않다.

# 4 | 미래를 위한 준비

/ 힘의 우회축적

경영자가 미래를 준비하기 위해 반드시 숙지해야 할 '힘의 우회축적 이론'을 고기 잡는 어부를 예로 들어 탐색해 보자.

한 어부는 낚시질을 하여 매일 10~20마리의 고기를 잡아 생계를 유지하면서 풍족하지 않아도 큰 지장을 느끼며 살지는 않았다. 그러나 이러한 삶의 방식을 유지하는 한, 결코 더 나은 미래가 오지 않을 것이라는 판단을 하고는 낚시대를 팽개치고 빚을 얻어 생계를 유지하면서 그물을 짜고 배를 만들기 시작하였다. 그러다 보니 노력을 기울이고는 있지만 투입되는 돈과 시간에 비해 산출되는 것이 거의 없는 생활 속에서 고통을 감내할 수밖에 없었다.

힘겨운 날들이 지나고 그물과 배가 완성되는 시점에 이르렀다. 어부는 10~20마리 정도가 아닌 수백에서 수천 마리의 고기를 단숨에 잡을 수 있게 되었다. 빚도 탕감하고, 풍족한 생활을 영위하면서 보다 나은 미래를 위해 여유자본을 재투자할 수 있게 되었다.

낚시질로 만족해하던 다른 어부들은 이 상황을 보면서 무슨 생각을 하겠는가? 얼마 전까지만 해도 어렵고 힘든 여건에서 도움을 요청하던 가련한 어부가 엄청난 부를 축적했다는 사실에 놀랄 수밖에 없을 것이다. 그리고 '저 친구는 어쩌면 저렇게 운이 좋을까?'라는 생각을 할 수도 있을 것이다.

'힘의 우회축적' 결과를 어찌 운으로 볼 수 있겠는가? 이러한 개념을 표현하면 (그림 5.5)와 같다.

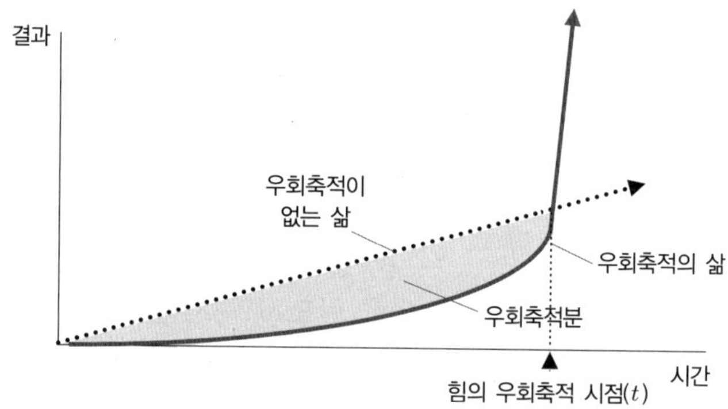


**그림 5.5** 우회축적의 삶과 우회축적이 없는 삶

(그림 5.5)의 힘의 우회축적분은 무엇인가? 가깝고 쉬운 길을 멀리 돌아 어렵게 간 대가로 축적된 여분의 힘이다. 열심히 노력한다고 해서 반드시 힘을 우회축적하는 것은 아니다. 축적이 없는 우회도 많다. 우회축적은 반드시 우회축적 시점($t$)을 설정하고, 이 시점이 지나면서 축적된 힘이 발산될 수 있도록 해야 한다.

우회축적 시점까지의 기간은 개인이나 조직의 여건을 반영하여 설정해야 한다. 충분한 자본력과 기술력을 보유하고 있다면 먼 미래를 설정하고 우회축적의 양을 크게 할 수 있다. 여건이 불비하다면 축적되는 힘의 양을 줄이고 비교적 가까운 시점으로 정해야 한다. 예를 들어 자본력과 기술력이 미약한 기업이 10년 후를 바라보며 힘을 우회축적하는 과정에서 3년도 채 안 되어 도산될 수도 있기 때문이다. 이러한 개념을 물리학적으로 설명하기 위해 다음 (그림 5.6)의 경사로 A와 B를 따라 구슬을 굴리는 경우를 생각해 보자.

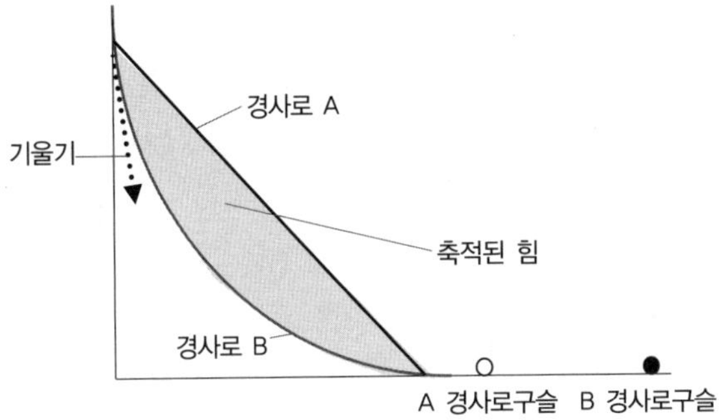


**그림 5.6** 물리학적 우회축적이론

결론은 A경사로를 따라 굴린 구슬보다 B경사로로 굴러간 구슬이 더 빠르고 멀리 가서 정지한다는 것이다. 단기적으로는 A경사로를 따라 내려가는 것이 더 빠르게 보인다. 그러나 B경사로를 따라 구르는 구슬은 그림에서 보여지는 것처럼 급격한 기울기의 영향으로 엄청난 양의 중력가속도를 받아 축적했다가 경사가 끝나는 지점에서 발산한다. 힘이 발산되면서 훨씬 더 빠른 속도로 보다 멀리 굴러간다.

동계올림픽에서 볼만한 경기 중의 하나인 스키점프를 생각해 보자. 스키의 활강면은 경사로 B와 같은 모습으로 만들어져 있다. 우회축적된 힘을 적시에 효과적으로 발산시켜서 가능한 한 멀리까지 날아가게 하려는 고려가 숨어 있는 것이다. 이처럼 가장 멀리 빠르게 갈 수 있도록 하는 경사로의 선형을 사이클로이드곡선(cycloid curve)이라고 한다. 힘의 우회축적은 자신에게 적합한 사이클로이드곡선을 찾아서 실행하는 과정이다.

힘의 우회축적은 먹이를 향해 돌진하는 매(hawk)의 운동곡선에서도 보여진다. 마당에서 서성이는 병아리를 발견한 매가 돌진하는 모습을 관찰해 보면 (그림 5.7)에서 보여지는 운동곡선을 따라 움직인다는 것을 알 수 있다. 만약 매가 그림의 점선을 따라 돌격 앞으로 한다면 병아리가 위기를 조기에 인식하고 도망갈 수 있는 기회만 주고 강력한 추진력을 얻을 수 있는 힘의 우회축적도 불가능할 것이다.

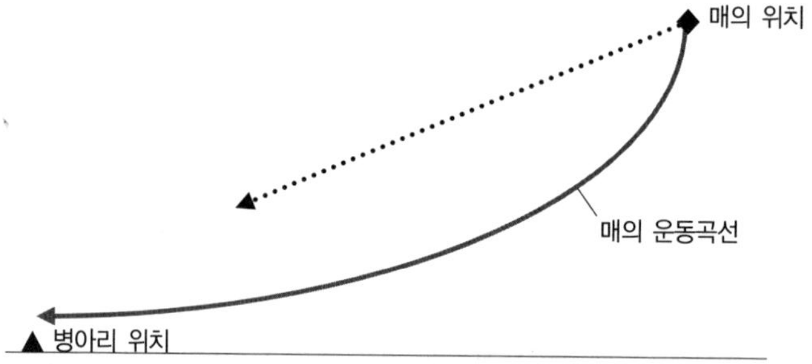


**그림 5.7** 먹이를 발견한 매의 운동곡선

실선을 따라 움직이면서 힘을 축적하는 동안 병아리는 매의 초기 진행방향만을 보고 다른 곳에 볼 일이 있어서 가는 것으로 착각할 것이다. 그 사이에 매는 축적된 힘을 적절한 지점에서 순간적으로 발산시키면서 진격할 수 있다. 병아리가 돌격해 오는 매를 보고 판단이 잘못되었다는 것을 느끼는 순간 이미 그 몸은 사로잡힌 채 허공을 향해 솟구치고 있지 않겠는가?

이러한 관점에서 볼 때 먹이를 획득하기 위해 엄청난 중력가속도를 일시에 받는 고통을 이겨내면서 힘을 축적하는 매는 힘의 우회축적 원리를 이해하고 실행하는 세련된 실체임에 틀림 없다.

매일 급박하게 진전되는 현실에서 힘의 우회축적 원리를 어떻게 구현해야 할 것인지 생각해 보자. 힘을 우회축적하기 위해서는 투입되는 노력과 시간에 비해 상대적으로 미미한 실적밖에 기대할 수 없는 기간을 감내하지 않으면 안 된다. 과연 심각한 경쟁상황에서 다급한 문제를 일단 접어두고 상당 기간 동안 미래를 위해 차분히 힘을 축적할 수 있겠는가? 물론 당장 단기적 성과를 내지는 못하더라도 나름대로 할 말은 있을 것이다. '우리는 지금 미래를 위해 힘을 축적하고 있다. 지금 당장은 큰 기여를 할 수 없지만 얼마 후에 힘의 우회축적 시점에 이르게 되면, 그 이후부터는 훨씬 더 높은 수준의 효과를 지속적으로 거둘 수 있을 것이다.'라고…. 그러나 치열하게 전개되는 다급한 현실에서 이러한 방식으로 업무를 해 나간다면 얼마 못 가서 조직은 시들해져 쇠퇴의 길을 갈 것이고, 힘을 우회축적하던 당사자는 조직으로부터 다음과 같은 말을 듣게 될 것이다.

'여보게, 그 동안 수고 많았네, 조건이 괜찮은 명예퇴직 기회가 있는데… 자네가 신청하면 내가 특별히 고려해 보겠네.'

현실이 이렇다면 어떻게 힘을 우회축적해야 하겠는가? 특별한 방법이 있을 수 없다. 잠을 덜 자고 술 한 잔 덜 마시면서 노력해야 한다. 남보다 더 많은 고통과 갈등을 감수하면서도 목표를 달성하기 위해 긴장된 생활을 지속하지 않으면 안 된다. 스스로 편안한 상태에 젖어 있다는 생각이 든다면 언제라도 불편한 상태로 몰아갈 수 있는 적극적인 자세가 필요하다. 우리는 단기 경쟁력을 상실하지 않으면서도 중장기적으로 힘을 우회축적하지 않으면 안 되는 절박한 상황에 직면해 있기 때문이다.

# 5 | 건설경영과 운

/ 운(運)에 대한 사고체계 정립

시스템의 핵심요소인 기술 · 돈 · 사람과 변화의 촉매제인 시간을 철저히 고려하여 최선의 노력을 다 해도 운이 나쁘면 실패할 수도 있다.

실체가 명확하지 않고, 생각하는 것 자체가 비합리적인 모습으로 비쳐지는 운(運)이라는 추상적 대상을 학문적이나 실무적으로 고려하는 것은 부자연스럽게 보일 수 있다. 그러나 상당히 오랜 기간 고민해 온 결과 '운은 반드시 존재한다.'는 확신을 갖게 되었다. 따라서 과학적으로는 입증이 불가능할지라도 합리적인 관점에서 운을 조명해 볼 필요가 있다고 생각한다. 운의 특성부터 생각해 보자.

첫째, 운은 시간의 흐름에 따라 전개되는 변화에서 비롯된다. 변화의 촉매제인 시간이 공간적인 상황을 변화시키는 과정에서 생기는 것이다. 상황이 변하여 기존의 문제가 사라지고 없던 일이 새로 생기면서 형성되는 전혀 다른 이해관계가 운의 좋고 나쁨과 관련된 문제를 유발한다.

둘째, 운의 작용은 인과관계가 명확하지 않다. 예를 들어 10명이 근무하는 사무실에서 필자가 분실한 10만 원을 다른 직원이 주운 경우를 생각해 보자. 돈을 주운 사람이 '나는 오늘 운이 좋군.'이라고 말할 수 있을까? 이러한 경우는 돈을 잃어버린 필자와 주운 직원 사이의 인과관계가 명확하기 때문에 합리성의 원칙이 지배한다. 그러나 수백만 명이 거주하는 대도시에서 필자가 100만 원을 잃어 버렸고 누군가 그것을 주웠다면, 잃어버린 것과 주운 것 사이의 인과관계가 존재는 하지만 상황이 복잡하여 쉽게는 밝혀내지 못할 것이다. 이 경우에는 돈을 주운 사람의 운이 좋다고 말할 수 있을 것이다.

셋째, 운은 사람의 선택 의지와 관계없이 발현된다. 의도한 대로 된다면 합리성의 원칙이 지배하는 것이다.

넷째, 운은 일단 발현되면 그 후에 진전되는 삶과 일에 지속적으로 영향을 미친다. 고액의 복권에 당첨된 경우를 생각해 보면 이해할 수 있을 것이다.

이러한 운의 특징은 운의 피상적 현상일 뿐 근원적 속성은 아니다. 경영의 관점에서 접근하기 위해 파악해야 할 운의 근본적 성격은 단기적으로만 유력하고 장기적으로는 무력하다는 것이다.

예를 들어 두 개의 항아리 A, B에 각각 흰 구슬과 검은 구슬을 넣고 게임하는 경우를 생각해 보자. A항아리에는 흰 구슬 3개, 검은 구슬 2개를 넣고 B항아리에는 흰 구슬 2개, 검은 구슬 3개를 넣어 놓은 상황에서 둘 중의 하나에 손을 넣어 구슬을 꺼냈을 때, 흰 구슬이면 100만 원을 받고 검은 구슬이면 100만 원을 오히려 주어야 하는 게임을 생각해 보자. 합리적으로 생각하면 A항아리에는 5개의 구슬 중에서 흰 구슬이 3개 들어 있으므로 흰 구슬이 나와 100만 원을 받을 수 있는 확률이 0.6인 반면, B항아리에는 흰 구슬이 5개 중 2개가 들어 있기 때문에 흰 구슬을 뽑을 확률은 0.4이다. 따라서 당연히 A항아리에 손을 넣는 것이 바람직하다.

문제는 A항아리에 손을 넣어도 검은 구슬을 집을 확률(0.4)이 존재하는 반면, B항아리에 손은 넣어도 흰 구슬을 선택할 가능성(0.4)이 분명히 있다는 것이다. 모든 일에 100%의 확률을 기대할 수 없는 상황에서는 가능성이 높은 쪽을 선택하는 것이 우리가 할 수 있는 최선의 길이다. 그러나 합리적으로 최선의 방안을 강구한다고 해도 반드시 바람직한 결과를 보장할 수는 없기 때문에 운의 존재에 대한 언급이 불가피한 것이다.

그러나 두 개의 항아리에서 구슬을 꺼내는 작업을 1,000번 시행하여 얻어진 누적확률로 게임의 승부를 결정한다면 확률이 0.6인 A항아리를 선택하는 것이 이기는 길이 될 것이다. 즉 단기적으로는 경우에 따라 B항아리를 선택해도 원하는 결과를 얻을 수 있겠지만 장기적으로는 확률이 높은 A항아리를 선택해야만 승리를 보장받을 수 있을 것이다.

경영현실에서 단기적으로만 효력을 발휘하고 장기적으로는 무력한 속성을 갖는 운에 대해서 경영자들은 어떻게 대처하고 있는가? 필자는 운에 관한 문제의식을 가지고 경영자의 위치에 있는 30여 명과 대화를 하면서 관찰해 보았다. 관찰 결과에 따라 그 유형을 정리하면 다음과 같다.

첫 번째 유형의 경영자는 '될 대로 되라(que sera sera)'형이다. 이러한 경영자는 '나도 노력할 만큼 했는데 결과가 이렇지 않느냐?', '도대체 나보고 어떻게 하란 말이냐?', '나도 모르겠으니 마음대로 해라, 어떻게 되겠지' 등의 말로 책임을 회피한다. 항상 피해의식에 사로잡혀 '나는 이렇게 심각한 피해를 보고 있다.'고 말하면서 정작 그

상황을 앞장서서 개선해 나가야 할 사람이 자신 외에는 없다는 사실을 망각하고 있다. 결국 자신의 미래를 망칠 뿐만 아니라 자기를 믿고 따라 준 사람들의 가능성까지도 앗아갈 것이다.

두 번째 유형은 '하늘은 스스로 돕는 자를 돕는다.'는 생각으로 문제를 해결하기 위해 최선의 노력을 기울이는 '우직한 노력형'이다. 이들은 '열심히만 해라, 그러면 다 잘 될 것이다.'라는 말을 하면서 본인이 최선을 다하고 다른 사람들도 노력할 것을 독려하지만 상황을 정확히 파악하고 문제의 해결방향을 명확히 설정하여 힘을 집중적으로 쓰는 전략적인 관점을 간과하고 있다.

세 번째는 '합리적 노력형'이다. 성공확률이 가장 높은 대안을 선택하는 경영자이다. 그러나 운이 존재하기 때문에 합리적으로 최선의 노력을 기울여도 실패할 수 있다.

중요한 사실은 경영현장에서 합리적 노력을 기울이면서도 운의 존재를 인정하는 여유를 가진 건설경영자를 만나지 못했다는 것이다. 필자는 건설경영자는 합리적인 노력을 지속하면서 운도 경영의 대상으로 고려해야 한다는 것을 강조하고자 한다.

이러한 경영자상을 세 사람의 경영자 A, B, C의 역할에 대한 예를 통해 살펴보자. 건설경영은 고도의 불확실성 속에서 시간과 돈을 상대로 벌이는 치열한 전투와 다름 없다는 관점에서 세 사람의 경영자를 전쟁에 참여한 장교들이라고 가정해 보자.

A는 정보장교이다. 적의 동태를 살피면서 지속적으로 정보를 수집한 결과 A는 적군이 경계를 풀어 헤치고 휴식을 취하고 있는 장소를 알아 낼 수 있었다. A는 이 귀중한 정보를 바로 B에게 알려주었다.

B는 보병장교이다. 즉시 병력을 출동시켜 사력을 다해 싸웠다. 그러나 운이 따르지 않았던지 적군에게 상당한 타격을 주기는 했지만 섬멸하지는 못하였다.

한편 C는 경계근무를 지휘하는 장교이다. C는 특이상황이 없을 것 같다는 판단을 하고 병력들과 함께 인근지역에서 회식을 하였다. 그리고 돌아오는 길에 우연히 B의 공격을 받아 심대한 타격을 입고 패잔병처럼 늘어져 있는 적군들을 발견하게 되었다. 운이 따른 것이었다. C는 즉시 '오늘 잘 먹었으니 몸이나 풀고 가자.'라고 말하면서 섬멸을 지시하였다. 그 결과 어려움 없이 적을 완전히 제패할 수 있었다.

전쟁이 승리로 마무리된 시점에서 기여한 정도에 따라 논공행상(論功行賞)을 한다면 누가 1등이겠는가? 이러한 질문을 던지면 다소의 예외는 있지만 대개 C가 1등이라는 답변을 듣는다. 그러면 '우리나라 건설경영 현실에서 생각해 본다면 누가 1등입니까?'라고 다시 물어보곤 한다. 그러면 거의 모든 사람이 '확실히 C가 1등이죠.'라고 말한다. 물론 어려운 시기에 우연으로라도 손에 잡히는 성과를 내는 사람이 최고일 수 있다.

과연 그렇게만 판단할 수 있는가? 물론 주관적 판단을 요하는 사안이기 때문에 의견이 다를 수 있다는 것을 인정한다. 그럼에도 분명한 사실은 이러한 상황에서 누구에게 1등을 주는가에 따라 조직의 가치체계와 문화가 바뀌고 평가기준이 달라지며 구성원들의 업무수행방식도 달라진다는 것이다.

비록 주관적이지만 합리적 노력을 중시하면서도 운의 존재를 인정해야 한다는 관점에서 평가해보자.

우선 A는 지속적인 정보수집의 노력을 기울이는 과정에서 운이 따랐기 때문에 적의 동태를 정확히 파악할 수 있었다. 따라서 노력도 하였고 운도 따랐다.

B는 최선의 노력을 다했지만 운이 따르지 않아 적군의 섬멸에 실패하였다.

C는 그야말로 운이 좋아서 특별한 노력을 하지 않았으면서도 운이 좋아 지쳐 있는 적을 발견하여 섬멸할 수 있었다.

이를 정리하면 다음 (표 5.1)과 같다.

표 5.1 평가 매트릭스

| 경영자 \ 평가기준 | 합리적 노력 | 운의 존재 |
|---|---|---|
| A | ○ | ○ |
| B | ○ | × |
| C | × | ○ |

위의 (표 5.1)을 보면 산술적으로 생각해도 동그라미(○)가 두 개인 A가 1등이 아니겠는가? 누가 2등인가는 조직의 목적에 생존뿐만 아니라 지속적인 번영과 발전도 포함시켜야 한다는 관점에서 판단해야 한다. 생존하는 것이 조직의 목적이라면 C가 1등일 수 있다. 그러나 조직은 생존하는 것에 그치지 않고 지속적으로 번영하지 않으면 안 된다. 이렇게 본다면 C는 2등도 될 수가 없다. B가 2등이다. 만약 조직 내부에 C와 같이 운에 의존하여 문제를 해결해 보겠다는 사람들만으로 가득 찼다면 그 조직은 얼마 못가서 붕괴되고 말 것이다. 그러나 B와 같이 합리적인 노력을 지속하면 언젠가 운을 만나는 시점에 1등도 할 수 있지 않겠는가?

최선의 노력을 다해도 운이 따르지 않으면 실패할 수 있는 현실에서 좌절하지 않고 성공의 길을 갈 수 있는 비결은 무엇인가. 단기효과만 제공할 뿐 장기적으로는 무력한 것이 운의 내면구조라는 것을 확실히 이해하는 것이다. 그리고 합리적 방법으로 최선의 노력을 다하는 한 결코 버림받지 않을 것이라고 굳게 믿는 것이다. 그러다 보면 남의 일처럼 여겨졌던 운이 나에게 찾아와 더욱 큰 번영과 발전을 이룩할 수 있다고 믿는 것이다. 즉 경영자가 마지막으로 귀의할 수 있는 곳은 바로 이러한 믿음이라는 패러다임(paradigm)이다.

### 건설경영 패러다임—
### 건설경영의 포괄성

필자는 건설경영자의 세계를 전문성(기술) → 돈 → 사람 → 시간 → 운 → 믿음의 순서로 패러다임을 전환시키면서 다양한 개념을 언급하였다. 이제 그 기나긴 여정을 마무리하기 위해 각 패러다임에 학문적인 의미를 부여해 보자.

우선 전문성(기술)부터 생각해 보자. 80년대 이전에 우리나라의 건설업은 제한적인 기술에 한국인 특유의 경험과 직관, 그리고 배짱을 가미하여 적지 않은 성과를 거두었다. 이 시기에는 자원이 부족하고 고객의 요구수준도 그다지 높지 않았기 때문에 '주먹구구식 경영(Rule of thumb Management)'이 어느 정도 통할 수 있었다.

80년대 초에 두 차례에 걸친 오일쇼크를 겪고 난 이후 경쟁이 심화되면서 우리는 원가절감 및 품질 향상을 도모하기 위해 다양한 분야에서 과학적인 분석방식과 수학적인 해석기법을 동원하기 시작하였다. 이는 경영과학(Management Science) 차원으로 고려될 수 있다.

그러나 전문성(기술)과 돈만으로 경영이 가능한 것은 아니다. 전문성(기술)과 돈의 운용 주체인 사람이 개입하면서 상황이 비합리적으로 바뀌는 경우가 적지 않기 때문이다. 사람이 개입하면 수학·과학의 원리가 효력을 발휘하지 못한다. 사람은 수학과 과학의 합리성을 인정하면서도 감정과 정서, 그리고 소속조직의 가치체계와 정책의 영향을 민감하게 받는 심리적인 존재이다. 그리고 문제의 해결을 직접 주도하는 경우와 수동적으로 문제해결에 참여하는 경우의 어느 쪽인가에 따라 대응자세가 천차만별로 달라진다.

주는 입장에 있을 때와 받는 여건에 있는 경우의 행동방식이 얼마나 다른지 느껴본 적이 있는가? 중소업체의 사장들은 왜 그렇게 월급날이 빨리 돌아오는지 모르겠다는 말을 공공연히 하는 반면, 종업원들은 급여를 지급받은 지 한참 지난 것 같은데 월급날이 아직도 멀었다는 말을 하지 않는가?

사람의 문제는 가치상의 갈등(value conflicts)을 포함한다. 여기에 시간이라는 변화의 촉매제가 상황을 동태적으로 변화시키면 문제는 더욱 복잡해진다. 이러한 상황에서 과학적인 원리와 수학적인 합리성만으로 문제를 해결할 수 있겠는가? 결코 그렇지 않다. 상황을 종합적으로 파악하고 상대방 입장에서 문제를 조명하여 서로에게 무리가 안 되는 해결대안을 추구해야 한다. 상대방 마음의 문을 두드려 열 수 있어야 한다. 사람과 변화의 문제를 동시에 고려하기 위해서는 경영철학(Management Philosophy)적인 접근방식이 요구된다.

합리적인 방식으로 최선을 다해도 운이 나쁘면 실패할 수 있다는 사실을 받아들이는 한편, 운의 발현은 단기적인 것일 뿐, 장기적으로는 무력하다는 사실을 이해하고, 최선을 다해 노력하는 한 결코 버림받지 않을 것이라는 믿음을 갖는 사고체계는 학문이라기보다는 믿음 측면이 강조된다는 점에서 '경영신학(Management Theology)'으로 이해할 수도 있지 않겠는가?

이러한 관점을 종합적으로 정리하면 다음과 같다.

<table>
<tr><th>사고단계</th><th>패러다임</th><th>관련학문</th></tr>
<tr><td>1단계</td><td>전문성(기술)<br>↓</td><td>주먹구구식 건설경영<br>'Rule of thumb' Construction Management</td></tr>
<tr><td>2단계</td><td>돈<br>↓</td><td>건설경영과학<br>Construction Management Science</td></tr>
<tr><td>3단계</td><td>사람<br>↓</td><td rowspan="2">건설경영철학<br>Construction Management Philosophy</td></tr>
<tr><td>4단계</td><td>시간<br>↓</td></tr>
<tr><td>5단계</td><td>운<br>↓</td><td rowspan="2">건설경영신학<br>Construction Management Theology</td></tr>
<tr><td>6단계</td><td>신뢰와 믿음<br>↓</td></tr>
</table>

# 전략적 건설경영(CM)의 기술

2018년 9월 5일 1판 1쇄 인쇄
2018년 9월 10일 1판 1쇄 발행

| | |
|---|---|
| 저　　자 | 김 인 호 |
| 발 행 인 | 강 해 작 |
| 발 행 처 | 기 문 당 |
| 주　　소 | 서울시 성동구 무학봉28길 4-1 |
| 전　　화 | 02)2295-6171(代)~5 |
| 팩　　스 | 02)2296-8188 |
| 출판등록 | 1976. 10. 7(1976-2) |
| 홈페이지 | http : //기문당 |
| | http : //www.kimoondang.com |
| I S B N | 978-89-6225-805-9 93540 |
| 정　　가 | 25,000원 |